ファーストステップ

基礎数学

猪股 俊光・樽松 理樹・片町 健太郎 共著

森北出版

まえがき

社会の基盤となる数学

20 世紀の半ばに発明されたコンピュータの発展により，われわれの生活は大きく変化した．高速な科学技術計算による，機械部品や新素材の設計や製造，局所的な範囲の天気予報，自然災害の被害予測が可能となった．社会活動や自然現象の記録，集計，検索，加工なども行えることから，医療機関の患者や治療に関する情報，店舗での顧客の購買履歴，金融機関での取引情報，気候変動などのデータベース化が進められている．さらに，21 世紀になり，コンピュータやデータに関するイノベーションがあらゆる産業や社会生活で活用され，工業，商業，金融，医療福祉，防災，行政，教育などの諸課題の解決が図られることが期待されている．

そのような社会の実現のためには，データサイエンス，ロボット・ドローン制御，電子商取引などに関する最新の理論や技術の構築・実現・適用が不可欠であり，そのためには**数学**が重要な役割を果たす．具体的には，現実世界を分析し，自然現象や社会現象を数学的なモデルとして表しそのモデルのもとで解析・設計を行うために，集合，論理，代数，幾何，解析，確率・統計などの数学の分野が活用される．

今後，環境問題，食糧問題，少子高齢化問題などの解決のためにも，数学の学習を通じて，考察の対象となる現象や課題を筋道を立てて考えて説明する能力や，既存の解法を適用あるいは新たな解法を考案する能力の習得が望まれる．

対象とする読者

本書は，高校までに学んだ数学の復習と，大学で自然科学や社会科学の専門科目を学ぶために必要とされる数学の概念・用語・記号・解法などを習得するための参考書となるように編集したもので，対象とする読者は次のとおりである．

- 理工・情報系学部に加えて，経済・経営系学部，医療看護福祉系学部等の新入生
  …入学後のリメディアル教育や，専門科目の中で現れる数式，用語，記号の意味の予習や復習のため．
- 上述の学部への入学が決まった高校生や大学編入学予定の高専生・専門学校生
  …高校・高専時代の学びの復習と基礎学力向上を図るための学部入学前教育として．
- 業務として数学を学ぶ必要がある社会人

…仕事（業務）の際に，数式，用語，記号の意味を復習するため．

本書の特徴

本書は，2012 年より実施している岩手県立大学ソフトウェア情報学部の新入生に対する数学のリメディアル教育や，本学部合格者に対する数学の入学前教育をふまえ，これらの実践のために作成した講義資料を，対象とする読者向けに次の特徴をもつように編集したものである．

- 高校の『数学』の全科目の単元群と，大学の専門科目群との対応付けを考慮しながら，体系的に学べるような章立てを考えた．
- 高校の新学習指導要領（令和 4 年施行）をみすえて，「確率・統計」の単元を充実させた．
- 大学の専門科目での重要性から「行列」を取り上げた．
- 各章で学ぶ内容が自然科学や社会科学で活用されている事例を示した．
- 各単元の基礎となる項目を明確にし，理解を深めるための例をあげ，理解度を確かめるための練習問題，基礎学力向上のための章末問題を解答例とともに出題した．

本書の問題を解くときには，自分が考えた解き方を他人に伝えるつもりで，途中の式などを省略せずに解答することが大切である．それにより，将来，数学を活用して，現実世界の問題解決を図ることにつながる．

末筆ながら本書の作成にあたってご協力をいただいた方々に感謝いたします．執筆にあたっては，岩手県立大学ソフトウェア情報学部生 阿部佳宣（4 年）氏，荒光秀（2 年）氏，加藤浩豊（2 年）氏に協力いただきました．また，入学前教育を担当している本学部教職員はじめ，本学部学習支援コーナーのチューターのみなさま方に感謝申し上げます．さらに，出版にあたっては森北出版出版部の藤原祐介氏ならびに上村紗帆氏にご尽力いただきました．

みなさま方にこの場を借りてお礼申し上げます．

2021 年 1 月　雪化粧の岩鷲山（がんじゅさん）を仰ぎ見るキャンパスにて

著　　者

学習の手引き

ページ構成と学習方法

1.1 

基本事項

基本事項として，重要語（太字の用語）や公式がまとめられている．いずれも，意味を正しく理解し，それらを用いて問題の正解が書けるようになることが大事である．

解説・発展的事項

基本事項の用語の補足説明，他の基本事項との関連性，基本事項に関連する公式，公式の導出の仕方などが書かれている．また，大学の専門科目での使われ方なども含まれることもある．

例 1.1　基本事項の例

基本事項で説明された概念や用語を使った例が記述されている．ここで例示されているもの以外の事例を考えてみることが基本事項の深い理解につながる．そのため，自分でも例を見つけ出してほしい．

練習問題 1.1　基本事項の理解度を確かめるための問題である．基本事項の内容と例をもとに正解を考えること．

なお，説明や紙面の都合上から，このページ構成とは異なるスタイルで記述されている単元もある．

基本事項のうち，重要な公式は付録 B としてまとめた．必要に応じて参照してほしい．

本書で用いる言葉や記号

- **少なくとも**　最小でも (at least) の意味．たとえば，「少なくとも 1 個」は「1 個以上」を表す．
- **任意の**　すべての，どんなの意味．たとえば，「任意の自然数について○○が成り立つ」は，「$1, 2, 3, \ldots$」のどの数を（好き勝手に）選んだとしてもいつも○○が成り立つ」ことを表す．
- **適当な**　適切に選んだ（条件に合うように選んだ）の意味．たとえば，「適当な自然数が○○を満たすとき，・・・」は，「○○を満たす自然数を適切に選ぶことができたとき，・・・」を表す．
- $\Longrightarrow$　「○○○ $\Longrightarrow$（ならば）・・・」の○○○は仮定（前提），・・・は結論にあたる．
- $\Longleftrightarrow$　「○○○ $\Longrightarrow$・・・」かつ「・・・$\Longrightarrow$ ○○○」の略記であり，「○○○と・・・は同値である」を表す．

問題を解くときの一般的なポイント

- 問題文中の条件（仮定）はすべて使う．

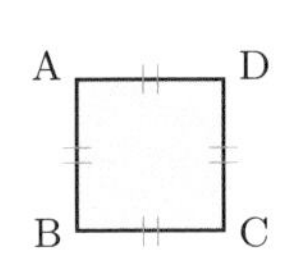

　たとえば，「正方形 ABCD」からは，4 辺の長さが等しい，向かい合った 2 辺が平行である，などを条件として利用する．

　解が得られないときには，問題文をもう一度読み，まだ利用していない条件の有無を確かめる．

- 問題文にあてはまる図（グラフ，図形，数直線など）を描く．

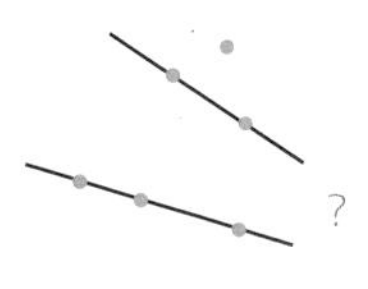

　たとえば，「三つの点が一直線上にある」ときには，直線ならびにその直線上の三つの点を描く．このとき，三つの点が一直線上にない場合も同時に描いてみることが，問題を解くうえでヒントになる．

- 公式や判定式などは，利用できる条件に注意する．

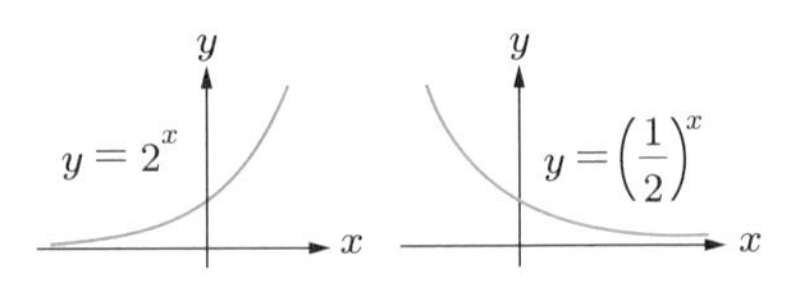

　たとえば，「x の値が増加するときに a^x の値も増加する」のは「$a > 1$ の場合」である．

- できるだけ一般的な場合を考える．

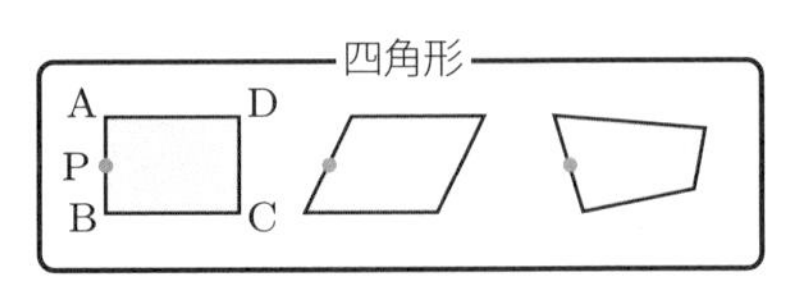

　たとえば，「四角形 ABCD の辺 AB の中点を P とする」の場合，四角形の 2 辺

が平行，内角が直角などといった条件がない限りは，長方形や平行四辺形だけで考えてはいけない．

本書の構成

本書では，高校の『数学』の全科目の単元群を大学の専門科目群での学びを考慮しながら 13 章に分け，これらを下図に示す関連性をもたせて編集した．必ずしも第 1 章から読み始める必要はなく，学習していて不明なことが出てきた際には，矢印をもとに他の章を参照してほしい．

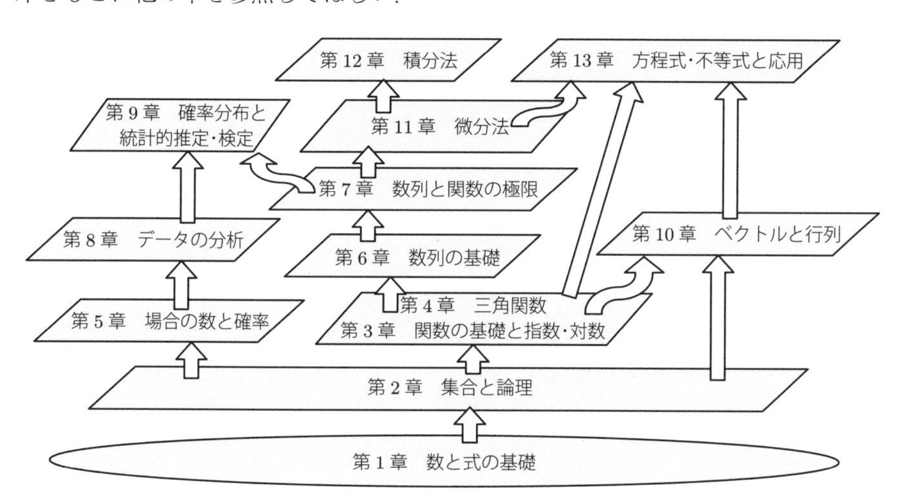

さらなる学びのために

本書は，高校で学ぶ『数学』に関する概念・用語・表記法・計算法を中心にまとめたものの，紙面の都合上，公式の導出や定理の証明は割愛した．これらについては次のサポートページの**補足資料**（付録 C　証明法の基礎，付録 D　統計的検定の補足説明，各章の発展問題）を参照されたい．

【本書のサポートページ】　https://www.morikita.co.jp/books/mid/009691

大学で専門科目を学ぶうえで必要とされる数学の基礎を理解するには，本書に含まれている問題等を解くことが有効である．一方，新しい理論，技法を考案するためには，既存の公式や定理の導出（証明）の理解が必要不可欠である．そのためにも，上記の補足資料や参考文献等を活用して理解を深めてほしい．とくに，発展問題では公式の導出も取り上げている．

目　次

1 数と式の基礎

1.1 数の種類

数学で扱う数(すう)は，以下に述べるように分類される．

数の種類

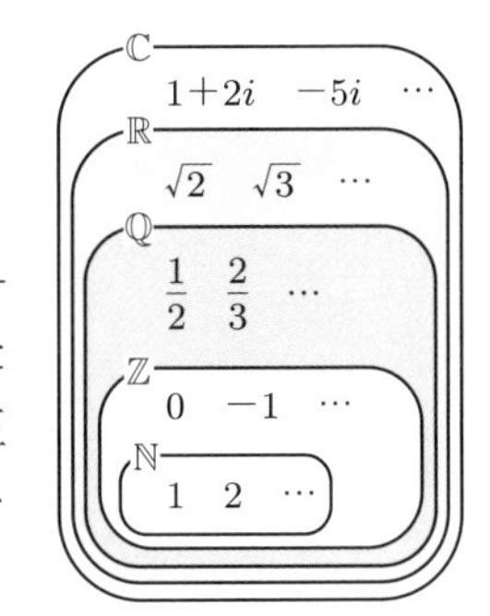

(i) **自然数** (natural number)　$1, 2, 3, \ldots$

すべての自然数の集まりを $\mathbb{N}$ で表す†.

(ii) **整数** (integer)　$0, \pm 1, \pm 2, \ldots$

自然数を**正の整数**または**正整数** (positive integer) とよび，正整数にマイナス符号をつけた数を**負の整数** (negative integer) とよぶ．「正の整数」と「負の整数」に「0」を加えた数を整数とし，すべての整数の集まりを $\mathbb{Z}$ で表す．さらに，0 と正の整数を**非負整数** (nonnegative integer) とよぶ．

(iii) **有理数** (rational number)　$\dfrac{1}{2}, \dfrac{2}{3}, \dfrac{5}{9}, \ldots$

整数 m と 0 ではない整数 n との比（**分数**）「$\dfrac{m}{n}$」として表される数を**有理数**といい，すべての有理数の集まりを $\mathbb{Q}$ で表す．

(iv) **実数** (real number)　$\sqrt{2}, \sqrt{3}, \pi, \ldots$

二つの整数の比として表すことのできない数（$\sqrt{2}, \pi$ など）を**無理数** (irrational number) といい，「有理数」または「無理数」である数を**実数**という．すべての実数の集まりを $\mathbb{R}$ と表す．多くの場合，とくに断りなく出てくる数は実数である．

(v) **複素数** (complex number)　$1 + 2i, -5i, 3.1 + 4.58i, \ldots$

実数 x, y を使って「$x + yi$」として表された数を複素数といい，すべての複素数の集まりを $\mathbb{C}$ と表す．ここで，i は**虚数単位** (imaginary unit) であり，$i^2 = -1$ となる．$x = 0$ のときの yi を**純虚数** (imaginary

---

† 0 も自然数とすることもあるが，最小の自然数を 1 とするか，0 とするかが異なるだけで，数学を学ぶうえで支障はないため，本書では 0 は含めない．

number) という.

練習問題 1.1 次のうち，自然数，整数，有理数，実数，それぞれにあてはまる数をすべてあげなさい.

$$3.14, \quad -0.3, \quad 2020, \quad \frac{21}{2}, \quad -9, \quad \sqrt{15}$$

1.2 整数の種類

ここでは，次章以降の議論で必要とされる整数の項目について説明する.

整数の種類

(i) **倍数** (multiple) 整数 m を整数倍した積を m の倍数という. $0, \pm m, \pm 2m, \pm 3m, \ldots$ と表される.

(ii) **約数** (divisor) 整数 m を割り切ることができる自然数 n を m の約数という．すなわち，適当な整数 k が存在し，$m = kn$ が成り立つ.

(iii) **素数** (prime number) $2, 3, 5, 7, 11, 13, \ldots$

1 より大きい整数 m が，1 と m のほかに約数をもたないとき m を素数といい，そうではない数を**合成数** (composite number) という. なお，約数のことを**因数** (factor) ともいい，約数が素数であるとき，その約数を**素因数** (prime factor) という.

例 1.1 約数と倍数

5 について，「$0, \pm 5, \pm 10, \pm 15, \ldots$」は 5 の倍数であり，5 は「$5, 10, 15$」などの約数である．また，15 は，3 と 5 を約数とする合成数である．このときの 3 と 5 は，いずれも素因数である.

練習問題 1.2 次の各数を示しなさい.

(a) 7 の倍数を五つ (b) 70 のすべての約数 (c) 100 以下の最大の素数

素数の性質

任意の合成数は，次式のように素数の積として一通り（一意）に表すことができる.

$$60 \xrightarrow{\text{素因数分解}} 2 \times 2 \times 3 \times 5 = 2^2 \times 3 \times 5$$

合成数　　素因数　素因数　素因数　素因数

これを**素因数分解** (prime factorization) という（因数は約数の意味）.

例 1.2　素因数分解

20 と 120 の素因数分解は，右図のようにできるだけ小さな素数との商を求め続けることで行われる.

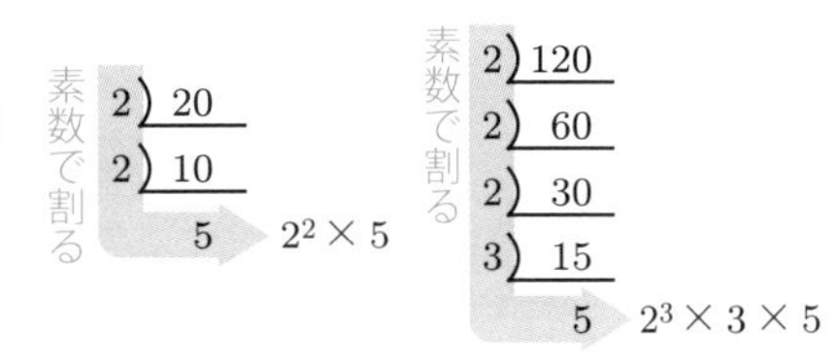

$20 = 2 \times 2 \times 5 = 2^2 \times 5,$

$120 = 2 \times 2 \times 2 \times 3 \times 5 = 2^3 \times 3 \times 5$

練習問題 1.3　次の各数を素因数分解しなさい.

(a) 8　　(b) 52　　(c) 180　　(d) 2020

最大公約数と最小公倍数

二つ以上の整数に共通な約数を，それらの**公約数** (common divisor) といい，さらに公約数の中で最大のものを**最大公約数** (greatest common divisor) という．一方，二つ以上の整数に共通な倍数を，それらの**公倍数** (common multiple) といい，さらに公倍数の中で最小の正のものを**最小公倍数** (least common multiple) という.

なお，二つの整数の最大公約数が 1 であるとき，それらの整数は**互いに素** (relatively prime) であるという.

例 1.3　最大公約数と最小公倍数

12 の約数は「$1, 2, 3, 4, 6, 12$」，18 の約数は「$1, 2, 3, 6, 9, 18$」であるから，12 と 18 の公約数（共通な約数）は「$1, 2, 3, 6$」であり，最大公約数は 6 である.

また，12 の正の倍数は「$12, 24, 36, \ldots$」，18 の正の倍数は「$18, 36, 54, \ldots$」であることから，12 と 18 の最小公倍数は 36 である.

最大公約数と最小公倍数の求め方

最大公約数と最小公倍数は素因数分解の結果をもとに求めることができる.

たとえば，18 と 12 をそれぞれ素因数分解すると，$18 = 2 \times 3^2$, $12 = 2^2 \times 3$ である．最大公約数は，共通な素因数のみを取り出して，それらの積を求めればよく，この例では $2 \times 3 = 6$ が最大公約数である．一方，最小公倍数は，共通な素因数は一度だけにして，それぞれの素因数からなる積を求めればよく，この例では $2^2 \times 3^2 = 36$ が最小公倍数である．

$18 = 2 \times 3 \times 3$
$12 = 2 \times 2 \times 3$
最大公約数　$2 \times 3 = 6$

$18 = 2 \times 3 \times 3$
$12 = 2 \times 2 \times 3$
最小公倍数　$2 \times 2 \times 3 \times 3 = 36$

練習問題 1.4　次の数を求めなさい．

(a) 42 と 28 の最大公約数　　(b) 120, 196, 108 の最大公約数
(c) 15 と 24 の最小公倍数　　(d) 8, 9, 14 の最小公倍数

1.3　無理数の計算

2 乗すると a $(a > 0)$ になる数を a の平方根といい，$\sqrt{a}$ と書く．
根号（ルート，$\sqrt{\ }$）を含む式の計算は，主に次の公式に基づいて行われる．

平方根の計算の公式

- 任意の実数 a に対して，　$\sqrt{a^2} = |\,a\,|$
- $a > 0, b > 0$ のとき，　$\sqrt{ab} = \sqrt{a}\sqrt{b}$,　$\sqrt{a^2 b} = a\sqrt{b}$,　$\sqrt{\dfrac{a}{b}} = \dfrac{\sqrt{a}}{\sqrt{b}}$
  $\sqrt{(a+b) + 2\sqrt{ab}} = \sqrt{(\sqrt{a} + \sqrt{b})^2} = \sqrt{a} + \sqrt{b}$
- $a > b$ のとき，　$\sqrt{(a+b) - 2\sqrt{ab}} = \sqrt{(\sqrt{a} - \sqrt{b})^2} = \sqrt{a} - \sqrt{b}$

例 1.4　無理数の計算

$$\sqrt{12} = \sqrt{4 \times 3} = \sqrt{2^2 \times 3} = 2\sqrt{3}$$

$$\sqrt{0.20} = \sqrt{\frac{20}{100}} = \frac{\sqrt{4 \times 5}}{\sqrt{100}} = \frac{2\sqrt{5}}{10} = \frac{\sqrt{5}}{5}$$

$$\sqrt{5 + 2\sqrt{6}} = \sqrt{(3+2) + 2\sqrt{3 \times 2}} = \sqrt{\left(\sqrt{3} + \sqrt{2}\right)^2} = \sqrt{3} + \sqrt{2}$$

練習問題 1.5　次の各式をなるべく簡潔に表しなさい.

(a) $\sqrt{81}$　(b) $\sqrt{0.27}$　(c) $\sqrt{49}-\sqrt{25}$　(d) $\sqrt{8}-\sqrt{72}+\sqrt{18}$
(e) $\sqrt{4+2\sqrt{3}}$　(f) $\sqrt{7-2\sqrt{10}}$

分母の有理化

分母に根号が含まれている場合, 次のように分子と分母に同じ数をかけて, 分母に根号が含まれないように式を変形することができる. これを分母の**有理化** (rationalize) という. (ii), (iii) では「$(\sqrt{m}+\sqrt{n})(\sqrt{m}-\sqrt{n})=m-n$ (m, n は正の整数, $m \neq n$)」を利用している.

(i) $$\frac{a}{\sqrt{m}}=\frac{a\sqrt{m}}{\sqrt{m}\sqrt{m}}=\frac{a\sqrt{m}}{m}$$

(ii) $$\frac{a}{\sqrt{m}+\sqrt{n}}=\frac{a(\sqrt{m}-\sqrt{n})}{(\sqrt{m}+\sqrt{n})(\sqrt{m}-\sqrt{n})}=\frac{a(\sqrt{m}-\sqrt{n})}{m-n}$$

(iii) $$\frac{a}{\sqrt{m}-\sqrt{n}}=\frac{a(\sqrt{m}+\sqrt{n})}{(\sqrt{m}-\sqrt{n})(\sqrt{m}+\sqrt{n})}=\frac{a(\sqrt{m}+\sqrt{n})}{m-n}$$

例 1.5　分母の有理化

$$\frac{3}{\sqrt{2}}=\frac{3\sqrt{2}}{\sqrt{2}\sqrt{2}}=\frac{3\sqrt{2}}{2},\quad \frac{\sqrt{3}}{\sqrt{7}}=\frac{\sqrt{3}\sqrt{7}}{\sqrt{7}\sqrt{7}}=\frac{\sqrt{21}}{7}$$

$$\frac{\sqrt{3}}{\sqrt{3}+\sqrt{2}}=\frac{\sqrt{3}(\sqrt{3}-\sqrt{2})}{(\sqrt{3}+\sqrt{2})(\sqrt{3}-\sqrt{2})}=\frac{3-\sqrt{6}}{3-2}=3-\sqrt{6}$$

練習問題 1.6　次の各式を有理化しなさい.

(a) $\dfrac{1}{\sqrt{2}}$　(b) $\dfrac{1}{\sqrt{28}}$　(c) $\dfrac{1}{\sqrt{2}-1}$　(d) $\dfrac{4}{\sqrt{5}+2}$

1.4　複素数の計算

1.1 節で述べたように, i を虚数単位 ($i^2=-1$) としたとき, 実数 a, b に対する $a+bi$ が複素数である.

複素数の相等

二つの複素数 $a+bi$ と $c+di$ が等しいことを次のように定める.

$$a+bi=c+di \iff a=c \text{ かつ } b=d \quad (a, b, c, d \text{ は実数})$$

とくに，$a+bi=0$ であるのは $a=b=0$ のとき，そしてそのときのみに限る．また，$a+bi$ と $a-bi$ は互いに**共役な複素数**，あるいは単に**共役複素数** (complex conjugate) とよぶ．

複素数どうしの計算は次の演算規則によって行われる．

複素数の演算規則

a, b, c, d を実数とする．

- $(a+bi)+(c+di)=(a+c)+(b+d)i$
- $(a+bi)-(c+di)=(a-c)+(b-d)i$
- $(a+bi)\times(c+di)=(ac-bd)+(ad+bc)i$
- $\dfrac{a+bi}{c+di}=\dfrac{ac+bd}{c^2+d^2}+\dfrac{bc-ad}{c^2+d^2}i$　（ただし，$c+di\neq 0$）

↑ 分子と分母に，分母の共役複素数（$c-di$）をかけて分母を実数化

例 1.6　複素数の計算

$$(3+2i)+(1-5i)=4-3i,\quad (3+2i)-(1-5i)=2+7i$$

$$(3+2i)\times(1-5i)=\{3\cdot1-2\cdot(-5)\}+\{3\cdot(-5)+2\cdot1\}i=13-13i$$

$$\frac{3+2i}{1-5i}=\frac{(3+2i)(1+5i)}{(1-5i)(1+5i)}=\frac{(3-10)+(15+2)i}{1+25}=-\frac{7}{26}+\frac{17}{26}i$$

練習問題 1.7　次の各式を計算しなさい．

(a) $(3-5i)-(3+5i)$　(b) $(3-5i)(3+5i)$　(c) $(3-5i)^2$

(d) i^4　(e) $\dfrac{2-3i}{2+3i}$

負の数の平方根

複素数まで数の範囲を広げれば，負の数の平方根も求めることができる．たとえば，-3 の平方根は $x^2=-3$ の解にあたり，$\sqrt{3}i$ と $-\sqrt{3}i$ の二つである†．一般に，a が正の数であるとき，負の数 $-a$ の平方根は，$\sqrt{a}i$ と $-\sqrt{a}i$ の二つであり，$\sqrt{a}i$ を $\sqrt{-a}$ と定める．たとえば，$\sqrt{-3}=\sqrt{3}i$, $\sqrt{-25}=5i$ であり，とくに，$\sqrt{-1}=i$ であることに注意されたい．

† $\left(\sqrt{3}i\right)^2=\left(\sqrt{3}\right)^2\cdot i^2=3\cdot(-1)=-3$, $\left(-\sqrt{3}i\right)^2=\left(-\sqrt{3}\right)^2\cdot i^2=3\cdot(-1)=-3$.

例 1.7　負の数の平方根

2 次方程式 $ax^2+bx+c=0$ の解は，解の公式 $x=\dfrac{-b\pm\sqrt{b^2-4ac}}{2a}$ で求められる．そのため，$x^2+x+2=0$ の解は次のとおりとなる．

$$x=\frac{-1\pm\sqrt{1-4\cdot1\cdot2}}{2}=\frac{-1\pm\sqrt{-7}}{2}=\frac{-1\pm\sqrt{7}i}{2}$$

練習問題 1.8　次の各方程式を解きなさい．

(a) $x^2=-27$　(b) $16x^2+25=0$　(c) $x^2+3x+3=0$　(d) $2x^2-5x+7=0$

1.5　数式の種類 ―多項式―

数学で扱う事柄の多くは，特定の文字を含む式で表される．

単項式と多項式 ―文字が 1 種類の場合―

(i)　**単項式** (monomial)

数や文字の積（単独でもよい），たとえば，x，$3x$，$2x^2$ を**単項式**あるいは単に**項** (term) という．特定の文字を含まない，$10, 2020$ などを**定数項** (constant term) とよぶ．

(ii)　**係数と次数**

項の中の文字 x^n の n を**次数**（あるいは**指数**）(degree) とよび，それ以外の数を**係数** (coefficient) という．たとえば，x と $4x^2$ の次数は，それぞれ 1 と 2，係数はそれぞれ 1 と 4 である．なお，同じ次数の項は**同類項** (like terms) とよばれる．

(iii)　**多項式（整式）**

次式のように一つ以上の項の和からなる式を**多項式** (polynomial)，あるいは**整式**という（単項式も多項式に含める）．

$$a_n x^n + a_{n-1}x^{n-1} + \cdots + a_1 x + a_0$$

次数　多項式　係数　項　項　項　定数項

多項式に含まれている項の次数の最大値が n であるとき，その多項式を **n 次式**という．ここで，n は自然数である（n が整数，有理数の場合は 3.5 節参照）．

例 1.8　多項式の次数 —文字が 1 種類の場合—

多項式 $5x^2 + 3x - 2x^2 + 4x - x^2 - 6x + 10$ を同類項でまとめると，2 次式

$$\begin{aligned}(5x^2 - 2x^2 - x^2) + (3x + 4x - 6x) + 10 &= (5 - 2 - 1)x^2 + (3 + 4 - 6)x + 10 \\ &= 2x^2 + x + 10\end{aligned}$$

が得られる．また，次式の左辺の多項式を次数の高い順に整理すると，右辺（5 次式）となる．

$$3x - 5x^3 - 2x^2 + 4x^5 + 10 = 4x^5 - 5x^3 - 2x^2 + 3x + 10$$

一般的に，x^n の表記を**べき**あるいは**累乗** (power) とよぶ．この右辺のように次数の高い順に並べることを**降**(こう)**べき**の順に整理するといい，低い順に並べることを**昇**(しょう)**べき**の順に整理するという．

練習問題 1.9　次の各多項式を降べきの順に整理し，次数を答えなさい．

(a) $3x^2 - 5x - 2x^2 + 4x + 10x^2$　　(b) $x^3 - 2x - 3x^2 - 4x^4 + 10$

文字が2種類以上の場合（たとえば，x, y の場合）にはその中の特定の 1 文字に着目（たとえば x に着目）して，次数や係数を定める．

例 1.9　多項式の次数 —文字が複数種類の場合—

x を着目する文字とすると，単項式 $3ax^2y$ の係数は $3ay$，次数は 2 である．一方，y が着目する文字の場合，この単項式の係数は $3ax^2$，次数は 1 である．

多項式 $x^3 + 3x^2y + 3xy^2 + y^3$ は，x に着目すると 3 次式であり，定数項は y^3 である．一方，y に着目したときにも 3 次式であるが，定数項は x^3 である．

練習問題 1.10　次の各多項式を [ ] 内の文字を着目する文字として，降べきの順に整理しなさい．

(a) $3ax^2 - 5bxy - 2cx^2 + 4dx + 15$　　$[x]$

(b) $3x^4y^3 - 5xy^2 - 2x^3y + 4 + 10x^2y^4$　　$[x]$

(c) $3x^4y^3 - 5xy^2 - 2x^3y + 4 + 10x^2y^4$　　$[y]$

1.6　多項式の演算

多項式の加法と減法はすでにやってきたように，同類項ごとに係数に関する加算と減算によって行われる．このとき，次のように降べき（あるいは昇べき）の順に整理してから行う．

$$(4x^2 - 3x - 2) + (x^2 + 2x + 5) = 4x^2 + x^2 - 3x + 2x - 2 + 5 = 5x^2 - x + 3$$
$$(4x^2 - 3x - 2) - (x^2 + 2x + 5) = 4x^2 - x^2 - 3x - 2x - 2 - 5 = 3x^2 - 5x - 7$$

さらに，多項式の乗法は，次数についての指数法則（➡ 3.5 節）と分配法則にしたがって行われる．

多項式の演算公式

整数 m, n，多項式 P, Q, R, S について，次式が成り立つ．

- $x^m x^n = x^{m+n}$，$(x^m)^n = x^{m \times n}$，$(xy)^m = x^m y^m$
- $P(Q+R) = PQ + PR$
- $(P+Q)(R+S) = PR + PS + QR + QS$

例 1.10 多項式の演算

$P = 2x^2 + 3x + 4$，$Q = x^2 + 2x + 5$，$R = x + 3$，$S = x - 3$ とする．

$$P + Q = (2x^2 + 3x + 4) + (x^2 + 2x + 5) = 3x^2 + 5x + 9$$
$$RS = (x+3)(x-3) = x^2 + 3x - 3x - 9 = x^2 - 9$$
$$PR = (2x^2 + 3x + 4)(x + 3) = 2x^3 + 3x^2 + 4x + 6x^2 + 9x + 12$$
$$= 2x^3 + 9x^2 + 13x + 12$$

練習問題 1.11 例 1.10 の P, Q, R, S について，次の各式を計算しなさい．

(a) $P - Q$　(b) SR　(c) QS　(d) $(R+S)(P+Q)$

展開と因数分解

多項式 $x^2 + 3x + 2$ と $(x+1)(x+2)$ には，次のような関係がある．

$$x^2 + 3x + 2 \quad \underset{\text{展開}}{\overset{\text{因数分解}}{\rightleftarrows}} \quad \boxed{(x+1)} \times (x+2)$$

左側を右側に変形するように，多項式をいくつかの「多項式（因数）の積」に表すことを**因数分解** (polynomial factorization) という．一方，逆方向の変形，すなわち，多項式の積の形の式を「単項式の和」で表すことを**展開** (polynomial expansion) とよぶ．

展開公式　（右辺から左辺へと見たときには**因数分解公式**）

- $(a+b)^2 = a^2 + 2ab + b^2$,　$(a-b)^2 = a^2 - 2ab + b^2$,
  $(a+b)(a-b) = a^2 - b^2$
- $(a+b+c)^2 = a^2 + b^2 + c^2 + 2ab + 2ac + 2bc$
- $(a+b)^3 = a^3 + 3a^2b + 3ab^2 + b^3$,　$(a-b)^3 = a^3 - 3a^2b + 3ab^2 - b^3$
- $(a+b)(a^2 - ab + b^2) = a^3 + b^3$,　$(a-b)(a^2 + ab + b^2) = a^3 - b^3$

例 1.11　展開と因数分解

$(2x-5)^2$ を展開すると次式となる．

$$(2x-5)^2 = (2x)^2 + 2 \times \{2x \times (-5)\} + (-5)^2 = 4x^2 - 20x + 25$$

一方，$4x^2 + 12xy + 9y^2$ を因数分解すると次式となる．

$$4x^2 + 12xy + 9y^2 = (2x)^2 + 2 \times (2 \times 3)xy + (3y)^2 = (2x+3y)^2$$

練習問題 1.12　次の各式を展開しなさい．

(a) $(x+3)^2$　(b) $\left(x-\sqrt{5}\right)^2$　(c) $\left(x-\dfrac{1}{3}\right)^3$　(d) $(x+y+z)^2$

練習問題 1.13　次の各式を因数分解しなさい．

(a) $x^2 + 10x + 25$　(b) $x^2 - x + \dfrac{1}{4}$　(c) $2x^2 + 4x + 2$　(d) $4x^2 + 4xy + y^2$

1.7　記数法

日常生活では，**10 進法** (decimal system) とよばれる方法で数が表されている．この表記法では，「$0, 1, 2, \ldots, 9$」の 10 種の数字を用いて，「1」の 10 個の和を「10」と桁を上げて表記し，さらに，「10」の 10 個の和を「100」と表す．

このほかに，60 ごとに桁を上げる時刻表記（60 秒 = 1 分）や 12 を単位とするダースなど，10 進法以外の表記法も日常生活では用いられている．これらは次に示す記数法の一種である（整数 n について，10^n の求め方は 3.5 節参照）．

10 進法と N 進法

10 進法で数は，1 桁目から順に「一の位，十の位，百の位，千の位，…」を表す．たとえば，数 1234 は次式で計算される数を表す（$10^0 = 1$）．

$$1234 = 1 \times \underline{10}^3 + 2 \times \underline{10}^2 + 3 \times \underline{10}^1 + 4 \times \underline{10}^0$$

いま，下線部の $\underline{10}$ を「2」とし，「0, 1」の 2 種類で数を表すとした場合，この表現法を **2 進法** (binary system) という．たとえば，2 進法での 1101 は次式により（10 進法での）13 を表す（$2^0=1$）．

$$1\times\underline{2}^3+1\times\underline{2}^2+0\times\underline{2}^1+1\times\underline{2}^0=13$$

以下，10 進法の $\overset{千百十一}{1101}$ と 2 進法の 1101 を混同しないために，2 進法で表された数は $1101_{(2)}$ のように，右下に (2) をつけて表現する．

一般的には，$0,1,\ldots,N-1$ の N 種類の数字や文字を用いて数を表現する方法を **N 進法** (N-adic system) といい，その数の右下に (N) をつけ，$xxx_{(N)}$ と表す（N が 10 のときは略す）．

例 1.12　10 進法と 2 進法

2 進法で表された数 $1011_{(2)}$ は，$1011_{(2)}=1\times2^3+0\times2^2+1\times2^1+1\times2^0=11$ の計算により，10 進法での表現に変換される．これに対して，10 進法の数 M を 2 進法に変換するには，M を 2 で割って「商と余り」を求めることを商が 0 になるまで繰り返し，得られた余りを（求められた）逆順に並べればよい．

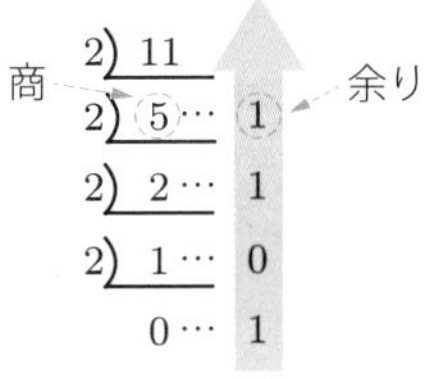

たとえば，$M=11$ の場合，11 を 2 で割って「商と余り」を求めることを繰り返すと，右図のように，

$11\div2=5\cdots1,\quad 5\div2=2\cdots1,$

$2\div2=1\cdots0,\quad 1\div2=0\cdots1$

が得られる．このときの余りを右図の矢印の順に並べてできる $1011_{(2)}$ が，11 の 2 進法による表現である．

練習問題 1.14　次の 2 進法で表された各数を 10 進法で表しなさい．

(a) $1111_{(2)}$　(b) $101010_{(2)}$　(c) $111001_{(2)}$　(d) $1100100_{(2)}$

練習問題 1.15　次の 10 進法で表された各数を 2 進法で表しなさい．

(a) 9　(b) 25　(c) 196　(d) 300

2 進法での小数の表し方

小数は，小数第 1 位から順に「十分の一の位，百分の一の位，千分の一の位，…」を表す．つまり，数 0.567 は次式で計算される数を表す．

$$0.567=5\times\frac{1}{10}+6\times\frac{1}{100}+7\times\frac{1}{1000}=5\times\underline{10}^{-1}+6\times\underline{10}^{-2}+7\times\underline{10}^{-3}$$

同様にして，2 進法で表された小数，たとえば，$0.101_{(2)}$ は次式により 10 進法に変換される．

$$0.101 = 1 \times \underline{2}^{-1} + 0 \times \underline{2}^{-2} + 1 \times \underline{2}^{-3} = 0.5 + 0 + 0.125 = 0.625$$

練習問題 1.16　次の 2 進法で表された各数を 10 進法で表しなさい．

(a) $11.111_{(2)}$　(b) $101.101_{(2)}$　(c) $1110.01_{(2)}$　(d) $1000.011_{(2)}$

例 1.13　10 進法と 8 進法

500 を 8 進法に変換してみよう．このためには，2 進法の場合の例 1.12 と同様に，500 を 8 で割り続ければよい．具体的には右図のようにして，8 進法としての $764_{(8)}$ が得られる．

```
     8) 500
商 → 8)  62 … 4  ← 余り
     8)   7 … 6
          0 … 7
```

練習問題 1.17　次の各数を 3 進法，4 進法，5 進法のそれぞれで表しなさい．

(a) 23　(b) 31　(c) 144

Column　バーコードと整数計算

コンビニやスーパーなどの店頭に並べられている商品には，バーコードとよばれる太さの異なる多数の棒線（バー）が印刷されている．日本で用いられているバーコードの一つが，次図の 13 桁の商品識別コードからなる JAN コード標準タイプである[†]．

桁	13	12	11	10	9	8	7	6	5	4	3	2	1
	事業者コード									商品アイテムコード			チェックディジット
	4	5	6	9	5	0	0	1	7	0	2	8	C

日本の事業者がもつブランドの商品の場合，事業者コードは 45 や 49 で始まる．また，1 桁目のチェックディジット C は，2 桁目から 13 桁目までの数をもとに次式で計算される．

$$C = 10 - \{(\text{偶数桁の総和} \times 3 + \text{奇数桁の総和}) \text{の下 1 桁}\}$$

ただし，下 1 桁が 0 の場合の C は 0 とする．バーコードの読み取り時には，チェックディジットが計算され，読み取った 1 桁目と一致しなかった場合，読み取りエラーとなる．このような場合に，バーコードリーダーはエラー音を発生する．たとえば，「$456950017028C$」の場合，チェックディジット C は，次式で求められる．

$$C = 10 - [\{(5 + 9 + 0 + 1 + 0 + 8) \times 3 + (4 + 6 + 5 + 0 + 7 + 2)\}\text{の下 1 桁}] = 10 - 3 = 7$$

† https://www.dsri.jp/jan/check_digit.html（一般財団法人 流通システム開発センター）より．

 章末問題 

1.1　「-1 以上，2 以下」の実数のうちで，自然数，整数，有理数，無理数にあてはまる数を，それぞれ二つずつあげなさい．ただし，すべて違う数となるように選びなさい．

1.2　次の各式を展開しなさい．なお，有理化が可能な式は有理化しなさい．

(a) $\left(x-\dfrac{y}{2}+\dfrac{2}{3}\right)^2$　　(b) $(\sqrt{x}+\sqrt{y})(x-\sqrt{xy}+y)$

(c) $\left(\dfrac{x}{\sqrt{5}+2}+\dfrac{y}{\sqrt{5}-2}\right)^2$　　(d) $(\sqrt{2}+3i)(5-\sqrt{2}i)$

1.3　次の各式を因数分解しなさい．

(a) $x^2-7x+12$　　(b) $x^2+5(2x+5)$

(c) $4x-x^2-\sqrt{400}+3x^2+2x$　　(d) $3x^2+2y^2+x^2-3y^2$

1.4　近似値 $\sqrt{2}=1.414$, $\sqrt{3}=1.732$, $\sqrt{6}=2.449$ を用いながら，次の数を大きい順に並べなさい．

$$\frac{1}{\sqrt{6}-\sqrt{3}},\quad \frac{6}{\sqrt{18}},\quad 1.2,\quad \sqrt{6}-\sqrt{2},\quad \sqrt{5+2\sqrt{6}}$$

1.5　次の数を大きい順に並べ直しなさい．

$$123_{(6)},\quad 231_{(5)},\quad 312_{(4)}$$

1.6　10 進法で 3 桁の数を 7 進法で表示するために必要な桁数を答えなさい．

集合と論理

2.1 集　合

ある条件（文や式）を満たす「もの（**要素** (element)）」の集まりを**集合** (set) という．たとえば，「3 以下の正整数」から作られる集合の要素は「1,2,3」であり，各要素はこの集合に**属する**という．なお，要素が一つもない集合を**空集合** (empty set) とよぶ．

集合の表し方と種類

(i)　**集合に属するすべての要素を列挙**（要素列挙法）

各要素をコンマ「,」で区切り，全体を「{」と「}」で囲む．

例　$A = \{2,4,6,8\}$，$B = \{3,6,9\}$．空集合は $\{\ \}$ または $\varnothing$ で表す．

(ii)　**集合に属する要素が満たすべき条件を記述**（条件記述法）

「要素 x が満たすべき条件」を $\{x \mid \boxed{}\}$ の空欄に記す．

例　(i) の A は，$\{x \mid x$ は 1 以上 10 未満の偶数 $\}$ あるいは $\{x \mid 1 \leqq x < 10,\ x$ は偶数 $\}$ と表す．ここで，コンマ「,」は「かつ」を意味する．

(iii)　**図（ベン図）による記述**

集合に属する要素をすべて取り囲むように描いたのが**ベン図** (Venn diagram) である．とくに，考察の対象とするすべての要素から作られる集合は**全体集合** (universal set) とよばれ，四角で囲まれる．

例　全体集合 $U = \{1,2,3,4,5,6,7,8,9\}$ のすべての要素は四角で囲まれ，そのうち集合 $A = \{2,4,6,8\}$ の要素だけがさらに囲まれる．

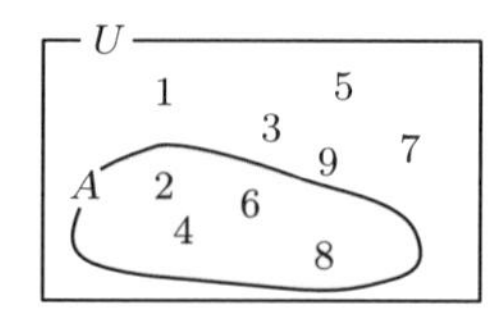

例 2.1 集合の表記

全体集合を $U = \{x \mid x$ は 10 未満の正の整数 $\}$，集合 C, D をそれぞれ，$C = \{4, 8\}$ と $D = \{2, 3, 5, 7\}$ としたときのベン図は右図のとおりである．一方，$\{x \mid x$ は U の要素，x は 10 の倍数 $\}$ に属する要素はなく，この集合は空集合 $\varnothing$ である．なお，全体集合が明らかな場合，この集合は単に $\{x \mid x$ は 10 の倍数 $\}$ とも書く．

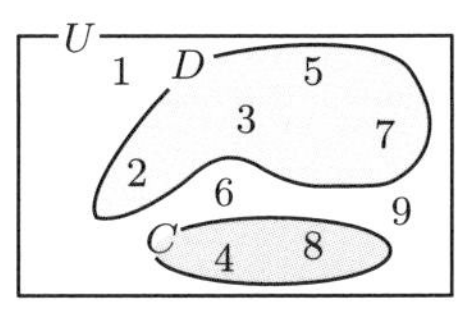

集合の表し方の注意

- 同じ要素は含めない．$\{1, 2, 1\}$ とは表さず，$\{1, 2\}$ と表す．
- 要素を書き並べる順序は問わない．$\{1, 2, 3\}$ と，$\{1, 3, 2\}$ は同じ集合．

練習問題 2.1 例 2.1 の図の集合 U（全体集合），C, D について，次の集合を〔 〕内の方法で表しなさい．

(a) C, D〔条件記述法〕 (b) $\{x \mid x$ は D に属さない $\}$〔要素列挙法〕

(c) $\{x \mid x$ は，C と D に同時に属する $\}$〔要素列挙法〕

集合を表す式

(i) **集合に属する要素** $\boldsymbol{a \in A,\ b \notin A}$

a が集合 A に属することを $\boldsymbol{a \in A}$，b が集合 A に属さないことを $\boldsymbol{b \notin A}$ と書く．

例 $\mathbb{N}$ はすべての自然数の集合，$\mathbb{Q}$ はすべての有理数の集合なので，

$$\frac{1}{2} \in \mathbb{Q}, \quad \frac{1}{2} \notin \mathbb{N}$$

(ii) **集合どうしの関係** $\boldsymbol{B \subset A,\ B \subseteqq A,\ A = B}$

集合 B のすべての要素が集合 A の要素でもあるとき，B を A の**部分集合** (subset) といい，$\boldsymbol{B \subset A}$，あるいは，$\boldsymbol{A \supset B}$ と書く．とくに，A, B が互いに他方の部分集合である，すなわち，$A \subset B$ かつ $B \subset A$ ならば，$\boldsymbol{A = B}$ と定める．なお，$\subset$ を $\subseteqq$ と書くこともある．

例 $\{1, 2\} \subset \{1, 2, 3\}$, $\mathbb{N} \subset \mathbb{Z} \subset \mathbb{Q} \subset \mathbb{R}$

(iii) **補集合** (complement) $\boldsymbol{\overline{A}}$

全体集合 U の要素で，集合 A に属さない要素から作られる集合 $\{x \mid x \in U, x \notin A\}$ を A の**補集合**といい，$\overline{A}$ と記す．

例 $U = \{1, 2, 3, 4, 5\}$, $A = \{2, 4\}$ のとき $\overline{A} = \{1, 3, 5\}$

例 2.2　部分集合と補集合

$U = \{1, 2, \ldots, 9\}$, $A = \{2, 4, 6, 8\}$, $C = \{4, 8\}$ のとき，C の要素 $4, 8$ はともに $4 \in A, 8 \in A$ であることから，$C \subset A$ である．同様にして，$A \subset U, C \subset U$ でもある．これらをベン図で表すと右図のように，C は A の内部に，その A は U の内部に描かれる．さらに，A の補集合（A に属さない U の要素）は斜線部にあたる $\overline{A} = \{1, 3, 5, 7, 9\}$ である．

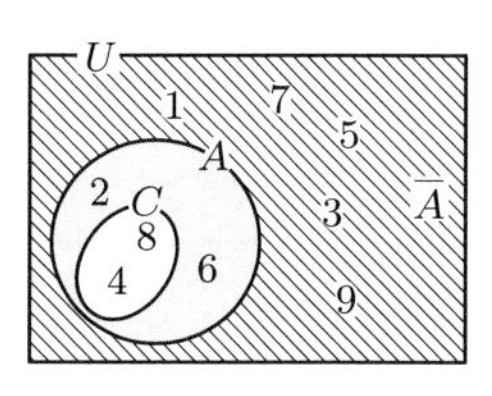

集合を扱う場合の注意

- $\{x \mid x$ は東北地方の高い山 $\}$ は集合ではない（x が「高い」かどうかを判別できない）．
- $B \subset A$ かつ $B \neq A$ を，$B \subsetneqq A$ と表し，B を A の**真部分集合** (proper subset) とよぶ．
- $\subset, \subsetneqq$ の代わりに，それぞれ $\subseteq, \subset$ を用いる書籍もある．
- 集合 A について，A 自身と，空集合 $\varnothing$ もまた，A の部分集合である．すなわち，$A \subset A$, $\varnothing \subset A$.

練習問題 2.2　例 2.2 の図の集合 U, A, C について，次の集合を要素列挙法で表しなさい．

(a) $\overline{C}$　　(b) $\{x \mid x \in A, x \notin C\}$　　(c) C のすべての部分集合

2.2　集合どうしの演算

二つの集合 A と B が与えられたとき，演算 $\cap$, $\cup$ をほどこすことで，新たな集合を作ることができる．

演算の種類

(i)　**共通部分**　$\boldsymbol{A \cap B = \{x \mid x \in A}$ **かつ** $\boldsymbol{x \in B\}}$

集合 A と B の両方に属するすべての要素から作られる集合を**共通部分** (intersection) といい，$\boldsymbol{A \cap B}$ と表す．$A \cap B = \varnothing$ のとき，A と B を**互いに素** (disjoint sets) という．右図の場合，$\{2, 4, 6, 8\} \cap \{3, 6, 9\} = \{6\}$.

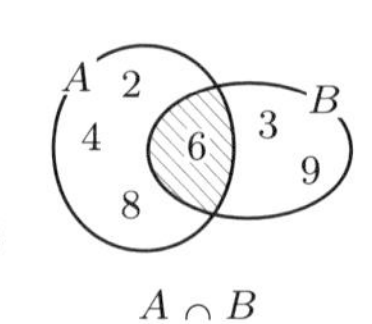

$A \cap B$

(ii) **和集合 $\boldsymbol{A \cup B = \{x \mid x \in A}$ または $\boldsymbol{x \in B\}}$**

集合 A と B の少なくともどちらか一方に属するすべての要素からなる集合を**和集合** (union) といい，$\boldsymbol{A \cup B}$ と表す．右図の場合，$\{2, 4, 6, 8\} \cup \{3, 6, 9\} = \{2, 3, 4, 6, 8, 9\}$.

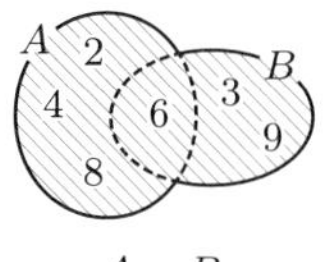

$A \cup B$

例 2.3 共通部分と和集合

下図 (a) の斜線部分に属する要素は，B の要素の中で A に属さない集まり $\{x \mid x \notin A, x \in B\} = \overline{A} \cap B$ であり，同図 (b) の斜線部分に属する要素は，A と B のいずれにも属さない集まり $\{x \mid x \notin A, x \notin B\} = \overline{A \cup B}$ である．また，同図 (c) の斜線部分に属する要素は，三つの集合の共通部分 $A \cap B \cap C$ である．

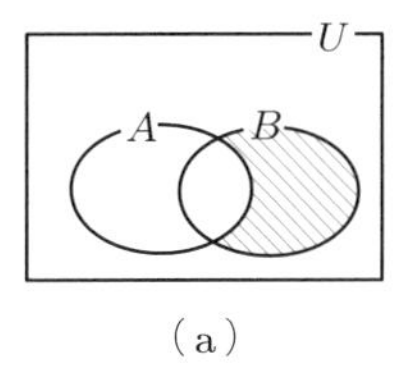

(a)

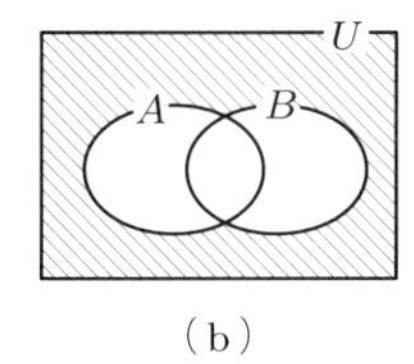

(b)

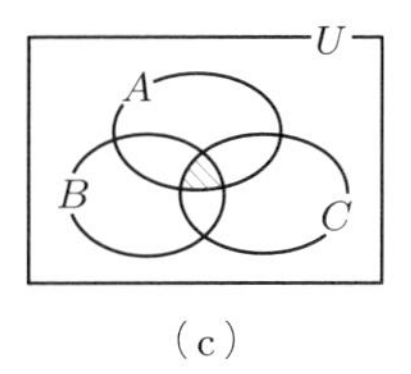

(c)

練習問題 2.3 次の各問いに答えなさい．

(a) 右図 (a) と (b) の斜線部分に属する要素からなる集合を，A, B を用いた式でそれぞれ表しなさい．

(b) 例 2.3 の図 (c) において，$A \cup B \cup C$ と $\overline{A} \cap \overline{B} \cap \overline{C}$ の領域をベン図でそれぞれ描きなさい．

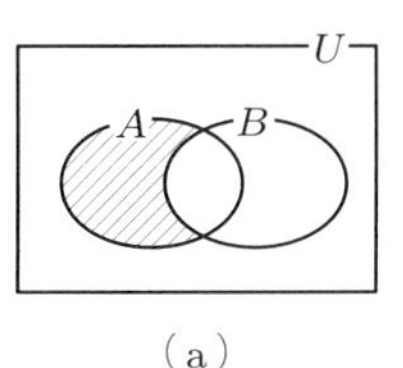

(a)

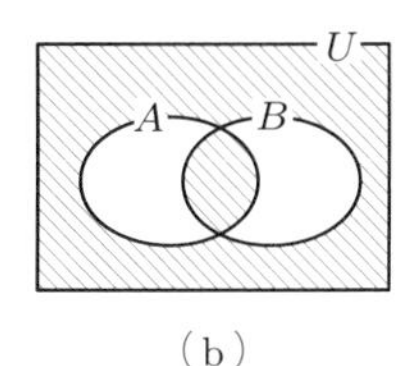

(b)

集合の要素の個数

(i) **集合の要素数 $\boldsymbol{n(A)}$, $\boldsymbol{|A|}$**

集合 A に含まれる要素数を $n(A)$ あるいは $|A|$ と表す．なお，$n(\varnothing) = 0$.

(ii) **和集合の要素数 $\boldsymbol{n(A \cup B) = n(A) + n(B) - n(A \cap B)}$**

集合 A, B の和集合の要素数 $n(A \cup B)$ は，両者の共通部分 $A \cap B$ が重複して数えられることのないように，$n(A) + n(B) - n(A \cap B)$ として求められる．とくに，A と B が互いに素（$A \cap B = \varnothing$）であれば，$n(A \cup B) = n(A) + n(B)$.

(iii) **補集合の要素数** $\boldsymbol{n(\overline{A}) = n(U) - n(A)}$

A とその補集合 $\overline{A}$ は互いに素であることから，$n(A \cup \overline{A}) = n(A) + n(\overline{A}) = n(U)$ より，$\overline{A}$ の要素数 $n(\overline{A})$ は，$n(U) - n(A)$.

例 2.4 集合の要素の個数

$E = \{x \mid x \in \mathbb{N}, x$ は 10 以下の偶数$\}$，$F = \{x \mid x \in \mathbb{N}, x$ は 10 以下の 3 の倍数$\}$ について，$n(E) = n(\{2, 4, 6, 8, 10\}) = 5$，$n(F) = n(\{3, 6, 9\}) = 3$ である．よって，$n(E \cup F)$ は $E \cap F = \{6\}$ より，$n(E \cup F) = n(E) + n(F) - n(E \cap F) = 7$ である．さらに，全体集合 U が $\{x \mid x \in \mathbb{N}, 1 \leqq x \leqq 10\}$ のとき，$n(\overline{E}) = n(U) - n(E) = 10 - 5 = 5$ である．

練習問題 2.4 例 2.4 の集合 U, E, F と $G = \{x \mid x$ は 10 以下の素数$\}$ について，次の要素数を求めなさい．

(a) $n(\overline{F})$ (b) $n(G)$ (c) $n(E \cap F \cap G)$ (d) $n(E \cup F \cup G)$

ド・モルガンの法則（集合）

全体集合を U，その部分集合を A, B とする．補集合と，集合の共通部分と和集合については，下図のように，次の**ド・モルガンの法則** (De Morgan's laws) が成り立つ．

$$\overline{A \cap B} = \overline{A} \cup \overline{B}, \quad \overline{A \cup B} = \overline{A} \cap \overline{B}$$

さらに，集合の要素数に関して次式が成り立つ．

$$n(\overline{A \cap B}) = n(\overline{A} \cup \overline{B}) = n(U) - n(A \cap B)$$
$$n(\overline{A \cup B}) = n(\overline{A} \cap \overline{B}) = n(U) - n(A \cup B)$$

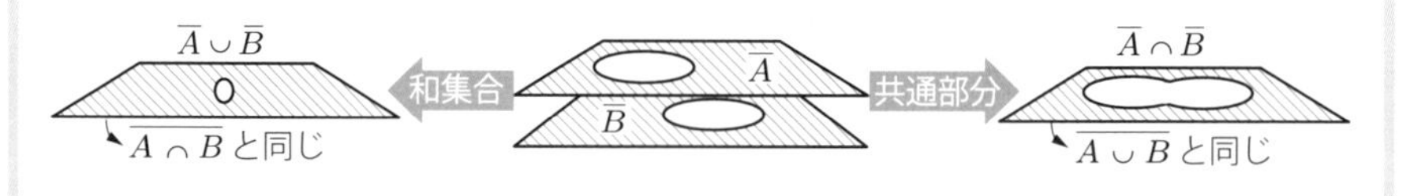

集合の分配法則

A, B, C を集合とする．共通部分 $\cap$ と和集合 $\cup$ について，次の分配法則が成り立つ．

$$(A \cap B) \cup C = (A \cup C) \cap (B \cup C)$$
$$(A \cup B) \cap C = (A \cap C) \cup (B \cap C)$$

例 2.5 ド・モルガンの法則

全体集合 U を $\{x \mid 0 < x < 10,\ x \text{ は整数}\}$，その部分集合を $A = \{x \mid x \text{ は 2 の倍数}\}$，$B = \{x \mid x \text{ は 3 の倍数}\}$ とする．このとき，$A \cup B = \{2,3,4,6,8,9\}$ であり，$\overline{A \cup B} = \{1,5,7\}$ である．また，$\overline{A \cup B} = \overline{A} \cap \overline{B} = \{1,3,5,7,9\} \cap \{1,2,4,5,7,8\} = \{1,5,7\}$ である．さらに，$n(\overline{A \cup B}) = n(U) - n(A \cup B) = 9 - 6 = 3$ である．

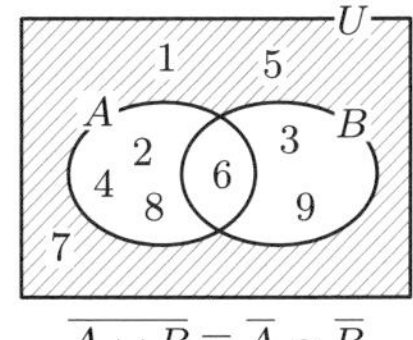

$\overline{A \cup B} = \overline{A} \cap \overline{B}$

練習問題 2.5 例 2.5 の集合 U, A, B と $C = \{x \mid x \text{ は約数の個数が 2 個}\}$ について，次の集合や要素数を答えなさい．

(a) $\overline{A \cap B}$　　(b) $n(\overline{A \cup C})$　　(c) $(A \cap C) \cup (B \cap C)$

2.3 論理と集合

2.3.1 必要条件と十分条件

真偽を判定できる文や式を**命題** (proposition) という．これに対して，変数を含み，変数の値に応じて真偽が定まる文や式を**条件** (condition) という．

必要条件と十分条件

(i) **必要条件と十分条件　$\boldsymbol{p}$ (十分条件) $\Longrightarrow$ $\boldsymbol{q}$ (必要条件)**

命題「$p \Longrightarrow q$」(p ならば q) が成り立つとき，p は q であるための**十分条件** (sufficient condition)，q は p であるための**必要条件** (necessary condition) とそれぞれよぶ．

(ii) **必要十分条件　$\boldsymbol{p} \Longleftrightarrow \boldsymbol{q}$**

もし，「$p \Longrightarrow q$ かつ $q \Longrightarrow p$」が真であるときには，p は q (q は p) であるための**必要十分条件** (necessary and sufficient condition) とよび，「$p \Longleftrightarrow q$」と書く．このとき，「p と q は**同値** (equivalence)」であるともいう．

例 2.6 必要条件と十分条件

「x は 6 の倍数 $\Longrightarrow$ x は 3 の倍数」は成り立ち，「x は 6 の倍数」は十分条件，「x は 3 の倍数」は必要条件である．

また，「x は 2 の倍数かつ 3 の倍数」と「x は 6 の倍数」は同値である．

練習問題 2.6　変数 x, y を $\{-3, -2, -1, 0, 1, 2, 3, 4, 5\}$ の要素とするとき，次の条件 p, r, s, u, v について，以下の問いに答えなさい．

$p : x + y > 0$,　$r : x > y$,　$s : x^2 > y^2$,　$u : x > 0$ かつ $y > 0$,　$v : xy > 0$

(a) p であるための十分条件をすべて選びなさい．

(b) u であるための必要条件をすべて選びなさい．

(c)「s ならば u」にあてはまらない例をあげなさい．

(d) 必要十分条件にあたる二つの条件があれば，その組をすべて答えなさい．

■2.3.2　命題と集合

変数 x を含む条件 p が与えられたとき，x が全体集合 U の要素とすれば，p を真にする x から作られる集合 $P = \{x \mid x$ は p を満たす U の要素 $\}$ が定まる．同様に，条件 q を真にする U の要素から作られる集合を Q とするとき，次のことがいえる．

命題と集合

(i) $\boldsymbol{p \Longrightarrow q}$

「$p \Longrightarrow q$」が真であるとき，$P \subset Q$.

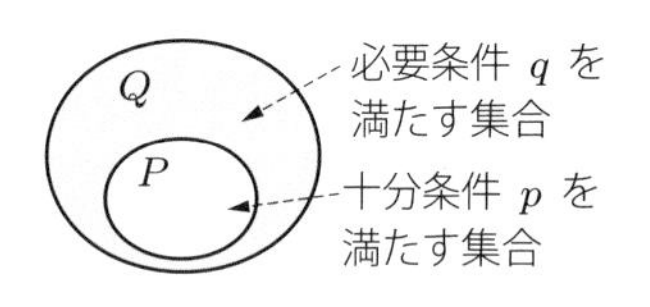

(ii) $\boldsymbol{p}$ **かつ** $\boldsymbol{q}$ （$p \wedge q$ とも書く）

「p かつ q」を満たす要素が属する集合は $P \cap Q$.

(iii) $\boldsymbol{p}$ **または** $\boldsymbol{q}$ （$p \vee q$ とも書く）

「p または q」を満たす要素が属する集合は $P \cup Q$.

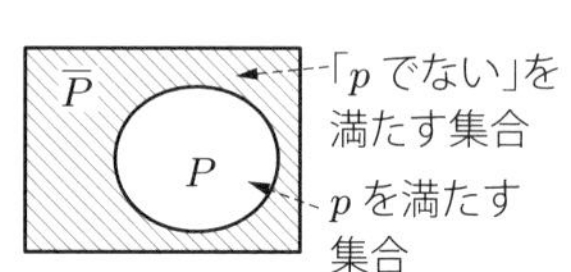

(iv) $\boldsymbol{p}$ **でない** （$\neg p$ とも書く）

「p でない」を満たす要素が属する集合は $\overline{P}$.

$\Longrightarrow$ と $\Longleftrightarrow$

「$p \Longrightarrow q$」が偽であるときには，右図のように P の要素の中に Q には含まれない要素が存在する．そのような要素は**反例** (counterexample) とよばれる．

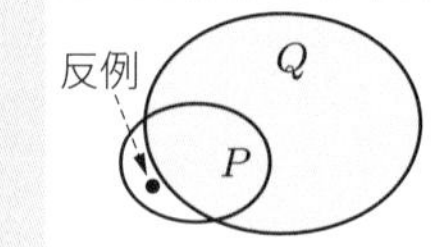

また，「$p \Longleftrightarrow q$」が真であるとき，$P \subset Q$ かつ $Q \subset P$ より，$P = Q$ である．

例 2.7 命題と集合

条件 p が「x は，自然数かつ 10 以下の 6 の倍数」のとき，p を満たす要素が属する集合は $P = \{6\}$ である．また，条件 q が「x は，自然数かつ 10 以下の 3 の倍数」のとき，q を満たす要素が属する集合は $Q = \{3, 6, 9\}$ である．

6 の倍数であれば 3 の倍数でもあることから，$p \Longrightarrow q$ は真であり，上図のように $P \subset Q$ が成り立つ．一方，r を「x は，自然数かつ 10 以下の 6 の約数」とするとき，r を満たす要素が属する集合は $R = \{1, 2, 3, 6\}$ であり，$r \Longrightarrow q$ は，たとえば反例 $x = 2$（$2 \in R$ であるが，$2 \notin Q$）が存在するため偽である．

練習問題 2.7 x が $x \in \mathbb{N}$ のとき，次の命題が成り立つかどうかを答えなさい．なお，成り立たない場合には反例をあげなさい．

(a) x は 10 以下の 6 の約数 $\Longrightarrow$ x は 10 以下の 3 の約数

(b) x は素数 $\Longrightarrow$ x は奇数

ド・モルガンの法則（論理）

集合に関するド・モルガンの法則と，命題と集合との関係より，論理に関する次式（ド・モルガンの法則）が導かれる．ここで，$\neg, \wedge, \vee$ は「でない，かつ，または」をそれぞれ表す．

$$\neg(p \wedge q) \Longleftrightarrow \neg p \vee \neg q$$
$$\neg(p \vee q) \Longleftrightarrow \neg p \wedge \neg q$$

練習問題 2.8 次の各条件の否定を答えなさい．

(a) $(x = 0) \wedge (y = 0)$　(b) $(x \geqq 1) \vee (y \geqq 1)$　(c) $(x$ は偶数 $) \wedge (y$ は奇数 $)$

2.3.3 逆と対偶と裏

逆と対偶と裏

命題「$p \Longrightarrow q$」に対して，**逆** (converse) と**対偶** (contraposition)，**裏** (obverse) をそれぞれ次のように定める．

「$q \Longrightarrow p$」は，「$p \Longrightarrow q$」の**逆**

「$\neg q \Longrightarrow \neg p$」は，「$p \Longrightarrow q$」の**対偶**

「$\neg p \Longrightarrow \neg q$」は，「$p \Longrightarrow q$」の**裏**

これらの用語には右図の関係がある．

例 2.8 逆と対偶

「x が自然数 $\Longrightarrow$ $x+1>0$」の逆と対偶は，それぞれ，「$x+1>0$ $\Longrightarrow$ x は自然数」と「$x+1>0$ ではない $\Longrightarrow$ x は自然数ではない」である．この例からわかるように，一般的には，もとの命題が真であるとき，逆は必ずしも真とはならないが，対偶は真になる．

練習問題 2.9 次の各命題の真偽，ならびに，各命題の逆の真偽をそれぞれ答えなさい．偽の場合には反例をあげなさい．

(a) $x=0 \Longrightarrow x^3+2x^2+x=0$ (b) $|x| \geqq 1 \Longrightarrow x^2 \geqq 1$

(c) x と y がともに偶数 $\Longrightarrow$ $x+y$ は偶数

Column 集合演算とネット検索

たとえば，「スマホで遊べるゲーム」を探したいときは，パソコンやスマホのブラウザ（ホームページ閲覧アプリケーション）にいくつかのキーワードを入力すればよい．具体的には，「スマホ ゲーム」というようにスペースで区切りながら，二つのキーワードを入力すれば，両者を同時に含むホームページが検索されることになる．このとき，次のような集合演算が行われているとみなすことができる．

$A=\{x \mid x$ は‘スマホ’を単語として含むホームページ$\}$

$B=\{x \mid x$ は‘ゲーム’を単語として含むホームページ$\}$ のとき，

$A \cap B=\{x \mid x$ は‘スマホ’と‘ゲーム’の両方を単語として含むホームページ$\}$

さらに，「スマホで遊べるゲームでも，有料ではないもの」を探すには，「スマホ ゲーム -有料」と入力する．キーワードの前にマイナス文字「–」がつくと，そのキーワードを含んでいないホームページが検索される．つまり，次の演算が行われている．

$\overline{C}=\{x \mid x$ は‘有料’を単語として含まない ホームページ$\}$

$A \cap B \cap \overline{C}=\{x \mid x$ は‘スマホ’と‘ゲーム’を単語としてともに含み，‘有料’を単語として含まないホームページ$\}$

また，「ゲーム OR スマホ」とすれば，「ゲームまたはスマホ」を単語として含むホームページが参照される．すなわち，次の演算が行われている．

$A \cup B=\{x \mid x$ は‘ゲーム’または‘スマホ’を単語として含むホームページ$\}$

Column 論理と言葉

論理を表す「ならば」，「または」などの言葉は，日常生活で用いられるときの意味とは異なるので，注意が必要である．たとえば，「今日のランチはチキンまたはポークです」のように，「A または B」は，日常生活では A あるいは B のどちらか一方を表す（両方は選べない）．これに対して，数学で「A または B」といえば，どちらか一方に加えて，両方であってもよい（➡ 2.2 節）．

また，「日替わりランチ（を注文する）ならばコーヒーは無料です」からは，「日替わりランチでなければ，コーヒーは有料である」と理解することが多い．つまり，「p ならば q」から「p ではないときには，q ではない」意味だと理解する．一方，数学では，「p ならば q」は「p が真である場合は q も真である」ことを述べたもので，p が偽である場合の q の真偽については何も言及していない．そのため，日替わりランチではないときにコーヒーの料金がどちら（有料/無料）であろうとも，数学的には「日替わりランチ（を注文する）ならばコーヒーは無料です」は正しい主張である．

このように，数学で用いられる言葉の意味には注意されたい．

章末問題

2.1 $\{x \mid x$ は U の要素で $x^2 + 11x - 12 = 0$ の解$\}$ を，全体集合 U が次の場合について，要素列挙法で表しなさい．

(a) $U = \mathbb{N}$ の場合　　(b) $U = \mathbb{Z}$ の場合

2.2 右図の集合 U, B, E について，次の各集合を要素列挙法で表しなさい．

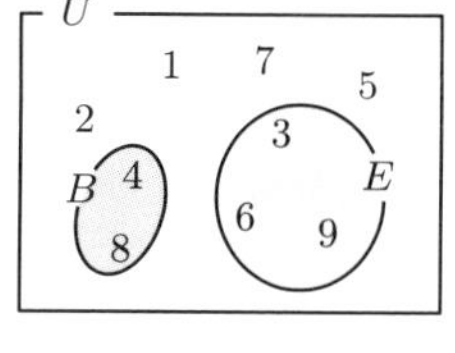

(a) B の補集合　　(b) $\overline{B \cup E}$

(c) E のすべての部分集合から作られる集合

(d) $\{x \mid x \in B$ かつ $x \in E\}$　　(e) $\{x \mid x \notin B$ かつ $x \in E\}$

2.3 全体集合 U の部分集合 A, B について，$n(U)$，$n(A)$，$n(B)$，$n(A \cup B)$ だけを用いて $n(\overline{A} \cup \overline{B})$ を表しなさい．

2.4 次の各命題の真偽，ならびに，各命題の逆の真偽をそれぞれ答えなさい．偽の場合には反例をあげなさい．

(a) x と y がともに自然数 $\Longrightarrow$ $x - y$ は正

(b) x が素数ならば，x は偶数でない

2.5 次の各問いの条件 p, q について，$p \Longrightarrow q$，$q \Longrightarrow p$，$p \Longleftrightarrow q$ のいずれが成り立つのか答えなさい．ここで，x, y はいずれも実数とする．

(a) $p : x^2 = y^2$,　$q : x = y$　　(b) $p : x > 0$ かつ $y > 0$,　$q : x + y > 0$

(c) $p : |x| > |y|$,　$q : x^2 > y^2$

3 関数の基礎と指数・対数

3.1 関　数

二つの変数 x, y を含む式，たとえば，$y = 3x - 3$ のように，x の値を一つ定めると y の値がただ一つ定まるとき，x と y をそれぞれ**独立変数** (independent variable) と**従属変数** (dependent variable) という．この関係を一般化して関数が定義される．

関数

独立変数 x に従属変数 y を対応付ける規則 f が存在するとき，この規則を**関数** (function) とよび，$y = f(x)$ と表す．x のとり得る値の集合を**定義域**あるいは**変域** (domain) とよび，y または $f(x)$ を x における f の値という．定義域のすべての要素における f の値の集合，すなわち，y のとり得る値から作られる集合を**値域** (range) という．

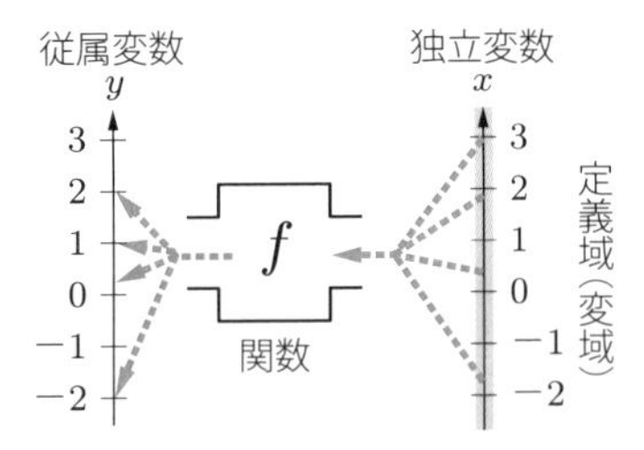

例 3.1　関数

関数 $f(x) = 3x - 3$ において，x の定義域が $\{0, 1, 2, 3\}$ のとき，$f(0) = -3$, $f(1) = 0$, $f(2) = 3$, $f(3) = 6$ より，値域は $\{-3, 0, 3, 6\}$ である．

また，定義域を $\{x \mid -3 \leqq x \leqq 3\}$ とするとき，$f(-3) = -12$, $f(-1) = -6$, $f(0) = -3$, $f(3) = 6$ などから，この関数の値域は $\{y \mid -12 \leqq y \leqq 6\}$ である．

練習問題 3.1　関数 $f(x) = x^2 + x - 2$ について，定義域を $\{-2, -1, 0, 1, 2\}$ としたときの値域を求めなさい．

3.2 関数のグラフ

関数のグラフ

関数 $y = f(x)$ において，定義域を動く独立変数 x と，それに応じた関数の値 $y = f(x)$ との組 (x, y) を xy 平面上の座標として描いたときの図形が関数 f の**グラフ** (graph) である．

独立変数としては x のほか，$u, v, t,$ $\overset{シータ}{\theta}$ などの文字が用いられる．なお，たとえば，u が x と同じ定義域であれば，$y = f(x)$ と $y = f(u)$ は同じ関数を表す．

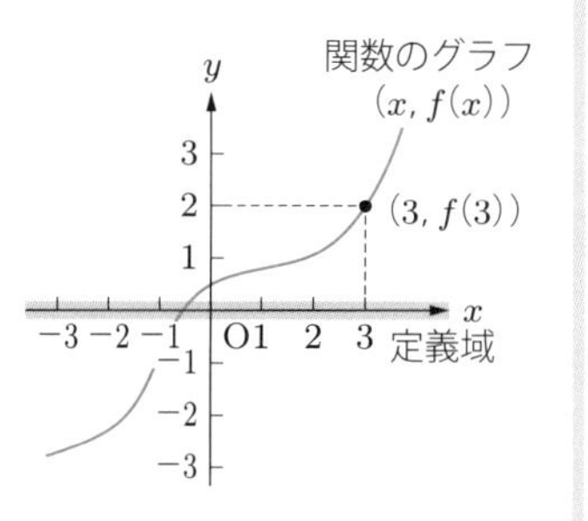

グラフの移動と反転

下図の破線で描かれた関数 $f(x)$ のグラフに対し，$f(x+a)$ と $f(x-a)$ のグラフは，それぞれ，x 軸の負と正の方向に a だけ移動したものになる．また，$f(x)+b$ と $f(x)-b$ のグラフは，それぞれ，y 軸の正と負の方向に b だけ移動したものになる．さらに，$-f(x)$ と $f(-x)$ のグラフは，それぞれ，x 軸と y 軸に線対称な（反転した）グラフとなる．

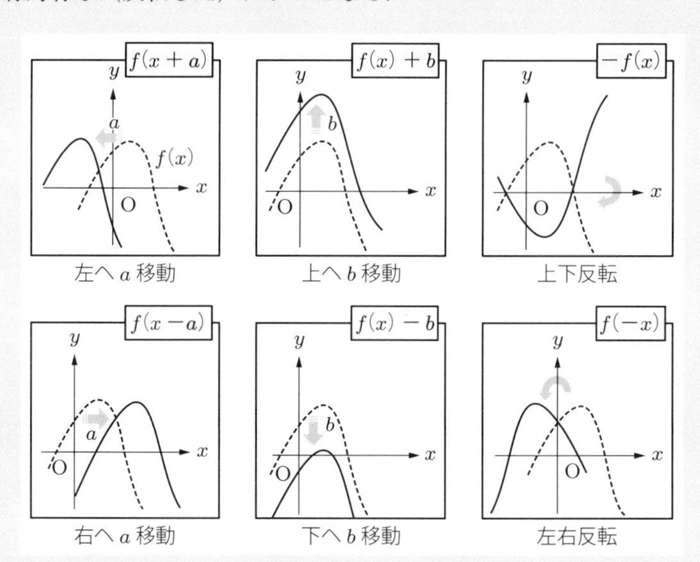

例 3.2　関数のグラフ

例 3.1 の関数 $f(x) = 3x - 3$ について，定義域が $\{0,1,2,3\}$ と $\{x \mid 0 \leqq x \leqq 3\}$ のグラフは，それぞれ，右図の四つの点と破線である．

また，定義域が $\{x \mid -3 \leqq x \leqq 3\}$ のときの $f(x) = (x+1)^2 + 1$ のグラフは，右図の青い実線となる．このグラフは，頂点が $(0,0)$ の $f(x) = x^2$ の曲線を，x 軸の負の方向に大きさ 1，y 軸の正の方向に大きさ 1 だけ移動したものである．

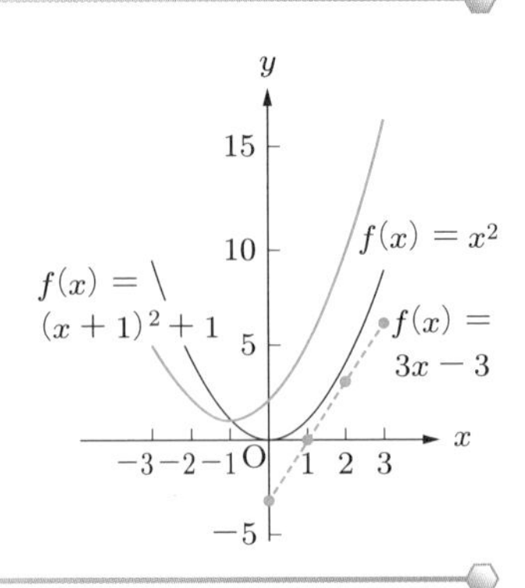

練習問題 3.2　関数 $f(x) = x^2 + x - 2$ について，定義域を $\{-2,-1,0,1,2\}$ としたときの次の各関数のグラフを描きなさい．

(a) $f(x)$　　(b) $-f(x)$　　(c) $f(x-1)+1$

3.3　逆関数

逆関数

ある関数 $y = f(x)$ が，定義域の二つの異なる要素 $a \neq b$ に対し，常に $f(a) \neq f(b)$ であるとき，すなわち，各 x に対して y がただ一つだけ定まるとき，その関数は **1 対 1**(one-to-one) であるという．このとき，x と y を入れ替えた関数 $x = g(y)$ を作ることができる（定義域と値域も入れ替わる）．この関数は f の**逆関数** (inverse function) とよばれ，f^{-1} と表される．

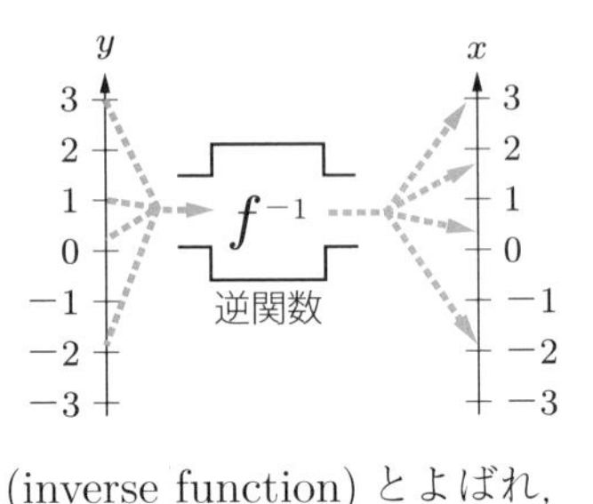

例 3.3　逆関数

定義域が実数全体のとき，関数 $f(x) = 3x - 3$ は値域も実数全体となる 1 対 1 の関数であり，逆関数 f^{-1} が存在する．それは，$y = 3x - 3$ のとき，$x = \dfrac{1}{3}y + 1$ と求め，もとの関数と比べるために，独立変数を x として，$f^{-1}(x) = \dfrac{1}{3}x + 1$ と表される．このときのグラフは次の左図のようになり，f と f^{-1} のグラフは，$y = x$ を軸として対称となる．

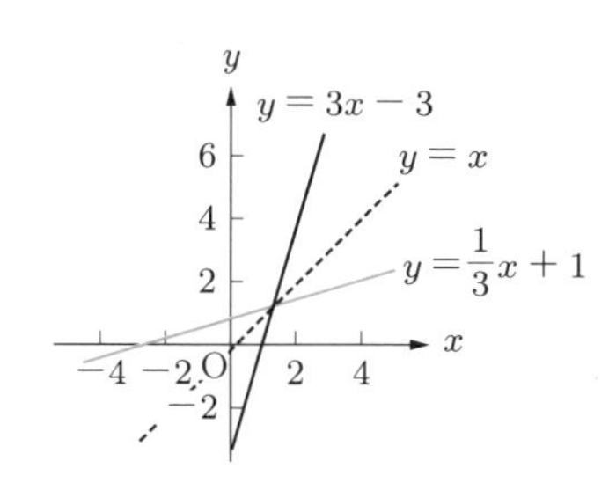

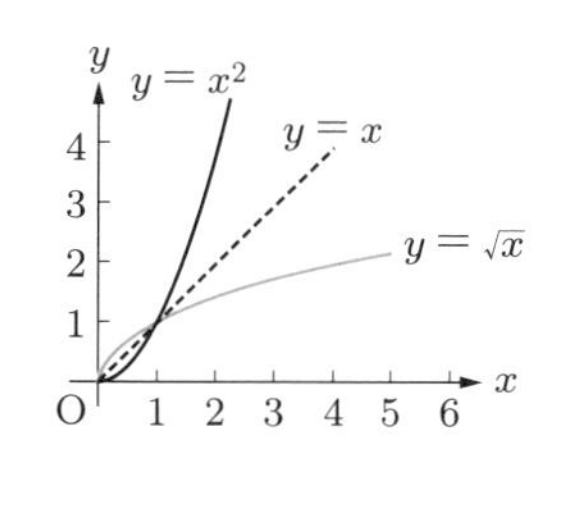

また，定義域を非負の実数全体としたとき，$f(x) = x^2$ の値域もまた非負の実数全体となり，その逆関数は $f^{-1}(x) = \sqrt{x}$ である．両者のグラフもまた $y = x$ を軸として対称となる（上右図）．

練習問題 3.3　次の関数が 1 対 1 であるかどうかを確かめ，そうであるならば逆関数を求めなさい．ただし，定義域は (a) と (b) では実数全体，(c) では 0 を除く実数全体とする．

(a) $f(x) = 2x - 1$　(b) $f(x) = x^2 - 1$　(c) $f(x) = \dfrac{1}{x}$ $(x \neq 0)$

3.4 合成関数

合成関数

二つの関数 $f(x)$ と $g(y)$ において，f の値域と g の定義域が一致しているときには，右図のように x についての関数 f の値 y に対して，関数 g の値 $z = g(y) = g(f(x))$ を作ることができる．このときの $g(f(x))$ を f と g の**合成関数** (composite function) といい，$(g \circ f)(x)$ とも書く．

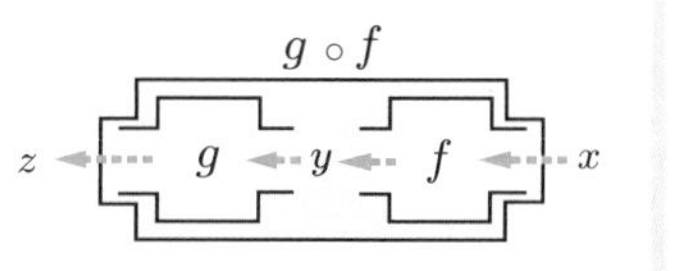

例 3.4 合成関数

定義域を実数とする二つの関数 $f(x) = x^3$ と $g(x) = x + 2$ について，f の値域と g の定義域はともに実数であるため，合成関数として $g(f(x)) = g(x^3) = x^3 + 2$，$f(g(x)) = f(x+2) = (x+2)^3$，$f(f(x)) = f(x^3) = x^9$ などが作られる．

練習問題 3.4　次の各関数の定義域を $x > 0$ としたとき，(a)〜(c) の合成関数を求めなさい．

$$f(x) = 2x - 1, \quad g(x) = x^2 + 1, \quad h(x) = \frac{1}{x}$$

(a) $f(g(x))$　　(b) $f(h(x))$　　(c) $h(g(x))$

3.5 指数関数

$9^2, 5^{-2}, 4^{\frac{1}{2}}$ といった数を扱えるように，指数関数について述べる．

累乗 ―自然数（正の整数）―

a の $n = 1, 2, 3, \ldots$ 個の積を**累乗**（るいじょう）あるいは**べき** (exponentiation) とよび，$a^n = \underbrace{a \times \cdots \times a}_{n\text{ 個}}$ と表す．この式の a を**底**（てい）あるいは**基数** (base)，n を**指数**（しすう）(exponent) という．

指数法則

m, n が自然数のとき，累乗の定義より，**指数法則** (rules of exponents) とよばれる次式が成り立つ．

(i) $a^m a^n = a^{m+n}$　　(ii) $(a^m)^n = a^{mn}$　　(iii) $(ab)^n = a^n b^n$

$a \neq 0$ のとき，m, n が 0 や負の整数でも指数法則が成り立つように，累乗 a^n を拡張する．

累乗 ―整数への拡張―

$m = 0$ のとき，指数法則 (i) より $a^0 a^n = a^{0+n} = a^n$ となることから，$a^0 = 1$ である．さらに，$m = -n$ のとき，指数法則 (i) より，$a^{-n} a^n = a^{-n+n} = a^0 = 1$ である．以上のことから，n が整数のとき，次式が成り立つ．

$$a^0 = 1, \quad a^{-n} = \frac{1}{a^n}$$

例 3.5　累乗 ―整数―

(1) $9^2 = 9 \times 9 = 81, \quad (0.2)^3 = 0.2 \times 0.2 \times 0.2 = 0.008, \quad 5^{-2} = \dfrac{1}{5^2} = \dfrac{1}{25}$

(2) $a \neq 0$ としたとき，$(a^3)^{-2} = a^{3\times(-2)} = a^{-6}, \quad a^{-3}a^5 = a^{-3+5} = a^2$

練習問題 3.5 次の各値を計算しなさい.

(a) 2^5　(b) 123^0　(c) $7^7 7^{-5}$　(d) $\dfrac{2^{1024}}{2^{1023}}$

累乗根

2 以上の整数 n に対して, n 乗すると a $(a>0)$ になる数, すなわち $x^n = a$ の根を a の n 乗根 (n-th root) といい, $\sqrt[n]{a}$ と記す. なお, $n=2$ のときには簡単に $\sqrt{a}$ と表す. とくに, 2 乗根, 3 乗根についてはそれぞれ平方根(へいほう) (square root), 立方根(りっぽう) (cube root) とよぶこともある. n 乗根を総称して**累乗根**(るいじょうこん)という.

累乗根に関しては, $a>0$, $b>0$, m は整数のとき, 正の整数 n に対して, 次式が成り立つ. なお, とくに断りのない限り, 実数の範囲で累乗根を考える.

$$\sqrt[n]{a}\,\sqrt[n]{b} = \sqrt[n]{ab}, \quad \frac{\sqrt[n]{a}}{\sqrt[n]{b}} = \sqrt[n]{\frac{a}{b}}, \quad (\sqrt[n]{a})^m = \sqrt[n]{a^m}$$

練習問題 3.6 次の式を簡単にしなさい.

(a) $\sqrt[3]{8}$　(b) $\sqrt[3]{3}\,\sqrt[3]{9}$　(c) $(\sqrt[4]{16})^2$

$a>0, b>0$ であり m, n が有理数としても指数法則が成り立つように, 累乗 a^n を拡張する.

累乗 —有理数への拡張—

指数法則 (ii) において, 整数 p, 正の整数 q を用いて $m = \dfrac{p}{q}$, $n = q$ とすれば, $\left(a^{\frac{p}{q}}\right)^q = a^p$ となる. このことから, $a^p > 0$ であれば, $a^{\frac{p}{q}}$ は a^p の q 乗根 $\sqrt[q]{a^p}$ となる. また, $(\sqrt[n]{a})^m = \sqrt[n]{a^m}$ であることから, $a^{\frac{p}{q}}$ を次式で定める.

$$a^{\frac{p}{q}} = \sqrt[q]{a^p} = (\sqrt[q]{a})^p$$

例 3.6 累乗 —有理数—

(1) $27^{\frac{1}{3}} = (3^3)^{\frac{1}{3}} = 3, \quad 4^{\frac{1}{2}} = (2^2)^{\frac{1}{2}} = 2, \quad 5^{\frac{1}{3}} 25^{\frac{1}{3}} = (5 \cdot 5^2)^{\frac{1}{3}} = (5^3)^{\frac{1}{3}} = 5$

(2) $a>0$, $b>0$ としたとき, $(a^{\frac{3}{2}})^{-2} = a^{-3}$, $(a^{\frac{1}{2}} b)^3 = a^{\frac{3}{2}} b^3$, $a^{\frac{1}{3}} (a^{-\frac{7}{6}})^{-4} = a^{\frac{1}{3}} a^{\frac{14}{3}} = a^5$

練習問題 3.7　次の式を簡単にしなさい.

(a) $\sqrt[4]{64}$　(b) $125^{\frac{2}{3}}$　(c) $9^{-\frac{3}{2}}$　(d) $\sqrt[4]{25} \times \sqrt[6]{125}$

指数関数

$a > 0$, x を実数とするとき, $y = a^x$ は x を独立変数とする関数となる. この関数を, a を底とする x の**指数関数** (exponential function) という.

3.6 指数関数のグラフ

指数関数のグラフ

独立変数 x の定義域の要素（実数）に対する指数関数 a^x の値を, 座標平面上に対応する点として打っていくと, それらの点は $a > 1$ の場合は下図左, $0 < a < 1$ の場合は下図右の曲線となる. この曲線が, 指数関数 $y = a^x$ のグラフである.

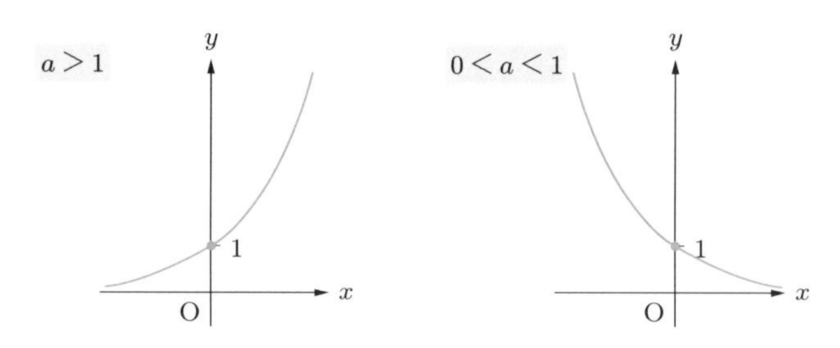

例 3.7　指数関数のグラフ

指数関数 $y = \left(\frac{1}{2}\right)^x = 2^{-x}$ の場合, 定義域を $\{x \mid -3 \leqq x \leqq 3\}$ としたとき, $x = -3, -2, -1, 0, 1, 2, 3$ に対する関数の値は次のとおりであり, これらをもとに描いたグラフが下図である.

$$8, \quad 4, \quad 2, \quad 1, \quad \frac{1}{2}, \quad \frac{1}{4}, \quad \frac{1}{8}$$

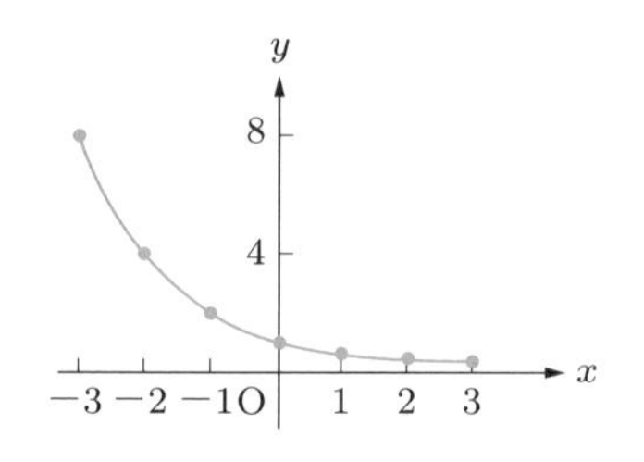

指数関数 $y = a^x$ の性質

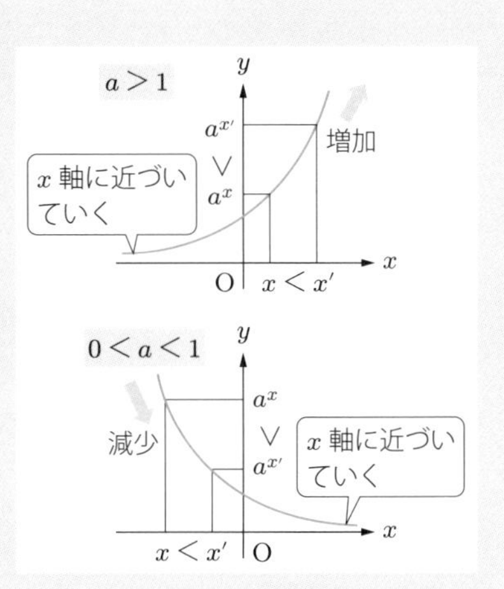

- 定義域を実数全体，値域を正の実数全体とする，1 対 1 の関数である．
- $a > 1$ のとき，x の値が増加すると $y = a^x$ の値も増加する．

$$x < x' \Longrightarrow a^x < a^{x'}$$

- $0 < a < 1$ のとき，x の値が増加すると $y = a^x$ の値は減少する．

$$x < x' \Longrightarrow a^x > a^{x'}$$

- グラフは，$a > 1$ のとき，x の値が小さくなればなるほど，x 軸に限りなく近づく†．一方，$0 < a < 1$ のとき，x の値が大きくなればなるほど，x 軸に限りなく近づく．

例 3.8 指数関数の大小比較

指数関数の性質を使って，三つの数「$1.01^{1.2}, 1.01^{0.1}, 1.01^2$」を小さい順に並べることができる．すなわち，底が 1 より大きい 1.01 なので，指数を比べて，$1.2 < 2$ より $1.01^{1.2} < 1.01^2$ であり，$0.1 < 1.2$ より $1.01^{0.1} < 1.01^{1.2}$ である．したがって，小さい順は $1.01^{0.1} < 1.01^{1.2} < 1.01^2$ である．

また，三つの数「$0.999^{1.81}, 0.999^{1.23}, 0.999^{1.45}$」は，底が 1 より小さいことから，指数が大きいものほど値は小さくなり，$0.999^{1.81} < 0.999^{1.45} < 0.999^{1.23}$ である．

練習問題 3.8 次の数の組について，それぞれ，小さいほうから順番に並べなさい．
〔ヒント：底が同じ数となるような指数関数の形に変形して，底と 1 との大小関係を考慮したうえで，指数の大きさから数の大小を比べるとよい〕

(a) $\sqrt[3]{25}$, $\sqrt[5]{125}$, $\sqrt[4]{625}$　　(b) $\sqrt[3]{2}$, $\sqrt[7]{4}$, $\sqrt[21]{256}$

3.7 対数関数

指数関数 $y = 2^x$ の逆関数はどのような関数だろうか．

---

† ある曲線と原点から十分遠いところで近づくが，接することのない直線のことを**漸近線**(ぜんきんせん)(asymptote) という．

対数関数

$a > 0,\ a \neq 1$ のとき，任意の正の実数 z に対して $a^u = z$ を満たす u はただ一つだけ定まる．この u の値を $u = \log_a z$ と書き，a を**底**（てい）(base) とする z の**対数**（たいすう）(logarithm) という．また，この z を a を底とする u の**真数**（しんすう）(antilogarithm) という．

$$u = \log_a z \iff a^u = z \quad (\text{ただし } a > 0,\ a \neq 1,\ z > 0)$$

このように，任意の正の実数に対して底を a とする対数が定義できることから，x を独立変数（定義域は正の実数）とした関数 $y = \log_a x$ を**対数関数** (logarithmic function) とよぶ．なお，この対数関数 $y = \log_a x$ は，指数関数 $y = a^x$ の逆関数にあたる．

例 3.9　指数関数と対数関数

指数を使って表された式は，対数を使った式に変形できる．

$$(3^5 = 243) \Longrightarrow (5 = \log_3 243), \quad (256^{\frac{3}{4}} = 64) \Longrightarrow \left(\frac{3}{4} = \log_{256} 64\right)$$

逆に，対数を使って表された式を，指数を使った式に変形することもできる．

$$(\log_2 8 = 3) \Longrightarrow (8 = 2^3), \quad \left(\log_{10} \frac{1}{100} = -2\right) \Longrightarrow \left(\frac{1}{100} = 10^{-2}\right)$$

練習問題 3.9　指数による式は対数による式に，対数による式は指数による式に，それぞれ変形しなさい．

(a) $6^{-3} = \dfrac{1}{216}$　(b) $\dfrac{1}{2}^{-5} = 32$　(c) $\log_{25} 5 = \dfrac{1}{2}$　(d) $\log_8 \dfrac{1}{4} = -\dfrac{2}{3}$

例 3.10　対数関数

$y = \log_{\frac{1}{2}} x$ について，$x = \dfrac{1}{8}, \dfrac{1}{2}, 1, 2$ に対する値はそれぞれ次のとおりである．

$$\log_{\frac{1}{2}} \frac{1}{8} = \log_{\frac{1}{2}} \left(\frac{1}{2}\right)^3 = 3, \quad \log_{\frac{1}{2}} \frac{1}{2} = 1, \quad \log_{\frac{1}{2}} 1 = 0,$$

$$\log_{\frac{1}{2}} 2 = \log_{\frac{1}{2}} \left(\frac{1}{2}\right)^{-1} = -1$$

練習問題 3.10　次の対数の値を計算しなさい．

(a) $\log_2 16$　(b) $\log_2 64$　(c) $\log_{\frac{1}{2}} \dfrac{1}{4}$

対数の性質

$a>0,\ a\neq 1,\ x>0,\ y>0,\ k$ は実数とする．指数法則と対数の定義から次の公式が導かれる．

- $\log_a(xy)=\log_a x+\log_a y$
- $\log_a x^k = k\log_a x$
- $\log_a \dfrac{1}{x}=\log_a x^{-1}=-\log_a x$
- $\log_a \dfrac{x}{y}=\log_a x-\log_a y$

練習問題 3.11　次の各問いの値を答えなさい．

(a) $\log_{10} 10000$　(b) $\log_{10} 10\sqrt{10}$　(c) $\log_6 4+\log_6 9$

常用対数と自然対数

底の種類によって対数の呼び名が異なる．底が 10 であれば**常用対数** (common logarithm)，2 であれば **2 進対数** (binary logarithm)，$e=2.71828\cdots$（**ネイピア数**）であれば**自然対数** (natural logarithm) とそれぞれよばれる．常用対数や自然対数は科学・工学などの分野で使われることが多く，2 進対数は計算機科学の分野で使われる．このうち，常用対数は，x を整数部分が（10 進法で）s 桁になる正の数とすると，$10^{s-1}\leqq x<10^s$ が成り立つことを利用して，正の数 x の整数部分が（10 進法で）何桁になるかを $s-1\leqq\log_{10}x<s$ によって，計算するために用いられる．なお，底が e のときは，単に $\log x$ と表記される．

底の変換公式

$a>0,\ a\neq 1,\ b>0,\ b\neq 1,\ x>0$ としたとき，次式のように**底の変換** (change of base) が行える．

$$\log_a x=\frac{\log_b x}{\log_b a}$$

例 3.11　底の変換

$\log_{10}2=0.3,\ \log_{10}3=0.5$ が与えられたとき，底の変換公式を用いれば，$\log_2 6$ や $\log_6 10$ の値が次のようにして求められる．

$$\log_2 6=\frac{\log_{10}6}{\log_{10}2}=\frac{\log_{10}3+\log_{10}2}{\log_{10}2}=1+\frac{0.5}{0.3}=\frac{8}{3}$$

$$\log_6 10=\frac{\log_{10}10}{\log_{10}6}=\frac{1}{\log_{10}3+\log_{10}2}=\frac{1}{0.5+0.3}=\frac{5}{4}$$

練習問題 3.12　次の値を分数で表しなさい．ただし，$\log_{10} 2 = \dfrac{3}{10}$，$\log_{10} 3 = \dfrac{1}{2}$ とする．

(a) $\log_4 32$　　(b) $\log_2 10$　　(c) $\log_3 100$

3.8 対数関数のグラフ

対数関数のグラフ

対数関数 $y = \log_a x$ のグラフは，その逆関数にあたる指数関数 $y = a^x$ のグラフと，直線 $y = x$ に対して右図のように対称である．

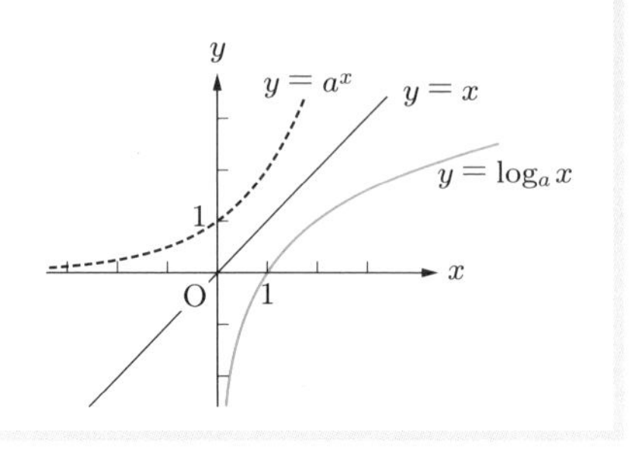

例 3.12　対数関数のグラフ

例 3.10 の対数関数 $y = \log_{\frac{1}{2}} x$ のグラフが右図の青い実線である．図中，破線で描かれている曲線が，例 3.7 の指数関数 $y = \left(\dfrac{1}{2}\right)^x$ のグラフであり，直線 $y = x$ に対して対称である．

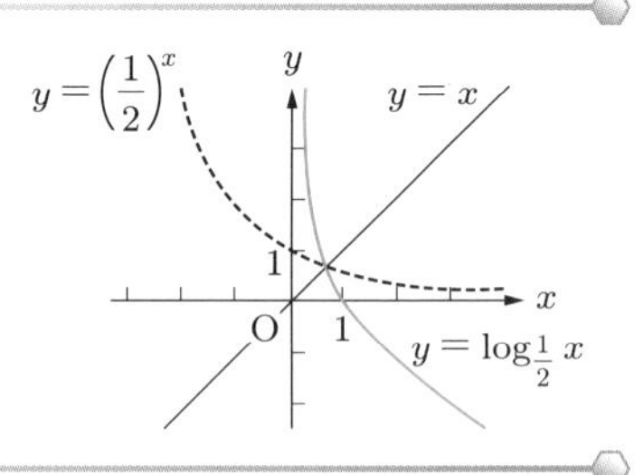

対数関数 $y = \log_a x$ の性質

- 定義域を正の実数全体，値域を実数全体とする，1 対 1 関数である．
- グラフは，x の値が 0 に近づけば近づくほど，y 軸に限りなく近づく（y 軸が漸近線）．
- $a > 1$ のとき，x の値が増加すると $y = \log_a x$ の値も増加する．

$$0 < x < x' \Longrightarrow \log_a x < \log_a x'$$

- $0 < a < 1$ のとき，x の値が増加すると $y = \log_a x$ の値は減少する．

$$0 < x < x' \Longrightarrow \log_a x > \log_a x'$$

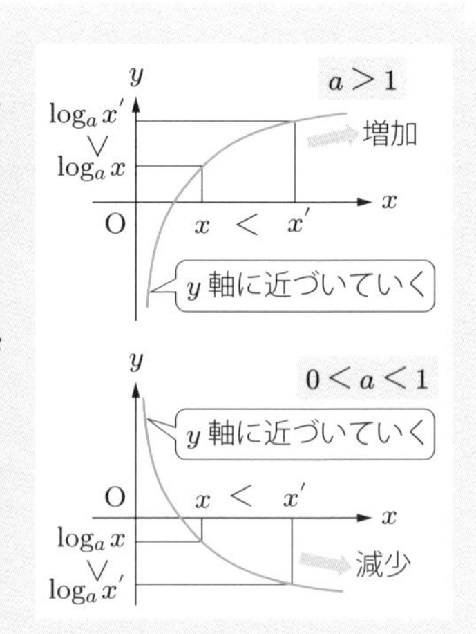

例 3.13　対数関数の大小比較

底が共通な「$\log_2 3$, $\log_2 5$, $\log_2 1$」は，対数関数の性質より，真数の小さい順に並べれば小さい順になるため，$\log_2 1 < \log_2 3 < \log_2 5$ である．

練習問題 3.13　「$\log_{0.9} \pi$, $\log_{0.9} 3.1$, $\log_{0.9} 3.16$」を小さい順に並べなさい．

Column　経済学と対数関数

下図は，日経平均株価の 1949 年から 2018 年までの始値†の経年変化のグラフである．グラフの縦軸を通常の目盛で描いた図 (a) と，縦軸を対数目盛で描いた図 (b) とでは，株価の変化の様子の違いがはっきりする．たとえば，図 (a) のグラフで，破線で囲まれた範囲では株価の変動がないように見えるが，図 (b) のグラフのように縦軸を対数目盛として見ると，株価が大きく変動していることがわかる（スターリン・ショック）．このように，対数目盛とすることで新たに見えることもある．

(a) 通常の目盛

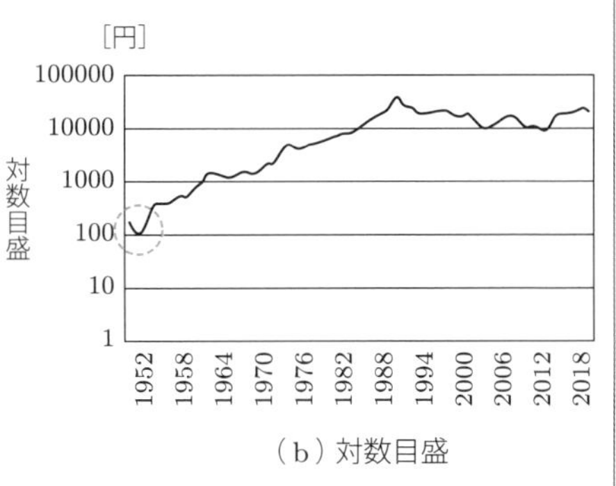

(b) 対数目盛

† https://indexes.nikkei.co.jp/nkave/archives/data?list=annually（日経平均プロファイル）より．

Column　物理量と対数関数

人間が聞き取れる最小の音圧 p_0 は約 20×10^{-6} Pa とされており†，普通の会話はその 10^3 倍，ジェット機のエンジン音はその 10^6 倍だとされている．そこで，p_0 に対して何十倍なのかによって，ある音圧 p を表すために，次の dB（デシベル）が単位として用いられている．

$$20 \times \log_{10} \frac{p}{p_0} \,[\mathrm{dB}]$$

これにより，音圧が 10 倍になると 20 dB 増える．たとえば，普通の会話は $20\log_{10}\dfrac{10^3 p_0}{p_0} = 60\,\mathrm{dB}$ であり，ジェット機のエンジン音は $20\log_{10}\dfrac{10^6 p_0}{p_0} = 120\,\mathrm{dB}$ である．ほかに，電車の中やパチンコ店内は約 80 dB，地下鉄の構内は約 100 dB とされている．

章末問題

3.1　(a)〜(c) の関数を，次の関数 $f_1, \ldots, f_4$ の合成関数によって実現しなさい．ここで，$f_1, \ldots, f_4$ の定義域はいずれも実数とする．

$$f_1(x) = x + 1, \quad f_2(x) = x^2, \quad f_3(x) = x - 1, \quad f_4(x) = 2^{\frac{x}{2}}$$

(a) $g(x) = x^2 + 2x + 1$　　(b) $h(x) = x$　　(c) $k(x) = 2^x$

3.2　次の各式を簡単にしなさい．

(a) $(a^2 a^4 b^3 b^{-1})^4$　　(b) $\dfrac{\sqrt[4]{243}}{\sqrt[4]{3}}$　　(c) $a^{-\frac{3}{4}} a^{\frac{1}{6}}$

(d) $\log_{\frac{1}{2}} 4$　　(e) $\log_2 2000 - \log_2 250$

3.3　次の数を小さい順に並べなさい．〔ヒント：対数の場合，底が同じ数となるような対数関数の形に変形して，底と 1 との大小関係を考慮したうえで，真数の大きさから数の大小を比べるとよい〕

(a) $\sqrt{\dfrac{1}{3}},\ \sqrt[3]{\dfrac{1}{9}},\ \sqrt[4]{\dfrac{1}{27}}$　　(b) $\log_2 3,\ \log_4 7$　　(c) $\log_3 2,\ \log_9 5,\ \dfrac{1}{2}$

3.4　次の関数の逆関数を求めなさい．

(a) $x^2 + 2$（定義域 $x \leqq 0$）　　(b) $\dfrac{1}{1-x}$（定義域 $x < 1$）

† http://www.ieice-hbkb.org/files/02/02gun_11hen_01.pdf#page=8（電子情報通信学会）より．Pa（パスカル）は圧力を表す単位．

4 三角関数

4.1 角の大きさ

小中学校では角度の大きさを表すのに**度** (degree)「°」を用いてきた．これは直角の $\frac{1}{90}$ を「1°」とする表し方で，**度数法** (degree measure) とよばれる．これに対し，角度を「円弧の長さと円の半径の比」で表す**弧度法**（こどほう）(radian measure) とよばれる表し方も用いられる．

弧度法

弧度法では，半径 1 の円（**単位円** (unit circle) とよぶ）が 1 回転したときの角度 360° を円周の全長 2π に対応させ，このときの単位を**ラジアン** (radian) または**弧度**とよび，rad と書く．

この弧度法を用いれば，右図のような単位円の円周上を動いた距離 l と，中心角 θ（シータ） [rad] は一致する．これにより，角度を距離（実数）に換算できる．

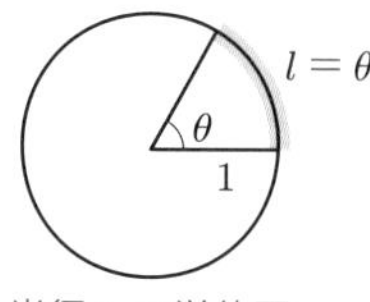

半径 1 の単位円

単位「rad」は省略されることが多く，以下では省略時の単位は rad とする．

度数法と弧度法の対応

360° と 2π を対応させることから，右図のように半円を考えた場合，度とラジアンの間には次式が成り立つ．

$$1^\circ = \frac{\pi}{180} \fallingdotseq 0.01745 \text{ [rad]}$$

$$1 \text{ rad} = \frac{180}{\pi} \fallingdotseq 57.29583^\circ$$

ここでは，小数第 5 位までを表したが，通常は分数のままで表す．0° から 360° までの主な角のラジアンとの関係を次表に示す．

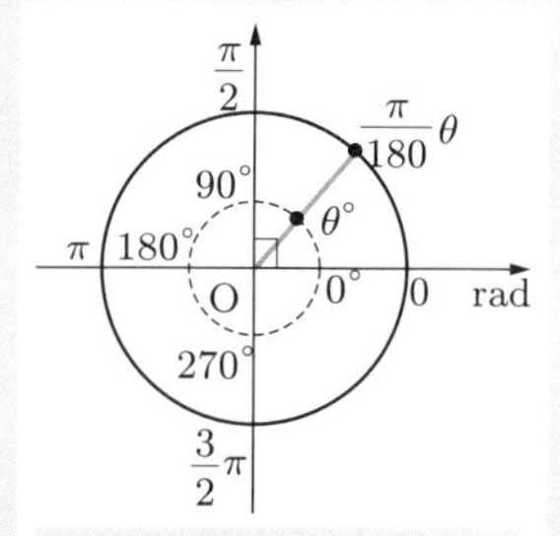

内側の値は度数法，外側の値は弧度法で表している．

°	0	30	45	60	90	120	180	240	270	360
rad	0	$\frac{\pi}{6}$	$\frac{\pi}{4}$	$\frac{\pi}{3}$	$\frac{\pi}{2}$	$\frac{2}{3}\pi$	π	$\frac{4}{3}\pi$	$\frac{3}{2}\pi$	2π

練習問題 4.1　次の各角度を［ ］内の単位でそれぞれ表しなさい．

(a) $45°$ [rad]　(b) $27°$ [rad]　(c) $\frac{5}{6}\pi$ [°]　(d) $\frac{\pi}{12}$ [°]

次の**一般角** (general angle) を使えば，$360°$ を超える大きな角度や負の角度を考えることもできる．

一般角

右図のように，平面上で点 O を中心として回転する半直線（動径）OP が水平線（始線）OX から反時計方向に回るときを「正の向き」としたとき，動径が1回転と θ だけ回転して停止したときの角度は $\theta + 2\pi$ である．

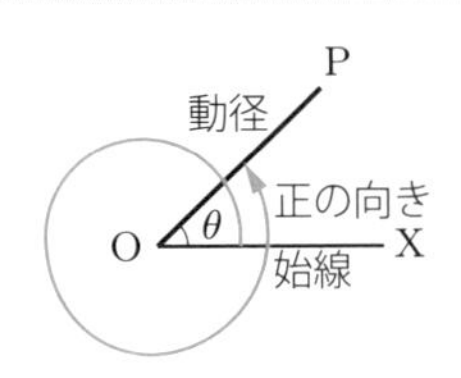

一般に，時計方向に回るときを「負の向き」とする．また，始線から n 回転と θ だけ回転した位置で停止した動径は，「$\theta + 2n\pi$　(n は整数)」で表される．このようにして，任意の大きさまで角の範囲を広げたものを**一般角**という．通常，θ は，$0 \leqq \theta < 2\pi$ または $-\pi < \theta \leqq \pi$ の範囲として選ばれ，$\theta + 2n\pi$ に属する角を代表している．

例 4.1　一般角

一般角 $\frac{19}{6}\pi$ は，$0 \leqq \theta < 2\pi$ の範囲にある θ を用いて表すと $\frac{19}{6}\pi = \frac{7}{6}\pi + 2\pi$ となることから，1回転して，さらに $\frac{7}{6}\pi$ だけ回転している．

練習問題 4.2　回転角 $\frac{19}{6}\pi$ を，$-\pi < \theta \leqq \pi$ の範囲にある θ を用いて表しなさい．また，3回転して，始線から $45°$ の位置で停止したときの一般角を求めなさい．

4.2 三角関数

三角関数

右図のように，平面座標上の原点 O を円の中心とする半径 r の円と，一般角 θ の動径との交点を P(a, b) とするとき，θ の**正弦** (sine) $\sin\theta$ と**余弦** (cosine) $\cos\theta$，**正接** (tangent) $\tan\theta$ をそれぞれ次のように定める．これらは，θ を独立変数（定義域は実数）とした関数であり，総称して**三角関数** (trigonometric functions) とよばれる．

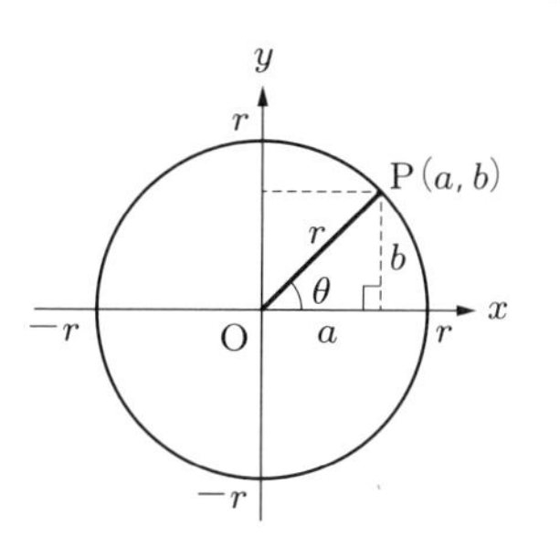

$$\sin\theta = \frac{b}{r}, \quad \cos\theta = \frac{a}{r}, \quad \tan\theta = \frac{\sin\theta}{\cos\theta} = \frac{b}{a}$$

三角関数と三角比

直角三角形の 3 辺の比（三角比）と，正弦，余弦，正接との関係は，下図のように，$\sin\theta$, $\cos\theta$, $\tan\theta$ をそれぞれ，筆記体の s, c, t に対応させると覚えやすい．

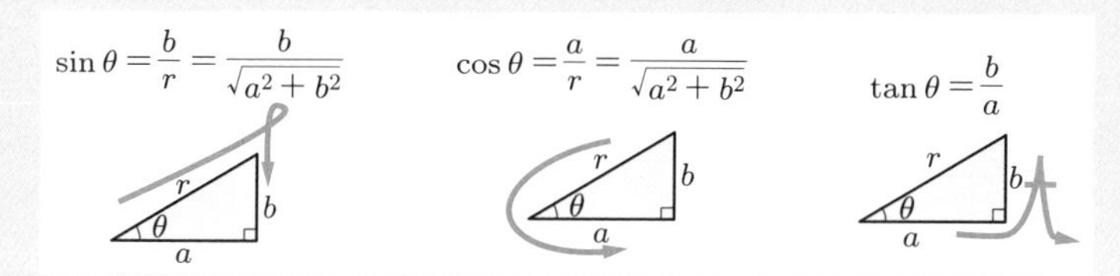

正弦と余弦の間には，三平方の定理 $r^2 = a^2 + b^2$ より任意の θ に対して，

$$\sin^2\theta + \cos^2\theta = \frac{a^2}{r^2} + \frac{b^2}{r^2} = 1$$

が成り立つ．ここで，$\sin^2\theta$ と $\cos^2\theta$ は，$(\sin\theta)^2$ と $(\cos\theta)^2$ を表す．

例 4.2　三角関数

直角三角形の主な角度の $\sin\theta$ と $\cos\theta$（一部のみ）を次表に示す．

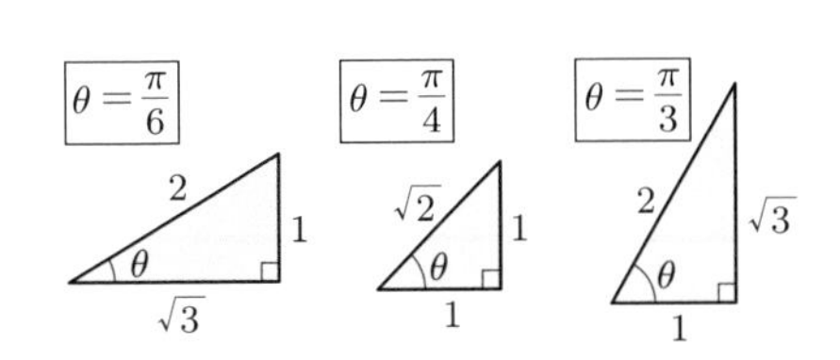

θ	$\frac{\pi}{6}$	$\frac{\pi}{4}$	$\frac{\pi}{3}$
$\sin\theta$	$\frac{1}{2}$	（ア）	$\frac{\sqrt{3}}{2}$
$\cos\theta$	（イ）	$\frac{1}{\sqrt{2}}$	（ウ）

練習問題 4.3　例 4.2 の表の空欄（ア）～（ウ）にあてはまる値を求めなさい．

4.3　三角関数のグラフ

一般角 θ は任意の実数を表すことから，θ を独立変数として三角関数 $\sin\theta$, $\cos\theta$, $\tan\theta$ のとり得る値をグラフ化すると，次のようになる．

三角関数のグラフ

xy 平面上で始線を横軸（x 軸）とし，動径を θ だけ動かしたときの，単位円との交点 P の y 座標，すなわち，$\sin\theta$ をグラフ化したのが下図である．この曲線（波形）は**正弦波** (sine curve) とよばれる．

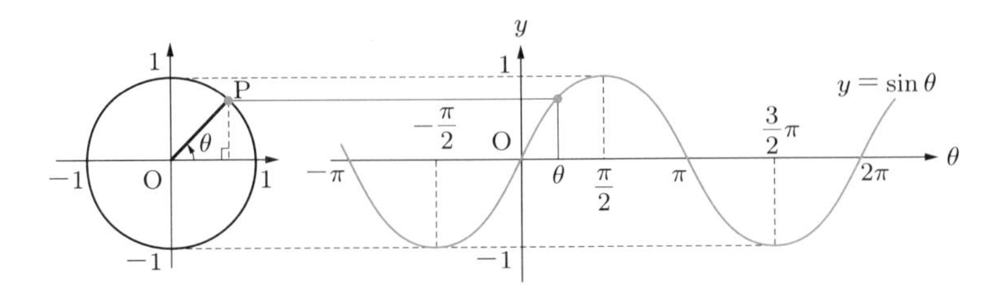

次に，始線が縦軸となるように xy 平面の座標軸を 90° 反時計方向に回転させて，動径を θ だけ動かしたときの，単位円との交点 P の x 座標，すなわち，$\cos\theta$ をグラフ化したのが下図である．

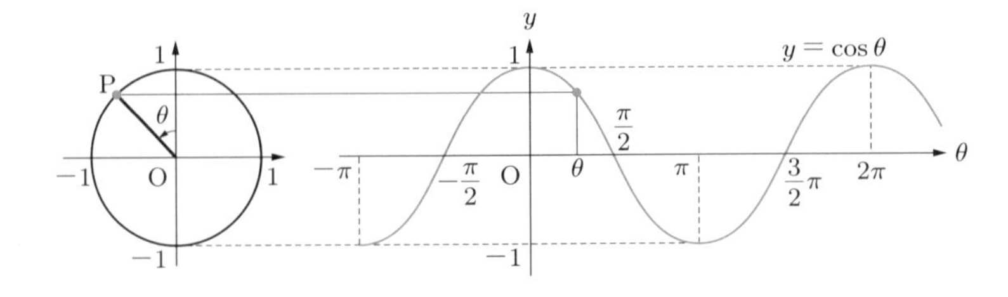

このグラフより，$\sin\theta$ と $\cos\theta$ は -1 から 1 までの値をとることと，$\sin\theta$

の曲線全体を左へ $\dfrac{\pi}{2}=90^\circ$ だけずらせば（水平移動すれば）$\cos\theta$ の曲線と重なることがわかる．両者には $\sin\left(\theta+\dfrac{\pi}{2}\right)=\cos\theta$ の関係があるからである（➡ 次の「三角関数の性質」）．

さらに，θ だけ動かしたときの動径の延長が，直線 $x=1$ と交わる点を P とすると，P の y 座標は $y=\tan\theta$ に等しく，$\tan\theta$ をグラフ化したのが下図である．

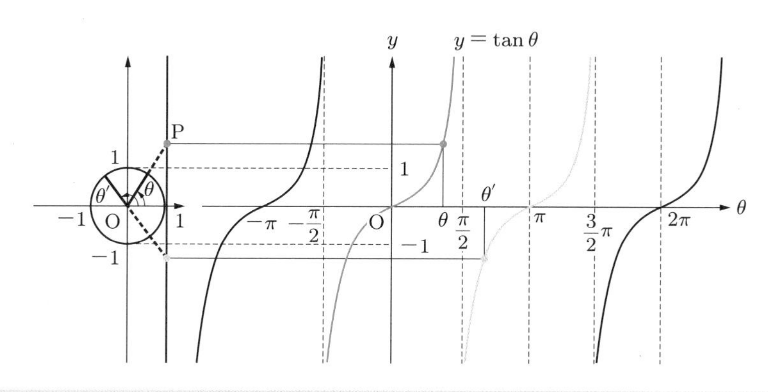

三角関数の性質

ある角 θ に対して，$-\theta, \theta+\dfrac{\pi}{2}, \theta+\pi$ は下図の関係にある．

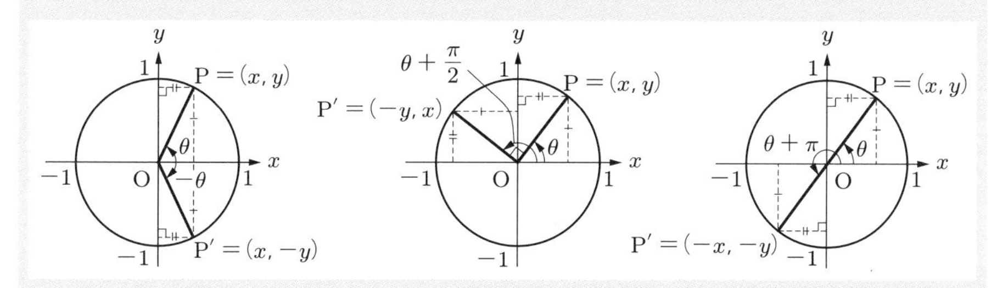

このことから，θ に対する $-\theta, \theta+\dfrac{\pi}{2}, \theta+\pi$ の正弦，余弦，正接は，それぞれ次のようになる．

$$\begin{cases}\sin(-\theta)=-\sin\theta\\ \cos(-\theta)=\cos\theta\\ \tan(-\theta)=-\tan\theta\end{cases}\quad \begin{cases}\sin\left(\theta+\dfrac{\pi}{2}\right)=\cos\theta\\ \cos\left(\theta+\dfrac{\pi}{2}\right)=-\sin\theta\\ \tan\left(\theta+\dfrac{\pi}{2}\right)=-\dfrac{1}{\tan\theta}\end{cases}\quad \begin{cases}\sin(\theta+\pi)=-\sin\theta\\ \cos(\theta+\pi)=-\cos\theta\\ \tan(\theta+\pi)=\tan\theta\end{cases}$$

さらに，$\sin(\theta+2\pi)=\sin\theta$, $\cos(\theta+2\pi)=\cos\theta$ であり，2π ごとに同じ値が繰り返される．このときの 2π を周期（繰り返しの間隔）という．一般的には $f(x+T)=f(x)$ を満たす関数は**周期関数**とよばれ，T を周期という．

例 4.3　三角関数の性質

上記の公式を用いれば，例 4.2 の表にはない角度 $\frac{5}{4}\pi$ や $\frac{5}{6}\pi$ に対する三角関数の値を求めることができる．

$$\sin\frac{5}{4}\pi=\sin\left(\frac{\pi}{4}+\pi\right)=-\sin\frac{\pi}{4}=-\frac{1}{\sqrt{2}}$$

$$\cos\frac{5}{6}\pi=\cos\left(\frac{\pi}{3}+\frac{\pi}{2}\right)=-\sin\frac{\pi}{3}=-\frac{\sqrt{3}}{2}$$

練習問題 4.4　以下の各値を求めなさい．

(a) $\sin\frac{3}{4}\pi$　　(b) $\cos\left(-\frac{7}{6}\pi\right)$　　(c) $\tan\frac{2}{3}\pi$

4.4　三角関数の諸定理

加法定理

二つの角 α（アルファ），β（ベータ）の和や差 $\alpha\pm\beta$ についての三角関数は，それぞれの角の三角関数の和積で表すことができる（正接については付録 B 参照）．

$$\begin{cases}\sin(\alpha+\beta)=\sin\alpha\cos\beta+\cos\alpha\sin\beta\\ \sin(\alpha-\beta)=\sin\alpha\cos\beta-\cos\alpha\sin\beta\end{cases}$$

$$\begin{cases}\cos(\alpha+\beta)=\cos\alpha\cos\beta-\sin\alpha\sin\beta\\ \cos(\alpha-\beta)=\cos\alpha\cos\beta+\sin\alpha\sin\beta\end{cases}$$

上記の加法定理を用いれば，例 4.3 で求めた角度以外に対しても三角関数の値が計算できる．

例 4.4　加法定理

正弦に関する加法定理を用いれば，$75^\circ(=45^\circ+30^\circ)$ や $15^\circ(=45^\circ-30^\circ)$ についての正弦を計算できる．ここでは，理解を助けるために度数法で表す．

$$\sin 75^\circ=\sin(45^\circ+30^\circ)=\sin 45^\circ\cos 30^\circ+\cos 45^\circ\sin 30^\circ$$
$$=\frac{1}{\sqrt{2}}\cdot\frac{\sqrt{3}}{2}+\frac{1}{\sqrt{2}}\cdot\frac{1}{2}=\frac{\sqrt{3}+1}{2\sqrt{2}}=\frac{\sqrt{6}+\sqrt{2}}{4}$$
$$\sin 15^\circ=\sin(45^\circ-30^\circ)=\sin 45^\circ\cos 30^\circ-\cos 45^\circ\sin 30^\circ$$

$$= \frac{1}{\sqrt{2}} \cdot \frac{\sqrt{3}}{2} - \frac{1}{\sqrt{2}} \cdot \frac{1}{2} = \frac{\sqrt{3}-1}{2\sqrt{2}} = \frac{\sqrt{6}-\sqrt{2}}{4}$$

練習問題 4.5 $\cos 75^\circ$, $\cos 15^\circ$, $\cos 105^\circ$ をそれぞれ求めなさい.

さらに，加法定理をもとに，ある角 θ の 2 倍角 2θ や半角 $\dfrac{\theta}{2}$ についても三角関数の値が計算できる．このほかにも，付録 B の公式も参照されたい.

2 倍角と半角の公式

加法定理において，二つの角度が同じである（$\alpha = \beta = \theta$）とすれば，2 倍角 2θ について次の公式が成り立つ（正接については付録 B 参照).

$$\sin 2\theta = 2\sin\theta\cos\theta$$
$$\cos 2\theta = \cos^2\theta - \sin^2\theta = 1 - 2\sin^2\theta = 2\cos^2\theta - 1$$

さらに，2 倍角の公式の θ を $\dfrac{\theta}{2}$ に置き換えると，半角の公式が得られる.

$$\sin^2\frac{\theta}{2} = \frac{1-\cos\theta}{2}, \quad \cos^2\frac{\theta}{2} = \frac{1+\cos\theta}{2}$$

例 4.5 2 倍角と半角の公式

$\sin^2 15^\circ$ の値は，$\theta = 30^\circ$ として，半角の公式より，$\sin^2\dfrac{30^\circ}{2} = \dfrac{1-\cos 30^\circ}{2} = \dfrac{1-\sqrt{3}/2}{2} = \dfrac{2-\sqrt{3}}{4}$ と求められる.

また, $0 \leqq \theta < \dfrac{\pi}{2}$ のときに $\sin\theta = \dfrac{3}{5}$ であることがわかっていれば, θ を求めずとも, $\sin 2\theta$ と $\sin\dfrac{\theta}{2}$ は, 次のようにして求められる．$\sin\theta = \dfrac{3}{5}$ と $\sin^2\theta + \cos^2\theta = 1$ より，$\cos\theta = \pm\sqrt{1-\sin^2\theta}$ であり，$0 \leqq \theta < \dfrac{\pi}{2}$ より $\cos\theta > 0$ となるため,

$$\cos\theta = \sqrt{1-\sin^2\theta} = \sqrt{1-\frac{9}{25}} = \frac{4}{5}$$

が得られ,

$$\sin 2\theta = 2\sin\theta\cos\theta = 2 \cdot \frac{3}{5} \cdot \frac{4}{5} = \frac{24}{25}$$

となる．次に,

$$\sin^2\frac{\theta}{2} = \frac{1-\cos\theta}{2} = \frac{1-4/5}{2} = \frac{1}{10}$$

である．さらに，$0 \leqq \theta < \dfrac{\pi}{2}$ より，$0 \leqq \dfrac{\theta}{2} < \dfrac{\pi}{4}$ であることから，$\sin\dfrac{\theta}{2} > 0$ と

なる．したがって，$\sin\dfrac{\theta}{2} = \dfrac{\sqrt{10}}{10}$ が得られる．

練習問題 4.6　$0 \leqq \theta < \dfrac{\pi}{2}$，$\cos\theta = \dfrac{3}{5}$ であるときの，$\cos 2\theta$ と $\cos\dfrac{\theta}{2}$ をそれぞれ求めなさい．

4.5 三角関数の合成

加法定理では，一般的な正弦関数と余弦関数の和は計算できない．ところが，同じ角 θ に対する $\sin\theta$ と $\cos\theta$ の和は，次のようにして合成することができる．

三角関数の合成

右図のように，点 $\mathrm{P}(a, b)$ について，線分 OP の長さを $r = \sqrt{a^2+b^2}$，OP が x 軸の正の向きとなす角を α とするとき，$a = r\cos\alpha, b = r\sin\alpha$ より，ある θ に対する $a\sin\theta + b\cos\theta$ は，$r\cos\alpha\sin\theta + r\sin\alpha\cos\theta = r\sin(\theta+\alpha)$ と変形できる．すなわち，次式が成り立つ．

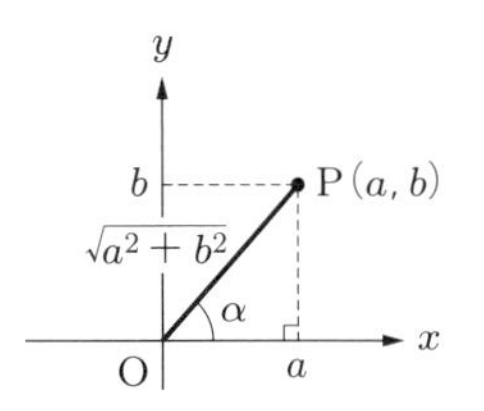

$$a\sin\theta + b\cos\theta = \sqrt{a^2+b^2}\sin(\theta+\alpha)$$

$$\text{ただし，}\sin\alpha = \frac{b}{\sqrt{a^2+b^2}},\ \cos\alpha = \frac{a}{\sqrt{a^2+b^2}}$$

このような変形を**三角関数の合成**という．

例 4.6　三角関数の合成

$a\sin\theta + b\cos\theta$ は，$a = b = 1$ のとき，$\sin\alpha = \dfrac{1}{\sqrt{2}}$ より，$\alpha = \dfrac{\pi}{4}$ であることから，次式で表される．

$$\sin\theta + \cos\theta = \sqrt{2}\sin\left(\theta + \frac{\pi}{4}\right)$$

練習問題 4.7　次の各式を，それぞれ，$r\sin(\theta+\alpha)$ の形に変形しなさい．

(a) $\sqrt{3}\sin\theta + 3\cos\theta$　　(b) $\sqrt{2}\sin\theta - \sqrt{6}\cos\theta$

4.6 三角関数と図形

正弦定理と余弦定理

右図の △ABC において，頂点 A, B, C に向かい合う辺の長さをそれぞれ a, b, c とし，$A = \angle\mathrm{CAB}$ の大きさ，$B = \angle\mathrm{ABC}$ の大きさ，$C = \angle\mathrm{ACB}$ の大きさとする．

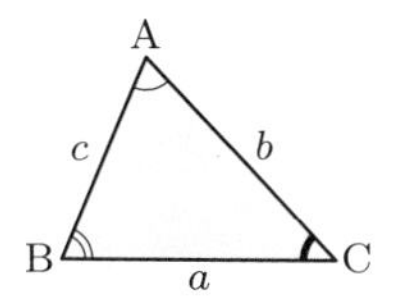

● **正弦定理** (law of sines)

△ABC の外接円の半径が R のとき，1 辺の長さと正弦の間に次式が成り立つ．

$$\frac{a}{\sin A} = \frac{b}{\sin B} = \frac{c}{\sin C} = 2R$$

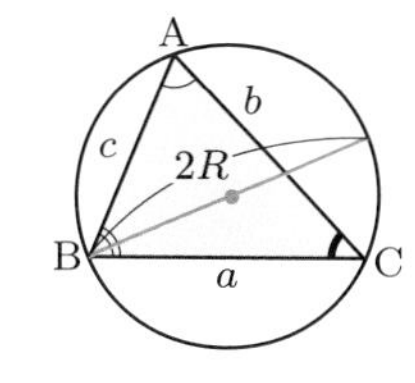

● **余弦定理** (law of cosines)

3 辺の長さと余弦との間に次の関係式が成り立つ．

$$a^2 = b^2 + c^2 - 2bc\cos A$$
$$b^2 = a^2 + c^2 - 2ac\cos B$$
$$c^2 = a^2 + b^2 - 2ab\cos C$$

正弦定理と余弦定理の利用

△ABC の 3 辺の長さ a, b, c と三つの角の大きさ A, B, C のうち，次のように一部の辺や角がわかるとき，残りの辺や角は正弦定理と余弦定理を利用することで求められる．

「1 辺と両端の角」⟹ 正弦定理 ⟹「残りの 2 辺」

「1 辺と向かい合う角と他の一つの角（辺）」⟹ 正弦定理 ⟹「残りの辺と角」

「2 辺とその挟む角」⟹ 余弦定理 ⟹「残りの辺」

「3 辺」⟹ 余弦定理 ⟹「三つの角の余弦」

たとえば，二つの辺の長さ b, c とそれらの辺が挟む角の大きさ A がわかるとき，余弦定理より，残りの辺の長さ a は $a^2 = b^2 + c^2 - 2bc\cos A$ で求められる．また，三つの辺の長さ a, b, c がわかるとき，余弦定理より，A の余弦は $\cos A = \dfrac{b^2 + c^2 - a^2}{2bc}$ で求められる．

例 4.7　余弦定理

△ABC において，「$A = \dfrac{\pi}{3}$，$b = 6$，$c = 5$」のとき，残りの辺の長さ a を求める．$a^2 = b^2 + c^2 - 2bc\cos A$ より，

$$a^2 = 6^2 + 5^2 - 2 \cdot 6 \cdot 5 \cos\frac{\pi}{3} = 31$$

であり，$a > 0$ より $a = \sqrt{31}$ となる．

また，「$a = 7$，$b = 3$，$c = 5$」のとき，A の余弦は，

$$\cos A = \frac{b^2 + c^2 - a^2}{2bc} = \frac{3^2 + 5^2 - 7^2}{2 \cdot 3 \cdot 5} = \frac{-15}{30} = -\frac{1}{2}$$

となるから，$A = \dfrac{2}{3}\pi$ となる．

練習問題 4.8　△ABC において次の各問いに答えなさい．

(a) $B = \dfrac{\pi}{3}$，$a = 4$，$c = 6$ のとき，b を求めよ．

(b) $a = 8$，$b = 5$，$c = 7$ のとき，C を求めよ．

4.7　三角関数の逆関数

正弦関数 $y = \sin x$ の定義域を，たとえば $-\dfrac{\pi}{2} \leqq x \leqq \dfrac{\pi}{2}$ としたとき，$\sin x$ は値域を $-1 \leqq y \leqq 1$ とする1対1関数（y に対して $y = \sin x$ を満たす x がただ一つ定まる）となり，下の図 (a) のように逆関数（➡ 3.3 節）を定義することができる．この逆関数は逆正弦関数（アークサイン）(arcsine) とよばれ，これまでどおり，独立変数を x として，$y = \arcsin x$ と表される．

同様に，余弦関数 $y = \cos x$，正接関数 $y = \tan x$ についても，定義域を適切に定めることで図 (b), (c) に示す逆関数が定義される†．

$$y = \arccos x \quad (0 \leqq y \leqq \pi)$$

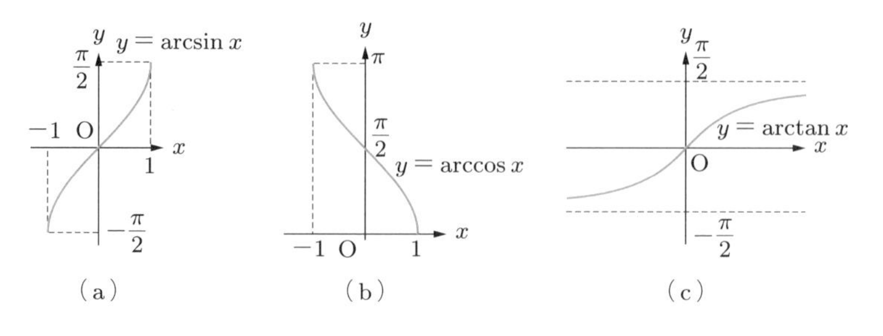

† arcsin, arccos, arctan をそれぞれ，$\sin^{-1}, \cos^{-1}, \tan^{-1}$ と書くこともある．

$$y = \arctan x \quad \left(-\frac{\pi}{2} \leqq y \leqq \frac{\pi}{2}\right)$$

arccos と arctan は，それぞれ逆余弦関数（アークコサイン）(arccosine) と逆正接関数（アークタンジェント）(arctangent) とよばれる．

例 4.8 逆関数

$\sin\frac{\pi}{4} = \frac{1}{\sqrt{2}}$ なので $\arcsin\frac{1}{\sqrt{2}} = \frac{\pi}{4}$，$\cos\frac{\pi}{3} = \frac{1}{2}$ なので $\arccos\frac{1}{2} = \frac{\pi}{3}$，$\tan\frac{\pi}{4} = 1$ なので $\arctan 1 = \frac{\pi}{4}$

練習問題 4.9 次の値を求めなさい．

(a) $\arcsin\frac{1}{2}$ (b) $\arcsin(-1)$ (c) $\arctan\sqrt{3}$ (d) $\arctan\left(-\frac{1}{\sqrt{3}}\right)$

Column ロボットアームの制御

下図のように 2 本のアーム（OM, MP）からなる多関節型ロボットの先端に取り付けられている手先の座標 $\mathrm{P}(a, b)$ は，各関節の回転角 θ, ϕ（ファイ）に応じて次式で定まる（l, m はそれぞれアーム OM と MP の長さであり，$m < l < \sqrt{2}m$）．

$$a = l\cos\theta + m\cos(\theta + \phi), \quad b = l\sin\theta + m\sin(\theta + \phi)$$

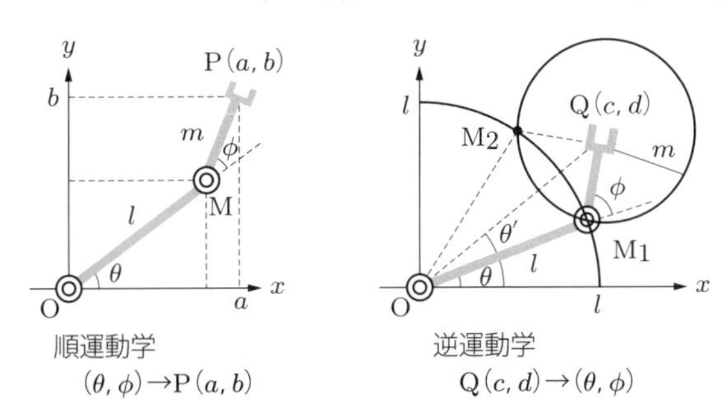

順運動学 $(\theta, \phi) \to \mathrm{P}(a, b)$　逆運動学 $\mathrm{Q}(c, d) \to (\theta, \phi)$

このように，各関節の回転角から手先の位置を求めることは順運動学とよばれている．逆に，手先の位置から各関節の回転角を求めることは逆運動学とよばれており，たとえば，点 $\mathrm{Q}(c, d)$ へ手先を移動させたいとき，第 2 関節の位置の候補は右側の図の M_1 と M_2 になる†．余弦定理などを用いることで，関節の回転角 θ, ϕ は次式で求められる．

$$\theta = \theta' - \arccos\frac{l^2 + r^2 - m^2}{2mr}, \quad \phi = \pi - \arccos\frac{l^2 + m^2 - r^2}{2lm}$$

ただし，$\theta' = \arctan\frac{d}{c}$，$r^2 = c^2 + d^2$

† 点 O を中心とする半径 l の円と点 Q を中心とする半径 m の円の交点が候補となる．

このように，ロボットの制御では三角関数が重要な役割を果たしている．

Column　三角測量

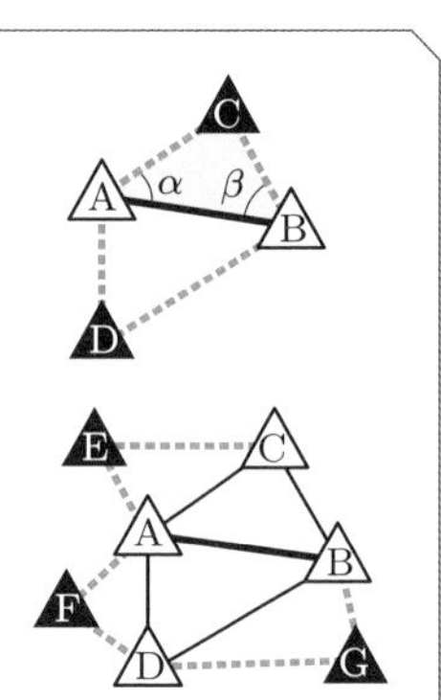

数 km 離れた場所にある 2 点間の距離（右図の AB）を正確に測り，たとえば，点 C を加えた三角形を作る．そして，内角 α, β を測ることで「1 辺と両端の角」がわかるので，正弦定理より，残りの 2 辺 AC, BC の長さが求められる．同様にして点 D の位置が求められ，さらに点（たとえば，E, F, G）を増やしながら三角形の網を作り，各点の位置を求めるのが三角測量† である．

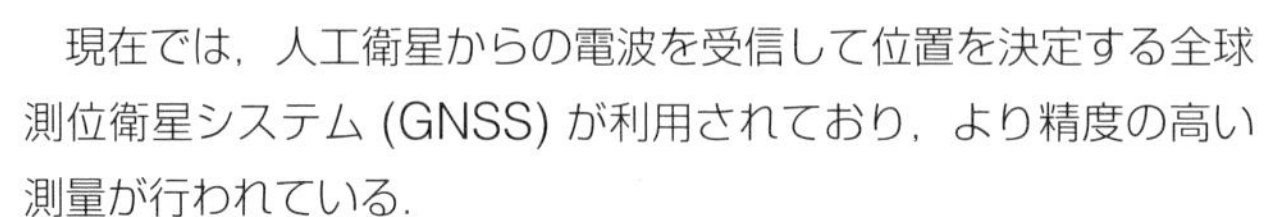

現在では，人工衛星からの電波を受信して位置を決定する全球測位衛星システム (GNSS) が利用されており，より精度の高い測量が行われている．

章末問題

4.1　正接 $\tan\theta$ について，$\theta = \dfrac{\pi}{6}, \dfrac{\pi}{4}, \dfrac{\pi}{3}$ に対する値をそれぞれ求めなさい．

4.2　$2\sin(\theta + \alpha) = a\sin\theta + b\cos\theta$ を満たす a, b を求めなさい．ただし，$\alpha = \arccos\dfrac{1}{2}$ であるとする．

4.3　$\triangle$ABC において，$a = 4$，両端の角度が $B = \dfrac{\pi}{3}$，$C = \dfrac{\pi}{4}$ であるとき，b, c と A をそれぞれ求めなさい．

4.4　二つの角 α, β について，$\sin\alpha$ と $\cos\beta$ の積を，$\sin(\alpha + \beta)$ と $\sin(\alpha - \beta)$ を用いた式で表しなさい．〔ヒント：加法定理を用いる〕

† https://www.gsi.go.jp/sokuchikijun/sankaku-survey.html（国土地理院）より．

5 場合の数と確率

5.1 場合の数と階乗

手札の 10 枚の中から 3 枚を選ぶときや，手札を一列に並べるときの並べ方など，選び方や並べ方には何種類もある．このようなときに，あるやり方をすべて数え上げた数を**場合の数** (number of cases) または**総数**とよぶ．

例 5.1 場合の数

右図のように，3 冊の本 A, B, C を本棚に並べる場合，① 左端は 3 冊の中から選べ，② 真ん中は 2 冊から選べる．③ 右端は残りの 1 冊になる．したがって，場合の数は，$3 \times 2 \times 1 = 6$ より 6 である．

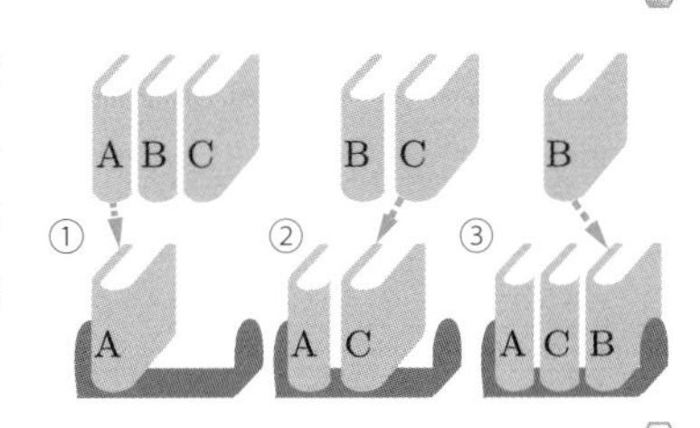

すべての要素の並べ方

一般に，n 個の要素を並べるとき，先頭は n 個の中から選べ，2 番目は $(n-1)$ 個の中から，3 番目は $(n-2)$ 個の中からと，候補数は順に減っていき，最後には 1 個しか残らなくなる．このことから，n 個の要素の並べ方の場合の数は，$n \times (n-1) \times (n-2) \times \cdots \times 2 \times 1$ となる．

例 5.2 場合の数

5 名の生徒が一列に並ぶときの場合の数は，$5 \times 4 \times 3 \times 2 \times 1 = 120$ である．

練習問題 5.1　七つの都市を順番に訪れるときの場合の数を求めなさい．

階乗

$n \times (n-1) \times (n-2) \times \cdots \times 2 \times 1$ は，「1 から n までのすべての自然数の積」であり，n の**階乗**(かいじょう)(factorial) といい，$n!$ と表す．なお，$0! = 1$ と定める．

階乗については次式が成り立つ．

$n > 1$ のとき，$\dfrac{n!}{n} = \dfrac{\cancel{n} \times (n-1) \times \cdots \times 1}{\cancel{n}} = (n-1) \times \cdots \times 1 = (n-1)!$

$n > r > 0$ のとき，$\dfrac{n!}{r!} = \dfrac{n \times (n-1) \times \cdots \times (r+1) \times \cancel{r \times \cdots \times 1}}{\cancel{r \times \cdots \times 1}}$

$= n \times (n-1) \times \cdots \times (r+1)$

例 5.3　階乗

$\dfrac{4!}{4} = 3 \times 2 \times 1$，　$\dfrac{4!}{2!} = \dfrac{4 \times 3 \times \cancel{2!}}{\cancel{2!}} = 4 \times 3$，　$\dfrac{7!}{5! \cdot 3!} = \dfrac{7 \times \cancel{6} \times \cancel{5!}}{\cancel{5!} \cdot \cancel{3 \times 2} \times 1} = 7$

練習問題 5.2　次の各式を積の形式に書き直しなさい．

(a) $\dfrac{5!}{5}$　(b) $\dfrac{7!}{4!}$　(c) $\dfrac{n!}{3!}$　$(n > 3)$　(d) $\dfrac{n!}{n \times (n-1) \times \cdots \times 4}$　$(n > 4)$

5.2　順　列

異なる n 個のものから r 個を選んで，順番に並べたものを「n 個から r 個とる**順列**（じゅんれつ）(permutation) という．並べ方には，「一列に並べる」と「円周上に並べる」があり，それぞれ，数え上げ方が異なる．

例 5.4　順列

右図のように5冊の本の中から3冊を選ぶときの順列の総数は，最初は5冊の中から，次は4冊の中から，最後は3冊の中から選ぶことになるので，$5 \times 4 \times 3 = 60$ である．

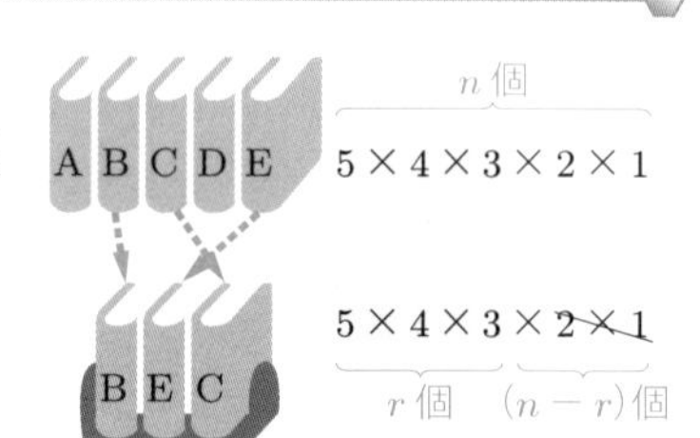

順列（一列に並べる）

一般には，n 個から r 個を選び一列に並べるときには，1番目に並べるものは n 個の中から選び，2番目に並べるものは $(n-1)$ 個の中から選びと，だんだんと選べる候補は減っていき，r 番目に並べるものは $\{n-(r-1)\}$ 個しか残らなくなる．したがって，順列の総数は次式で求められ，${}_n\mathrm{P}_r$ と表す．

$${}_n\mathrm{P}_r = \underbrace{n \times (n-1) \times \cdots \times (n-r+1)}_{r\text{ 個の積}} = \frac{n!}{(n-r)!}$$

例 5.5 順列

メニューに握り寿司が 12 種類あるお店で，種類が相異なる 6 個を食べる順番の順列の総数は，${}_{12}\mathrm{P}_6$ で求められる．

$$
{}_{12}\mathrm{P}_6 = \frac{12!}{(12-6)!} = \frac{12 \times 11 \times \cdots \times 7 \times \cancel{6!}}{\cancel{6!}} = 12 \times 11 \times \cdots \times 7
$$

練習問題 5.3 次の問いに答えなさい（答えは順列の式 ${}_n\mathrm{P}_r$ のままでよい）．

(a) ある運動部に所属している 20 人の中から，5 人を選び，1 から 5 までの相異なる背番号をつけることにする．このとき，背番号のつけ方は何通りあるか．

(b) 35 人いるクラスから「委員長」，「副委員長」，「書記」をそれぞれ 1 人ずつ選出するとき，その選び方は何通りあるか．

重複順列（同じものも並べる）

異なる n 個のものから重複を許して，すなわち同じものを繰り返し使ってよいとして r 個を選び，順番に並べたものを n 個から r 個とる**重複順列** (repeated permutation) といい，その場合の数を ${}_n\Pi_r$ と表す．

$$
{}_n\Pi_r = \underbrace{n \times n \times \cdots \times n}_{r\text{ 個の積}} = n^r
$$

この場合，選べる候補が減ることはなく，常に n 個の中から r 個を選ぶことができるので，n^r となる．

例 5.6 重複順列

7 種類の握り寿司メニューの中から，同じ種類を選んでよいものとして，4 個を食べる順番の場合の数は，${}_7\Pi_4 = 7^4$ である．

練習問題 5.4 次の問いに答えなさい．

(a) 10 個の中から 5 個とる重複順列の数を求めなさい．

(b) 2 種類の記号 ○，● を合計 3 個使って作れる記号列は何通りあるか答えよ．ただし，まったく使われない記号があってもよいものとする．

円順列（円周上に並べる）

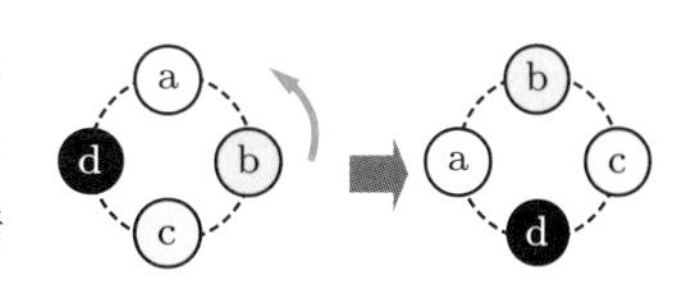

異なる n 個のものを円形に並べるときの順列を，**円順列** (circular permutation) という．たとえば，右図のように 4 個の要素

$\{a, b, c, d\}$ を円周上に並べる場合，時計の回転方向に a, b, c, d としたときを abcd と表すこととする．このとき，bcda, cdab, dabc は，abcd を回転させたものと本質的に同じである．このように，順列の中には円周上に並べると同じになるものが四つずつある．順列の数は ${}_4\mathrm{P}_4$ だから，異なる 4 個のものを円形に並べるときの円順列の数は次式となる．

$$\frac{{}_4\mathrm{P}_4}{4} = \frac{4!}{4} = 3!$$

一般的に，n 個の異なるものの円順列の総数は $(n-1)!$ となる．

例 5.7　円順列

異なる 4 個のものを円形に並べるときの円順列の総数は，下図の 6（$= 3!$）通りである（この図は a の場所を固定して列挙した場合）．

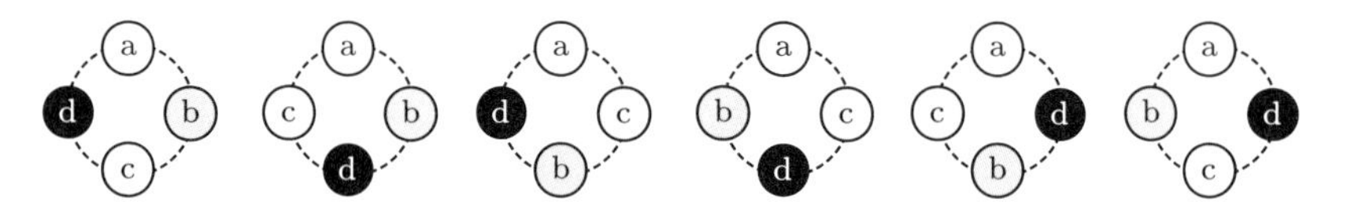

練習問題 5.5　次の円順列の数を答えなさい．

(a) 6 名が円形のテーブルに座る

(b) 5 名のうち，特別な 2 名が隣り合うようにして円形のテーブルに座る

5.3　組合せ

異なる要素の中から一定数の要素を選び出してできる組を**組合せ** (combination) という．組合せでは選び出したり，並べたりする順序は区別しない．

組合せ

一般に，n 個から r 個選ぶ組合せの数を ${}_n\mathrm{C}_r$ と表す．$\binom{n}{r}$ と表す書籍もある．その数は次式となる．

$${}_n\mathrm{C}_r = \frac{{}_n\mathrm{P}_r}{r!} = \frac{n!}{r!(n-r)!}$$

例 5.8 組合せ

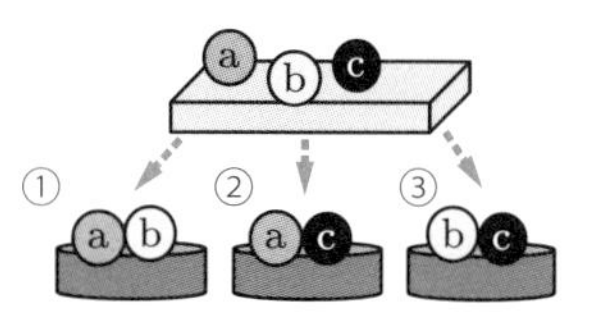

右図のように，3 個の玉 a, b, c から二つを選ぶ組合せの数 ${}_3C_2$ を考える．取り出した順も考慮して並べてみると，${}_3P_2 = 6$ より 6 通りある．その中には並べる順番が違うだけで同じ組合せが 2! ずつあるので，${}_3C_2 = \dfrac{{}_3P_2}{2!} = \dfrac{3!}{2!(3-2)!} = 3$ となる．

練習問題 5.6 次の選び方の数を組合せの式（${}_nC_r$）で表しなさい．

(a) 15 人いるクラスからの 2 人の代表の選び方

(b) 男子 10 人，女子 8 人いるクラスからの男子 2 人，女子 2 人の選び方

重複組合せ（同じものの組合せ）

異なる n 個のものから重複を許して，すなわち同じものを繰り返し使ってよいとして r 個を選ぶ組合せを，n 個から r 個とる**重複組合せ** (repeated combination) といい，その場合の数を ${}_nH_r$ と表す．

$${}_nH_r = {}_{n+r-1}C_r = {}_{n+r-1}C_{n-1}$$

例 5.9 重複組合せ

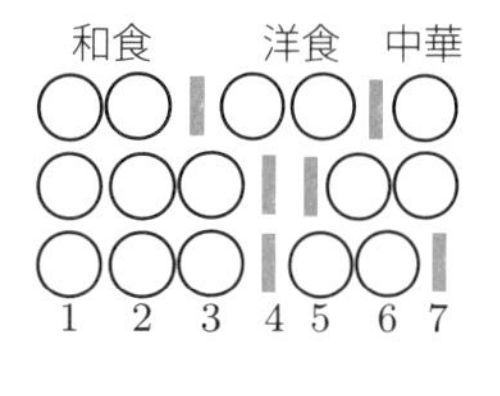

平日 5 日間のランチメニューを，和食・洋食・中華の 3 種類から選ぶときの組合せには，3 種類を「和，洋，中」としたとき，「和和洋洋中」や「和和和中中」などがある．とくに，食べる順序ではなく組合せ，つまり，和食・洋食・中華をそれぞれ食べる回数（0〜5）を考える場合には，右図のように五つの○を三つに区切る記号 ▌の入れ方（○と ▌の順列）を数えればよい．これにより，平日 5 日間のランチメニューを，和食・洋食・中華の 3 種類から選ぶ組合せの総数は，7 箇所のうちの 5 箇所に○（あるいは 2 箇所に ▌）をおく順列にあたるので，次式で求められる．

$${}_3H_5 = {}_7C_5 = \frac{7!}{5!2!} = 7 \times 3 = 21$$

練習問題 5.7 4 種類のせんべいの中から重複を許して，8 枚を選んで詰め合わせセットを作るとき，8 枚の選び方は全部で何通りあるか．

順列と組合せの算出式

順列と組合せの総数を求める式を，重複の可否を区別して整理したのが下表である．

	重複	算出式
順列	不可	${}_n\mathrm{P}_r = \dfrac{n!}{r!}$
	可	${}_n\Pi_r = n^r$
組合せ	不可	${}_n\mathrm{C}_r = \dfrac{n!}{r!(n-r)!}$
	可	${}_n\mathrm{H}_r = \dfrac{(n+r-1)!}{r!(n-1)!}$

5.4　二項定理

例 5.10　二項定理

二項式の 2 乗，$(x+y)^2 = \underbrace{(x+y)}_{①}\underbrace{(x+y)}_{②}$ を展開した $x^2+2xy+y^2$ は，下図のように，①と②からともに x を選ぶ x^2，①と②から x と y をそれぞれ選ぶ xy と yx，①と②からともに y を選ぶ y^2 からなる．

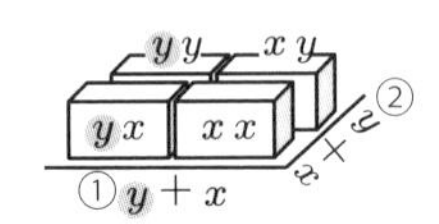

つまり，たとえば展開式の中の xy の係数は，2 個の因数（$x+y$）から y を 1 個選ぶ組合せの数 ${}_2\mathrm{C}_1$ となる．

二項定理

二項式のべき乗 $(x+y)^n$ を展開したときの $x^{n-r}y^r$ の係数は，n 個の因数 $(x+y)$ から y を r 個取り出す組合せの数 ${}_n\mathrm{C}_r$ となる．よって，次式が成り立ち，これを**二項定理** (binomial theorem) という．

$$(x+y)^n = {}_n\mathrm{C}_0\, x^n + {}_n\mathrm{C}_1\, x^{n-1}y + \cdots + {}_n\mathrm{C}_r\, x^{n-r}y^r + \cdots + {}_n\mathrm{C}_n\, y^n$$

$(x+y)^0 = 1$ ······ 1

$(x+y)^1 = x + y$ ······ 1 1

$(x+y)^2 = x^2 + 2xy + y^2$ ······ 1 2 1

$(x+y)^3 = x^3 + 3x^2y + 3xy^2 + y^3$ ······ 1 3 3 1

練習問題 5.8 二項定理を用いて，次の問いに答えなさい．

(a) $(x+y)^4$ を展開しなさい．

(b) $(x+y)^6$ の x^3y^3 の係数を求めなさい．

5.5 確 率

「さいころをふる」，「コインを投げる」などの場合の数を求めるときに列挙された事例をもとに，「偶数の目が出る確率」，「表が出る確率」が定義される．

試行と事象

(i) **試行** (trial) 同じ条件のもとで繰り返すことのできる実験・観察

(ii) **事象** (event) 試行の結果で生じる現象

(iii) **根元事象** (elementary event) ある試行において，起こり得る事象の中で，それ以上分けることのできない基本的な事象

(iv) **全事象** (whole event) ある試行において，起こり得るすべての根元事象を合わせた集合．**標本空間** (sample space) ともいう．標本空間を U とすると，その試行におけるどのような事象も，U の部分集合として表せる．

(v) **余事象** (complementary event) 事象 A に対して，「事象 A が起こらない事象」．$\overline{A}$ と記す．なお，$A \cup \overline{A} = U$ である．

(vi) **空事象** (empty event) 起こり得ない事象．空集合 $\varnothing$ で表す．

例 5.11 標本空間

(1)「コインを投げる」を試行とし，表，裏が出るという事象をそれぞれ「表」，「裏」と記す．

- 標本空間 U は $U = \{$ 表, 裏 $\}$
- 根元事象は $\{$ 表 $\}$, $\{$ 裏 $\}$
- 表が出るという事象 $A = \{$ 表 $\}$

(2)「さいころをふる」を試行とし，1の目が出るという事象を「1」と記す．

- 標本空間 U は $U = \{1, 2, 3, 4, 5, 6\}$
- 根元事象は $\{1\}, \{2\}, \{3\}, \{4\}, \{5\}, \{6\}$
- 出た目が素数である事象 $B = \{2, 3, 5\}$

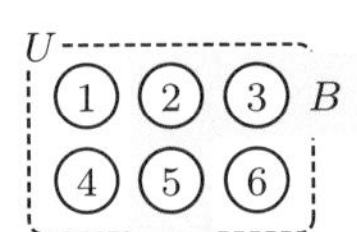

練習問題 5.9　さいころを1回ふる試行において，次の事象を答えなさい．

(a) 出た目が偶数　　(b) 出た目を4で割った余りが1　　(c) 出た目が20の約数

事象の確率

(i) **同様に確からしい** (almost surely; a.s.)

ある試行において，どの根元事象も同じ程度に起こることが期待できるとき，それらの根元事象は同様に確からしいという．たとえば，コインを投げる試行では，「表が出る」事象と「裏が出る」事象が同様に確からしい．

(ii) **確率** (probability)

同様に確からしい根元事象からなる標本空間 U において $A \subset U$ となる事象 A の起こる**確率**を $P(A)$ といい，次式で求める．ここで，$n(A)$ は A の要素数を表す（➡ 2.2節）．

$$P(A) = \frac{n(A)}{n(U)}$$

(iii) **事象の合成**　二つの事象 A, B について，

- **和事象** (sum event)　「A または B」を $A \cup B$ で表す．
- **積事象** (product event)　「A かつ B」を $A \cap B$ で表す．
- **排反事象** (exclusive events)　「$A \cap B = \varnothing$」のとき，A と B は互いに**排反**という．

以下では，標本空間は同様に確からしい根元事象からなるものとする．

例 5.12　事象の確率

1個のさいころをふる試行において，標本空間は $U = \{1, 2, 3, 4, 5, 6\}$ である．どの根元事象の起こり方も同様に確からしいことから，事象 A を「出た目が偶数」，事象 B を「出た目が素数」としたとき，

$$P(A) = \frac{n(\{2, 4, 6\})}{n(U)} = \frac{1}{2}, \quad P(B) = \frac{n(\{2, 3, 5\})}{n(U)} = \frac{1}{2}$$

である．さらに，「出た目が偶数かつ素数となる」は $A \cap B = \{2\}$ であり，その事象が起こる確率は

$$\frac{n(A \cap B)}{n(U)} = \frac{1}{6}$$

である．

また，「出た目が素数ではない」は B の余事象 $\overline{B} = \{1, 4, 6\}$ であり，その事象が起こる確率は

$$\frac{n(\overline{B})}{n(U)} = \frac{3}{6} = \frac{1}{2}$$

である．

確率の性質

事象が A と B，標本空間が U のとき，確率についての以下の性質が成り立つ．

- $0 \leqq P(A) \leqq 1, \quad P(U) = 1, \quad P(\varnothing) = 0$
- $P(\overline{A}) = 1 - P(A)$
- $P(A \cup B) = P(A) + P(B) - P(A \cap B)$

  事象 A と B が排反事象であるときは，$P(A \cup B) = P(A) + P(B)$

練習問題 5.10 1 組 52 枚のトランプから 1 枚のカードを引く試行において，次の事象が起こる（カードを引く）確率をそれぞれ答えなさい．

(a) ハート　(b) ハートまたはダイヤ　(c) エース　(d) ハートのエース

5.6 条件付き確率

条件付き確率

(i) **条件付き確率** (conditional probability)

事象 A, B について，$P(A) > 0$ とすると，事象 A が起こったときに事象 B が起こる確率を「事象 A が起こったときの事象 B が起こる**条件付き確率**」といい，次の $P(B|A)$（または $P_A(B)$）のように表される．

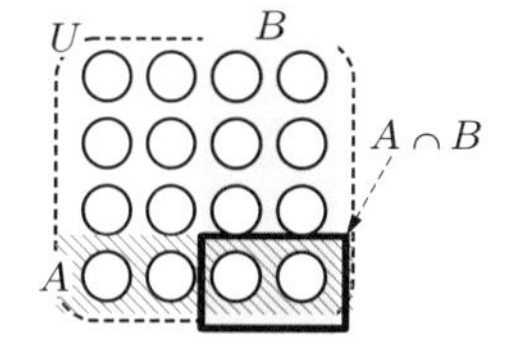

$$P(B|A) = \frac{P(A \cap B)}{P(A)}$$

(ii) **確率の乗法定理**

事象 A と B がともに起こる確率 $P(A \cap B)$ は次式となる.

$$P(A \cap B) = P(A)P(B|A)$$

例 5.13 条件付き確率

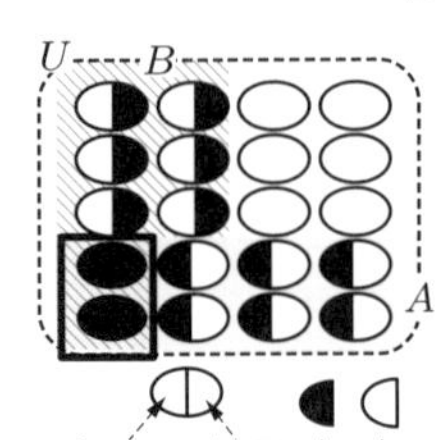

赤玉 2 個, 白玉 3 個の入っている袋の中から玉を 1 個取り出し, それを戻さないで続けてもう 1 個を取り出すとき, 1 個目が赤である事象を A, 2 個目が赤である事象を B とする. このとき,「2 個とも赤」である確率 $P(A \cap B)$ は, $P(A)$ は $\frac{2}{5}$ であること, 1 個目が赤であるときに 2 個目に赤を引く条件付き確率 $P(B|A)$ は $\frac{1}{4}$ であることから, $P(A \cap B) = P(A)P(B|A) = \frac{2}{5} \cdot \frac{1}{4} = \frac{1}{10}$ となる.

また, 最初の 1 個が白である事象を C, 2 個目が白である事象を D としたとき,「2 個とも白」である確率 $P(C \cap D)$ は, 確率 $P(C)$ は $\frac{3}{5}$, 1 個目が白で 2 個目も白を引く条件付き確率 $P(D|C)$ は $\frac{2}{4}$ より, $P(C \cap D) = P(C)P(D|C) = \frac{3}{5} \cdot \frac{2}{4} = \frac{3}{10}$ となる.

練習問題 5.11 赤玉 4 個, 白玉 6 個の入っている袋の中から 1 個取り出し, それを戻さず続けてもう 1 個を取り出すとき, 次の事象が起こる確率を答えなさい.

(a) 1 個目が白, 2 個目が赤　　(b) 1 個目が赤, 2 個目が白

事象の独立と従属

(i) **独立** (independent)

事象 A, B について次式のいずれかが成り立つとき, 一方の事象が起こることが他方の事象の起こる確率に影響を与えない.

$$P(A|B) = P(A), \quad P(B|A) = P(B), \quad P(A \cap B) = P(A)P(B)$$

このとき, A と B は**独立**(事象)であるという.

(ii) **従属** (dependent)

事象 A, B が独立でないとき, **従属**(事象)であるという.

例 5.14 独立と従属

正 20 面体を利用した 1〜20 の目が出る 20 面さいころを 1 回ふったときの目について，出た目が奇数である事象を A，出た目が 3 の倍数である事象を B，出た目が 5 の倍数である事象を C とする．このとき，事象 A の確率は，$P(A) = \dfrac{10}{20} = \dfrac{1}{2}$ である．そして，事象 B が起こったときに事象 A が起こる条件付き確率（出た目が 3 の倍数であるときに奇数である確率）は，$P(A|B) = \dfrac{n(\{3,9,15\})}{n(\{3,6,9,12,15,18\})} = \dfrac{3}{6} = \dfrac{1}{2}$ であり，$P(A)$ と等しいため，A と B は独立である．

一方，事象 C が起こったときに事象 A が起こる条件付き確率（出た目が 5 の倍数であるときに奇数である確率）は，$P(A|C) = \dfrac{n(\{5,15\})}{n(\{5,10,15\})} = \dfrac{2}{3}$ であり，$P(A)$ と等しくはないため，A と C は独立ではない．

練習問題 5.12 例 5.14 の事象 B と C が独立かどうかを調べなさい．

5.7 期待値

期待値

ある試行で発生し得る事象 $A_1, A_2, \ldots, A_n$ に対して，各事象に対応した値 $x_1, x_2, \ldots, x_n$ が得られる場合を考える．$P(A_1) + P(A_2) + \cdots + P(A_n) = 1$ である場合に次式で得られる値を**期待値** (expectation) という．

$$x_1 P(A_1) + x_2 P(A_2) + \cdots + x_n P(A_n)$$

例 5.15 期待値

さいころを 1 回ふったときに出る目の期待値を考える．出る目の確率はすべて $\dfrac{1}{6}$ であるから，

$$1 \times \frac{1}{6} + 2 \times \frac{1}{6} + 3 \times \frac{1}{6} + 4 \times \frac{1}{6} + 5 \times \frac{1}{6} + 6 \times \frac{1}{6} = \frac{21}{6} = \frac{7}{2} = 3.5$$

より，さいころの出る目の期待値は 3.5 になる．

練習問題 5.13 次の期待値を求めなさい．

(a) 1 個のさいころをふったときの目によって，1 なら 20 点，2 なら 50 点，3, 4 なら 100 点，5, 6 なら 150 点が与えられるときの得点の期待値

(b) 1 枚のコインを続けて 3 回投げる試行で，表の出た回数の 2 倍の得点が与えられるときの得点の期待値

Column　組合せ最適化問題

問題に特有な制約条件を満たすもっとも望ましい解（最適解）を見つける問題は最適化問題とよばれ，その中でも解が組合せから選ばれるとき，「組合せ最適化問題」という．代表的な組合せ最適化問題の一つに次のような「巡回セールスマン問題」がある．

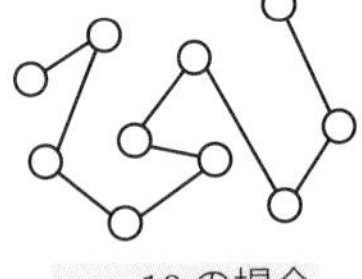

$n = 10$ の場合

> 与えられた n 個の都市について，すべての都市を一度ずつ巡り，最後に出発点に戻る巡回路のうちで，総移動距離が最小のものを求めよ．

都市数は有限なので，すべての巡回路についてそれぞれの総移動距離を求めれば，最適解は得られる．しかしながら，巡回路は全部で $n!$ 通りあるので，10 都市であっても巡回路は $10! = 3,628,800$ 通り存在する．このときたとえば，一つの巡回路を計算するのに 0.1 ミリ秒かかるとすると，10 都市すべての巡回路について計算するには約 6 分で済むが，12 都市では $479,001,600$ 通りで約 13 時間，15 都市では $1,307,674,368,000$ 通りで約 4 年もかかる．

このように，組合せ最適化問題の中には組合せ数が急激に多くなり，最適解を得るために膨大な時間が必要となるものが多い．

Column　降水確率

本章で述べたように，すべての場合を数え上げることをもとにした確率のほかに，出生率や降水確率のように統計的なデータをもとにした確率がある．降水確率は次のように定義されている[†1]．

> 予報区内で一定の時間内に降水量にして 1 mm 以上の雨または雪の降る確率（%）の平均値で，$0, 10, 20, \ldots, 100\%$ で表現する（この間は四捨五入する）．なお，降水確率 0% は，降水確率が 5% 未満のことであり，1 mm 未満の降水予想である場合も「降水確率 0%」にあたる．

たとえば，降水確率 30% は，30% という予報が 100 回発表されたとき，そのうちのおよそ 30 回は 1 mm 以上の降水があるという意味である．この降水確率は，主に過去の統計をもとにして計算されており，「同じような気圧配置などの気象条件が 10 回現れたときに，雨（1 mm 以上の降水）が 3 回降った」場合に降水確率 30% と予報される[†2]．

---

†1 https://www.jma.go.jp/jma/kishou/know/yougo_hp/yoho.html（気象庁「予報の名称に関する用語」）より．

†2 https://www.jma.go.jp/jma/kids/faq.html（気象庁「はてるんライブラリー」）より．

章末問題

5.1　次の場合の数を答えなさい．

(a) 15 人いるクラスから「図書委員」1 人，「美化委員」1 人を兼任可能という条件で選出するときの選び方

(b) 正方形のコタツの各辺への 4 人の座り方

(c) 1 から 7 までの整数の中からの二つの異なる数字の選び方

5.2　さいころを 1 回ふる試行において，出た目が偶数となる事象を A，出た目が奇数となる事象を B，出た目が素数となる事象を C としたときに，以下の確率をそれぞれ答えなさい．

(a) $P(A \cup B)$　　(b) $P(B \cap C)$　　(c) $P(\overline{A \cup C})$

5.3　赤玉 4 個，白玉 6 個の入っている袋の中から玉を 3 個取り出す場合を考える．このとき以下の確率を答えなさい．

(a) 赤玉 1 個と白玉 2 個が取り出される確率

(b) 赤玉 2 個と白玉 1 個が取り出される確率

5.4　ポイントが書かれた 4 枚のカードがある．そのうちの 3 枚のカードのポイントは「1, 1, 5」であることと，4 枚のカードから 1 枚を選ぶときの期待値は 2.5 であることがわかっている．このとき，残り 1 枚のポイントを求めなさい．ただし，どのカードも同じ確率で選ばれるものとする．

6 数列の基礎

6.1 数列の種類

順序付けられた数の列，「$a_1,\ a_2,\ a_3, \ldots, a_n, \ldots$」を**数列** (sequence of numbers) という．

数列の用語

(i) **項と初項**　数列の中の各数を**項** (term) といい，先頭の項より順に，**初項**（第 1 項）a_1，第 2 項 a_2，第 3 項 a_3，$\ldots$，とよび，第 n 項を**一般項** a_n という．数列全体は $\{a_n\}$ と表す．

数列	初項					一般項	
$\{a_n\} =$	$\boxed{a_1}$	a_2	a_3	$\cdots$	a_{n-1}	$\boxed{a_n}$	$\cdots$
		第 2 項	第 3 項		第 $n-1$ 項	第 n 項	

(ii) **有限数列** (finite sequence)　項の個数が有限である数列を**有限数列**といい，項の個数を**項数**，最後の項を**末項**という．

(iii) **無限数列** (infinite sequence)　項数が有限ではない数列を**無限数列**という．

例 6.1　数列

一般項（第 n 項）が $2n-1$ である数列は，$2 \times 1 - 1 = 1,\ 3,\ \square,\ 7,\ 9,\ 11, \ldots$ と続き，初項は 1，空欄 $\square$（第 3 項）は $2 \times 3 - 1 = 5$ である．この数列全体は $\{2n-1\}$ と表される無限数列である．

練習問題 6.1　次の各問いに答えなさい．

(a) $\{4n-2\}$ の初項から第 4 項までを答えなさい．

(b) $\{8-3n\}$ の第 5 項を答えなさい．

以下では，ある規則にしたがった数列について考える．

数列の種類

(i) **等差数列**　隣接する項の**差**（**公差** d）が常に等しい数列.

初項が a_1 のとき，一般項は「$a_n = a_1 + (n-1)d$」$(n = 1, 2, \ldots)$ と表される.

$a_1 \ a_2 \ a_3 \ \cdots \ a_{n-1} \ \boxed{a_n} = a_1 + (n-1)d$

公差 $+d \ +d \ +d \ \cdots \ +d \ +d$ 総和

$(n-1)$個

一般項 a_n は，網掛けのすべての項，すなわち，初項 a_1 と $(n-1)$ 個の公差 d のすべての和にあたる.

(ii) **等比数列**　隣接する項の**比**（**公比** r）が常に等しい数列.

初項が a_1 のとき，一般項は「$a_n = a_1 r^{n-1}$」$(n = 1, 2, \ldots)$ と表される.

$a_1 \ a_2 \ a_3 \ \cdots \ a_{n-1} \ \boxed{a_n} = a_1 r^{n-1}$

公比 $\times r \ \times r \ \times r \ \cdots \ \times r \ \times r$ 総積

$(n-1)$個

一般項 a_n は，網掛けのすべての項，すなわち，初項 a_1 と $(n-1)$ 個の公比 r のすべての積にあたる.

例 6.2 等差数列の一般項

数列 3, 5, 7, 9, 11, ... は，初項 a_1 は 3，隣接する項の差は $5-3, 7-5, 9-7, \ldots$ なので，公差 d が 2 の等差数列であることがわかる．そのため，一般項は $a_n = 3 + (n-1) \times 2 = 2n + 1$ である.

練習問題 6.2　次の各数列の一般項をそれぞれ求めなさい.

(a) $0, 2, 4, 6, 8, \ldots$　　(b) $10, 7, 4, 1, -2, \ldots$

例 6.3 等比数列の一般項

数列 2, 4, 8, 16, ... は，初項 $a_1 = 2$，隣接する項の比は $\frac{4}{2}, \frac{8}{4}, \frac{16}{8}, \ldots$ より，公比 $r = 2$ の等比数列である．そして，一般項は $a_n = 2 \times 2^{n-1} = 2^n$ である.

また，数列 4, 2, 1, 0.5, 0.25, ... は，初項が 4，それ以降の項は前の項の半分 $\left(\frac{1}{2}\right)$ なので，公比が $\frac{1}{2}$，一般項は $4\left(\frac{1}{2}\right)^{n-1}$ の等比数列である.

また，数列 $2,\ -4,\ 8,\ -6,\ 32, \ldots$ の場合，符号が交互に入れ替わり，絶対値は前の項より 2 倍になっている．そのため，初項 2，公比 -2 であり，一般項は $2 \cdot (-2)^{n-1}$ の等比数列である．

練習問題 6.3　次の各数列の一般項をそれぞれ求めなさい．

(a) $\frac{1}{2}, 1, 2, 4, 8, \ldots$　　(b) $32,\ -16,\ 8,\ -4,\ \ldots$

(c) 第 4 項が -1，公比が -4 の等比数列

公比の大きさと規則性

例 6.3 のように初項が正の場合，公比 r が「1 より大きい」とき，数列は昇順（小から大）に並ぶ．一方，公比 r が「1 より小さい」とき，たとえば，公比 $r = \frac{1}{10}$，初項 $a = 100$ のときの数列は「$100, 10, 1, 0.1, 0.01, \ldots$」であるように，数列は降順（大から小）に並ぶ．さらに，公比が「負」の場合，たとえば，$r = -1$ で，初項 $a = 1$ のときの数列は「$1, -1, -1, 1, -1, \ldots$」となり，符号が交互に入れ替わる．

等比数列の一般項を求めるときは，このような規則性のうち，数の大小関係や符号の変化に応じて公比を定めることになる（➡ 7.1.2 項）．

6.2　総和の記号 Σ

有限数列を考える場合，すべての項の和（総和あるいは単に和という）を求めることが課題となる．

総和の記号 Σ

数列 $\{a_n\}$ の初項 a_1 から第 n 項までの有限数列の総和は，記号 Σ（シグマ）を用いて次のように表される．

初項　末項　変域 $1, 2, 3, \ldots, n$

$$a_1 + a_2 + a_3 + \cdots + a_n = \sum_{k=1}^{n} a_k$$

$\sum$ の下と上とで，項 a_k の添字 k の変域（値としてとり得る範囲）を表す．この例では，k は $1, 2, 3, \ldots, n$ と変化しているが，k の初期値は 1 でなくて

もよく，たとえば，$k=3,4,5$ の場合は，$\sum_{k=3}^{5}$ とすればよい．

例 6.4　総和の記号 Σ

数列 $\{n\}$ の初項から第 10 項までの和は，次式で表される．

$$1+2+3+4+5+6+7+8+9+10=\sum_{k=1}^{10} k$$

また，数列 $\{2n\}$ の第 2 項から第 7 項までの和は，次式で表される．

$$4+6+8+10+12+14=\sum_{k=2}^{7} 2k$$

さらに，数列 $\{(-1)^n\}$ の初項から第 n 項までの総和は，次式で表される．

$$(-1)^1+(-1)^2+(-1)^3+\cdots+(-1)^n=\sum_{k=1}^{n}(-1)^k$$

総和の記号 Σ の一般的な性質

$$\sum_{k=1}^{n}(a_k+b_k)=\sum_{k=1}^{n} a_k+\sum_{k=1}^{n} b_k$$

$$\sum_{k=1}^{n} ca_k=c\sum_{k=1}^{n} a_k \quad (c\text{ は定数})$$

よく用いられる関係として次式がある．ここで，c を定数とする．

$$\underbrace{c+c+\cdots+c}_{n\text{ 個}}=\sum_{k=1}^{n} c=nc$$

$$1+2+\cdots+n=\sum_{k=1}^{n} k=\frac{1}{2}n(n+1)$$

$$1^2+2^2+\cdots+n^2=\sum_{k=1}^{n} k^2=\frac{1}{6}n(n+1)(2n+1)$$

$$1^3+2^3+\cdots+n^3=\sum_{k=1}^{n} k^3=\left\{\frac{1}{2}n(n+1)\right\}^2$$

例 6.5　総和の記号 Σ

$$3+5+7+9+11+13=\sum_{k=1}^{6}(2k+1)=2\sum_{k=1}^{6} k+\sum_{k=1}^{6} 1$$

$$= 2 \cdot \frac{1}{2} \cdot 6 \cdot (6+1) + 6 \cdot 1 = 48$$

$$2 + 16 + 54 = \sum_{k=1}^{3} 2k^3 = 2\sum_{k=1}^{3} k^3 = 2\left\{\frac{1}{2} \cdot 3 \cdot (3+1)\right\}^2 = 72$$

練習問題 6.4　次の各問いに答えなさい．

(a) $1+4+9+16+25$ を $\sum$ を用いて書き表しなさい．

(b) $\displaystyle\sum_{k=1}^{n}(2k-1)$ を計算しなさい．

6.3　数列の総和

等差数列の和

初項 a_1，公差 d，項数 n，末項（第 n 項）$a_n = a_1 + (n-1)d$ までの等差数列の和 S_n は，次式で得られる．

$$S_n = \sum_{k=1}^{n} a_k = \frac{1}{2}n(a_1 + a_n) = \frac{1}{2}n\{2a_1 + (n-1)d\}$$

例 6.6　等差数列の和

例 6.5 の $\displaystyle\sum_{k=1}^{6}(2k+1)$ は，初項 $a_1 = 3$，公差 $d = 2$，項数 $n = 6$ の等差数列の和 S_6 として，次式でも求めることができる．

$$S_6 = \frac{1}{2} \cdot 6 \cdot \{2 \cdot 3 + (6-1) \cdot 2\} = 3 \cdot (6+10) = 48$$

練習問題 6.5　初項 1，公差 2，項数 10 の等差数列の総和 S_{10} を求めなさい．

等比数列の和

初項 a_1，公比 r，項数 n の等比数列の和 S_n は，次式のように表される．

$r \neq 1$ のとき　$\displaystyle S_n = \sum_{k=1}^{n} a_1 r^{n-1} = \frac{a_1(1-r^n)}{1-r} = \frac{a_1(r^n-1)}{r-1}$

$r = 1$ のとき　$\displaystyle S_n = \sum_{k=1}^{n} a_1 = na_1$

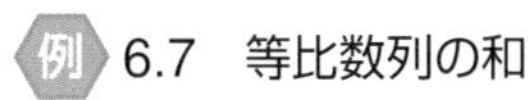

例 6.7 等比数列の和

例 6.3 の初項が $a_1 = 4$，公比が $d = \dfrac{1}{2}$，項数 $n = 5$ の等比数列の和 S_5 は，次式となる．

$$S_5 = \frac{4\left\{\left(\frac{1}{2}\right)^5 - 1\right\}}{\frac{1}{2} - 1} = 4 \cdot \left(-\frac{31}{32}\right) \cdot (-2) = \frac{31}{4}$$

練習問題 6.6 初項 2，公比 2，項数 5 の等比数列の和を求めなさい．

数列の一般項と和

数列 $\{a_n\}$ において，$n \geqq 2$ のとき，S_n と S_{n-1} の間には次式が成り立つ．

$$\underbrace{\overbrace{a_1 + a_2 + a_3 + \cdots + a_{n-1}}^{S_{n-1}} + a_n}_{S_n} \iff S_n = S_{n-1} + a_n$$

これより，一般項 a_n は，次式のように S_n と S_{n-1} から求められる．

$$\begin{cases} a_1 = S_1 \\ a_n = S_n - S_{n-1} \quad (n = 2, 3, 4, \ldots) \end{cases}$$

例 6.8 一般項の和

等差数列 $\{a_n\}$ の項数 n の総和が $S_n = \dfrac{1}{2}n(3n+1)$ であるとわかっているとき，一般項 a_n は，次のようにして求められる．初項 a_1 は，$n = 1$ のとき，$S_1 = \dfrac{1}{2} \cdot 1 \cdot (3 \cdot 1 + 1) = 2$ より，$a_1 = 2$ である．そして，$n > 1$ のとき，

$$S_n - S_{n-1} = \frac{1}{2}n(3n+1) - \frac{1}{2}(n-1)\{3(n-1)+1\} = 3n - 1$$

なので，一般項 $a_n = 3n - 1$ が得られる．よって，$n \geqq 1$ において $a_n = 3n - 1$ である．

練習問題 6.7 項数 n の総和が $S_n = \dfrac{1}{2}n(5n+3)$ である等差数列の一般項を求めなさい．

階差数列

等差数列は，隣接するどの二つの項を選んでも差は一定（公差 d）である．これに対して，たとえば，数列 $1, 2, 4, 7, 11, \ldots$ の隣接する項の差は等しく

なく，新たな数列 $1, 2, 3, 4, \ldots$ が得られる．このように，数列 $\{a_n\}$ の隣接する項の差からなる数列 $\{b_n\}$ を $\{a_n\}$ の**階差数列**という．このときの一般項 a_n は，次式に示すように，初項 a_1 に階差数列 $\{b_n\}$ の第 $(n-1)$ 項までの総和を加えた $a_1 + (b_1 + b_2 + \cdots + b_{n-1})$ になる．

$$a_1 \quad a_2 \quad a_3 \quad \cdots \quad a_{n-1} \quad \boxed{a_n} = a_1 + (b_1 + b_2 + \cdots + b_{n-1})$$

階差数列　$+b_1 \ +b_2 \ +b_3 \ \cdots \ +b_{n-2} \ +b_{n-1}$ 総和

公差　$+d \ +d \ +d \ \cdots \ +d$　（$(n-2)$個）

$$\boxed{b_n = b_1 + (n-2)d}$$

例 6.9　階差数列

数列 $\{a_n\} = 1, 2, 4, 7, 11, \ldots$ に対する階差数列 $\{b_n\}$ は，$2-1, 4-2, 7-4, 11-7, \ldots$ より $1, 2, 3, 4, \ldots$ である．階差数列の初項は $b_1 = 1$，公差は $d = 1$ であり，数列 $\{a_n\}$ は 1，$1+1$，$1+(1+2)$，$1+(1+2+3)$，$1+(1+2+3+4), \ldots$ と表せることから，一般項 a_n は，$1 + \{1 + 2 + \cdots + (n-1)\} = 1 + \dfrac{n(n-1)}{2}$ である．よって，$n \geqq 1$ において $a_n = 1 + \dfrac{n(n-1)}{2}$ である．

練習問題 6.8　次の各数列の一般項をそれぞれ求めなさい．

(a) $4, 6, 10, 16, 24, 34, \ldots$　　(b) 初項が -5，階差数列が $3, 6, 9, 12, \ldots$

6.4　漸化式による数列の表現

等差数列や等比数列では，初項 a_1 が与えられたとき，a_2，$a_3, \ldots$ は，それぞれ前項との関係式をもとに，次々に求めることができる．たとえば，次の数列の場合は，「a_2 は初項 a_1 に 2 を加えた数」，「a_3 は a_2 に 2 を加えた数」というように，「第 $(n+1)$ 項は第 n 項に 2 を加えた数」であって，常に「$a_{n+1} = a_n + 2$」が成り立つ．

$$11, \quad 13, \quad 15, \quad 17, \quad 19, \quad 21, \quad 23, \quad \ldots$$

ほかの数列の場合であっても，初項 a_1 ならびにいくつかの項（a_n, a_{n-1} など）の間の関係式（これを**漸化式**（ぜんかしき）とよぶ）をもとに，後続の項 a_{n+1} を求めることができる．

$$\boxed{a_1} \Rightarrow \boxed{a_2} \Rightarrow \boxed{a_3} \Rightarrow \cdots \quad \boxed{a_n} \Rightarrow \boxed{a_{n+1}} \Rightarrow \cdots$$

このような数列の定義を**帰納的定義**といい，前項との関係は漸化式で表される．

等差数列の帰納的定義

ある等差数列 $\{a_n\}$ は，初項 a と公差 d によって定まる．公差は隣接する二つの項の差が $a_{n+1} - a_n = d$ であることから，$\{a_n\}$ は，次式で定められる．

$$\begin{cases} a_1 = a \\ a_{n+1} = a_n + d \end{cases}$$

例 6.10 等差数列の漸化式

数列 $11, 13, 15, 17, 19, \ldots$ の漸化式による表現は，初項 $a_1 = 11$，公差 $d = 2$ より，次式となる．

$$\begin{cases} a_1 = 11 \\ a_{n+1} = a_n + 2 \end{cases}$$

練習問題 6.9 数列 $7, 5, 3, 1, \ldots$ を漸化式で表現しなさい．

等比数列の帰納的定義

ある等比数列 $\{a_n\}$ は，初項 a と公比 r によって定まる．公差は隣接する二つの項の比が $\dfrac{a_{n+1}}{a_n} = r$ であることから，$\{a_n\}$ は，次式で定められる．

$$\begin{cases} a_1 = a \\ a_{n+1} = r \cdot a_n \end{cases}$$

例 6.11 等比数列の漸化式

数列 $1, 0.1, 0.01, 0.001, \ldots$，すなわち，初項 $a_1 = 1$，公比 $r = \dfrac{1}{10}$ の等比数列の漸化式による表現は次式となる．

$$\begin{cases} a_1 = 1 \\ a_{n+1} = \dfrac{1}{10} \cdot a_n \end{cases}$$

練習問題 6.10 数列 $16, 4, 1, \dfrac{1}{4}, \dfrac{1}{16}, \ldots$ を漸化式で表しなさい．

Column　貯蓄計算

銀行などでの貯蓄の計算では等比数列が利用される．たとえば，1年間あたりの利子率(年利)が1%で固定であるときに，元金10,000円を5年間預けることを考える．前年までの利息も含めて利子を計算する複利計算の場合，5年後には $10000(1+0.01)^5 = 10510$ 円になる（小数点以下切り捨て）．一般的には，元金 M，年利率 r [%] の場合，t 年後に受け取れる額 S は次式となる．

$$S = M\left(1 + \frac{r}{100}\right)^t$$

一方，毎年一定額を積み立てる場合には，次の計算となる．たとえば，年利1%で毎年10,000円の預金を5年間続けたとき，5年目に預けた直後に受け取れる額は次式となる．

$$10000 + 10000(1+0.01)^1 + \cdots + 10000(1+0.01)^4 = 51010$$

これは公比 $(1+0.01)$ の等比数列の和であることから，一般的には，年利 r[%] で毎年 M 円の預金を t 年間続けたとき，t 年目に預けた直後の総額 S' は，次式で求められる．

$$S' = M\frac{1-(1+r')^t}{1-(1+r')},\quad ただし，r' = \frac{r}{100}$$

章末問題

6.1　次の数列の一般項をそれぞれ求めなさい．

(a) $1,\ \frac{1}{3},\ \frac{1}{5},\ \frac{1}{7},\ \ldots$　　(b) $-2,\ 4,\ -8,\ 16, \ldots$

(c) $1,\ \frac{4}{3},\ \frac{9}{5},\ \frac{16}{7},\ \frac{25}{9},\ \ldots$　　(d) $\frac{1}{2}, \frac{1}{4}, \frac{1}{8}, \frac{1}{16}, \ldots$

6.2　次式を満たす n を求めなさい．

$$1 + 2 + \cdots + (n-1) + n = 5050$$

6.3　次の各数列の初項から第5項までを答えなさい．

(a) $\begin{cases} a_1 = 1 \\ a_{n+1} = 2a_n + 1 \end{cases}$　　(b) $\begin{cases} a_1 = 64 \\ a_{n+1} = \left(\dfrac{3}{2}\right) a_n \end{cases}$

6.4　貯蓄の年利は1%で固定とする．このときに，次の (a) と (b) ではどちらが高額になるのか調べなさい．

(a) 10万円を10年間預ける．　　(b) 毎年1万円を10年間積み立てる．

7 数列と関数の極限

7.1 数列の極限

7.1.1 極　限

無限数列 $\{a_n\}$ において，n が限りなく大きくなっていったときの第 n 項 a_n の値の変化について考える．

数列の極限

n を限りなく大きくする（∞ (無限大) で表す）と，a_n がある有限な一定の値 α に限りなく近づく場合，「数列 $\{a_n\}$ の**極限** (limit) は α に**収束する** (converge)」といい，$\lim_{n\to\infty} a_n = \alpha$ と表す．このときの α をこの**数列の極限値** (limit of the sequence) という．

$\{a_n\}$ が収束せずに，a_n が限りなく大きくなる場合，「$\{a_n\}$ は**正の無限大に発散する**」といい，$\lim_{n\to\infty} a_n = +\infty$ と表す．なお，$+\infty$ は単に ∞ と表すこともある（以下，∞ は $+\infty$ を表す）．一方，n を限りなく大きくしたときに，a_n が負で，その絶対値が限りなく大きくなる場合，「$\{a_n\}$ は**負の無限大に発散する**」といい，$\lim_{n\to\infty} a_n = -\infty$ と表す．なお，正（または負）の無限大に発散することを，単に**発散する** (diverge) ともいう．

そして，いずれにもあてはまらない場合，その数列は**振動する**またはその数列の**極限はない**という．以上，$\lim_{n\to\infty} a_n$ についてまとめると次式となる．

$$\lim_{n\to\infty} a_n = \begin{cases} \text{極限値} \quad \alpha & [\text{収束}] \\ \text{極限} \quad +\infty & [\text{正の無限大に発散}] \\ \text{極限} \quad -\infty & [\text{負の無限大に発散}] \\ \text{極限なし} & [\text{振動}] \end{cases}$$

例 7.1　無限数列

次の四つの無限数列①〜④は，次図のように n が大きくなるにつれて変化する．このことから，各数列の収束・発散・振動は，次のとおりである．

① $4, \dfrac{4}{2}, \dfrac{4}{3}, \dots, \dfrac{4}{n}, \dots$　　[収束（0）]

限りなく 0 に近づく（0 にはならない）

② $1, 2, 3, \ldots, n, \ldots$　［発散（$+\infty$）］

限りなく大きくなる（正の無限大）

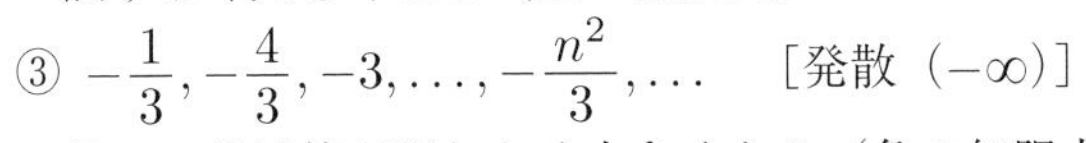

③ $-\dfrac{1}{3}, -\dfrac{4}{3}, -3, \ldots, -\dfrac{n^2}{3}, \ldots$　［発散（$-\infty$）］

負で，絶対値が限りなく大きくなる（負の無限大）

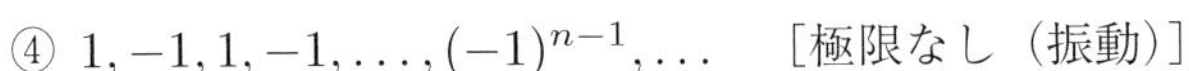

④ $1, -1, 1, -1, \ldots, (-1)^{n-1}, \ldots$　［極限なし（振動）］

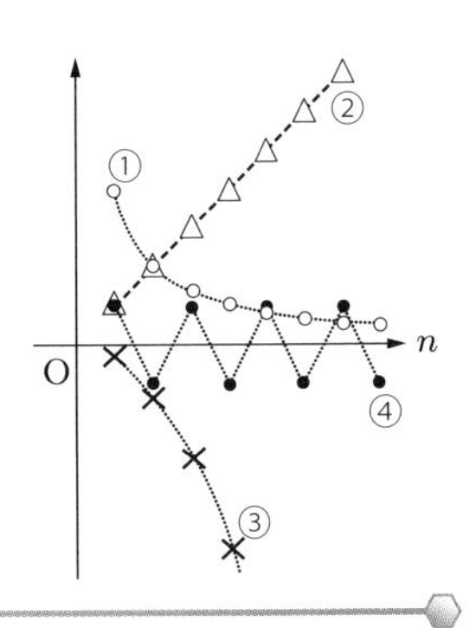

練習問題 7.1　次の各数列の極限について，収束・発散を判定し，収束する場合にはその極限値も答えなさい．

(a) $3, 9, 27, \ldots, 3^n, \ldots$　　(b) $2, 0, -2, \ldots, 4-2n, \ldots$

(c) $3, -1, \dfrac{1}{3}, \ldots, 3 \cdot \left(-\dfrac{1}{3}\right)^{n-1}, \ldots$　　(d) $6, 4, 6, \ldots, 5+(-1)^{n-1}, \ldots$

数列の極限の性質

無限数列の極限について，次式は明らかに成り立ち，よく使われる．

$$\lim_{n\to\infty} n = \infty, \qquad \lim_{n\to\infty} n^2 = \infty, \qquad \lim_{n\to\infty} \sqrt{n} = \infty$$

$$\lim_{n\to\infty} \frac{1}{n} = 0, \qquad \lim_{n\to\infty} \frac{1}{n^2} = 0, \qquad \lim_{n\to\infty} \frac{1}{\sqrt{n}} = 0$$

さらに，収束する二つの無限数列 $\{a_n\}, \{b_n\}$ の極限値をそれぞれ α, β とするとき，次のことが成り立つ．

(i) $\displaystyle\lim_{n\to\infty} ka_n = k\alpha$　（ただし，k は定数）

(ii) $\displaystyle\lim_{n\to\infty} (a_n + b_n) = \alpha + \beta$

(iii) $\displaystyle\lim_{n\to\infty} (ka_n + lb_n) = k\alpha + l\beta$　（ただし，k, l は定数）

(iv) $\displaystyle\lim_{n\to\infty} a_n b_n = \alpha\beta$

(v) $\displaystyle\lim_{n\to\infty} \frac{a_n}{b_n} = \frac{\alpha}{\beta}$　（ただし，$\beta \neq 0$）

例 7.2　数列の極限

(1) $\displaystyle\lim_{n\to\infty} \frac{2n-5}{n} = \lim_{n\to\infty}\left(2 - \frac{5}{n}\right) = 2 - 0 = 2$

(2) $\displaystyle\lim_{n\to\infty} \frac{3n}{2n^2+3n+4} = \lim_{n\to\infty} \frac{3/n}{2+3/n+4/n^2} = \frac{0}{2+0+0} = 0$

↑ 分子・分母を n^2 で割る

(3) $\lim_{n\to\infty}(n^2-100n)=\lim_{n\to\infty}n^2\left(1-\dfrac{100}{n}\right)=\infty$

(4) $\lim_{n\to\infty}(\sqrt{n^2+2n}-n)$ において，$A=\sqrt{n^2+2n}$ とおくと，

$$\lim_{n\to\infty}(A-n)=\lim_{n\to\infty}\frac{(A-n)(A+n)}{A+n}=\lim_{n\to\infty}\frac{(A)^2-n^2}{A+n}=\lim_{n\to\infty}\frac{2n}{A+n}$$

↑ 分子・分母に $(A+n)$ をかける

$$=\lim_{n\to\infty}\frac{2n}{\sqrt{n^2+2n}+n}=\lim_{n\to\infty}\frac{2}{\sqrt{1+2/n}+1}=\frac{2}{1+1}=1$$

練習問題 7.2 次の各無限数列の収束，発散について調べ，収束する場合はその極限値を求めなさい．

(a) $\dfrac{2n+3}{4n-5}$ (b) $\dfrac{n}{3n^2+4}$ (c) $2n^2+4n$ (d) $\sqrt{n+3}-\sqrt{n}$

7.1.2 無限等比数列

数列 $a, ar, ar^2, \ldots, ar^{n-1}, \ldots$ を初項 a，公比 r の**無限等比数列**という．

無限等比数列

初項 $a=1$，公比 r の無限等比数列 $\{r^n\}$ の極限は，右図のように公比 r の値によって収束・発散が判定できる．

$$\lim_{n\to\infty}r^n=\begin{cases}\infty & (r>1)\\ 1 & (r=1)\\ 0 & (|r|<1)\\ \text{極限なし} & (r\leqq -1)\end{cases}$$

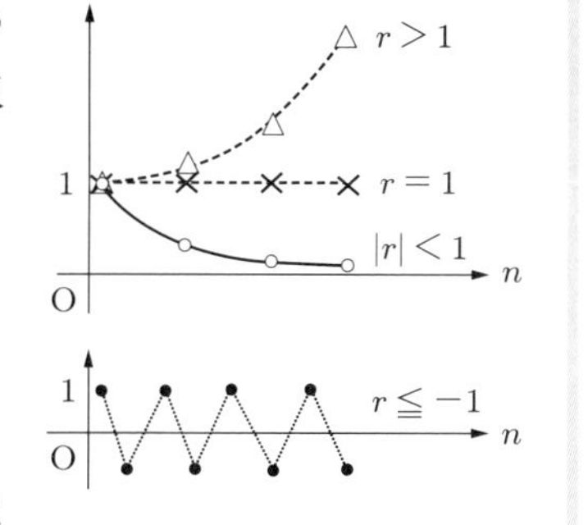

同様にして，初項が $a\neq 1$ の場合の無限等比数列 $\{ar^{n-1}\}$ の極限も求めることができる．

例 7.3 無限等比数列

$\left(\dfrac{5}{7}\right)^n$ は，公比 $\left|\dfrac{5}{7}\right|<1$ より，0 に収束する．$\left(-\dfrac{9}{8}\right)^n$ は，$-\dfrac{9}{8}\leqq -1$ より，極限なし．

$3\left(-\dfrac{5}{6}\right)^n$ は，$\left|-\dfrac{5}{6}\right|<1$ より，0 に収束する．$(1.0001)^n$ は，$1.0001>1$ より，$n\to\infty$ のとき ∞ となる．

練習問題 7.3　次の各無限等比数列の収束，発散について調べ，収束する場合はその極限値を求めなさい．

(a) $1,\ \dfrac{1}{5},\ \dfrac{1}{25},\ \cdots$　　(b) $1,\ -\dfrac{4}{3},\ \dfrac{16}{9},\ \cdots$　　(c) $1,\ \sqrt{3},\ 3,\ 3\sqrt{3}, \ldots$

7.2 無限級数の極限

7.2.1 無限級数

ある数列 $\{a_n\}$ に対して，各項の無限個の和 $a_1 + a_2 + \cdots + a_n + \cdots = \displaystyle\sum_{n=1}^{\infty} a_n$ を，$\{a_n\}$ の**無限級数** (infinite series) あるいは単に**級数** (series) とよぶ．

無限級数

数列 $\{a_n\}$ から作られる級数の部分和 $S_n = \displaystyle\sum_{k=1}^{n} a_k$ の数列 $\{S_n\}$ が収束し，その極限値が S であるとき，すなわち，

$$\lim_{n\to\infty} S_n = \lim_{n\to\infty} \sum_{k=1}^{n} a_k = S$$

が成り立つとき，無限級数 $\displaystyle\sum_{n=1}^{\infty} a_n$ は S に収束するといい，次式で表す．

$$a_1 + a_2 + \cdots + a_n + \cdots = S,\ \text{または，}\ \sum_{n=1}^{\infty} a_n = S$$

このときの極限値 S をこの**級数の和** (sum of the series) という．また，級数 $\{S_n\}$ が発散するときには，この級数は発散するという．

例 7.4　無限級数の収束・発散

次の数列についての無限級数を求める．

(1) $1 + 2 + 3 + \cdots + n + \cdots$

部分和は $S_n = \dfrac{1}{2}n(n+1)$ なので，$\displaystyle\lim_{n\to\infty} \frac{1}{2}n(n+1) = \infty$ より，発散する．

(2) $(2-1) + (4-2) + (8-4) + \cdots + (2^n - 2^{n-1}) + \cdots$

$(2-1) + (4-2) + (8-4) + \cdots + (2^n - 2^{n-1}) + \cdots$ より，部分和は $S_n = 2^n - 1$ なので，$\displaystyle\lim_{n\to\infty} S_n = \lim_{n\to\infty}(2^n - 1) = \infty$ より，発散する．

(3) $\dfrac{1}{2\cdot 4} + \dfrac{1}{4\cdot 6} + \dfrac{1}{6\cdot 8} + \cdots + \dfrac{1}{2n\cdot(2n+2)} + \cdots$

たとえば，$\dfrac{1}{2\cdot 4}$ は $\dfrac{1}{2}\left(\dfrac{1}{2}-\dfrac{1}{4}\right)$ と分解することができるので，

$$\frac{1}{2}\left\{\left(\frac{1}{2}-\frac{1}{4}\right)+\left(\frac{1}{4}-\frac{1}{6}\right)+\left(\frac{1}{6}-\frac{1}{8}\right)+\cdots+\left(\frac{1}{2n}-\frac{1}{2n+2}\right)+\cdots\right\}$$

より†，部分和は $S_n=\dfrac{1}{2}\left(\dfrac{1}{2}-\dfrac{1}{2n+2}\right)$ なので，$\lim_{n\to\infty}S_n=\lim_{n\to\infty}\dfrac{1}{2}\left(\dfrac{1}{2}-\dfrac{1}{2n+2}\right)=\dfrac{1}{4}$ より，$\dfrac{1}{4}$ に収束する．

練習問題 7.4 次の各無限級数の収束，発散について調べ，収束する場合はその和を求めなさい．

(a) $1+4+\cdots+n^2+\cdots$

(b) $(\sqrt{2}-1)+(\sqrt{3}-\sqrt{2})+\cdots+(\sqrt{n+1}-\sqrt{n})+\cdots$

(c) $\dfrac{1}{3\cdot 6}+\dfrac{1}{6\cdot 9}+\cdots+\dfrac{1}{3n\cdot(3n+3)}+\cdots$

7.2.2 無限等比級数

初項 a，公比 r の無限等比数列 $\{ar^{n-1}\}$ から作られる無限級数 $a+ar+ar^2+\cdots+ar^{n-1}+\cdots$ を**無限等比級数**という．

無限等比級数

無限等比級数の部分和 $S_n=\sum_{k=1}^{n}ar^{k-1}$ は，次式となる．

$$S_n=\begin{cases}\dfrac{a(1-r^n)}{1-r}\\ \quad=\dfrac{a}{1-r}-\dfrac{a}{1-r}r^n & (r\neq 1\text{ のとき})\\ na & (r=1\text{ のとき})\end{cases}$$

このことから，$a\neq 0$ のとき，次式のように $|r|$ の大きさに応じて，収束または発散することがわかる（右図も参照）．

$$\sum_{n=1}^{\infty}ar^{n-1}=\begin{cases}\dfrac{a}{1-r} & (|r|<1)\\ \text{発散する} & (|r|\geqq 1)\end{cases}$$

† このように，与えられた分数式を簡単な分数式の和に直すことを，部分分数に分解するという．

例 7.5 無限等比級数の収束・発散

(1) $1+\dfrac{1}{5}+\dfrac{1}{25}+\cdots$ の場合，$a=1,\ r=\dfrac{1}{5},\ \left|\dfrac{1}{5}\right|<1$ より，$\dfrac{1}{1-1/5}=\dfrac{5}{4}$ に収束.

(2) $1-\dfrac{3}{4}+\dfrac{9}{16}-\cdots$ の場合，$a=1,\ r=-\dfrac{3}{4},\ \left|-\dfrac{3}{4}\right|<1$ より，$\dfrac{1}{1-(-3/4)}=\dfrac{4}{7}$ に収束.

(3) $1+\sqrt{3}+3+3\sqrt{3}+\cdots$ の場合，一般項の公比は $\left|\sqrt{3}\right|\geqq 1$ であり，発散する.

練習問題 7.5 次の各無限級数の収束，発散について調べ，収束する場合はその和を求めなさい.

(a) $2+\dfrac{4}{3}+\dfrac{8}{9}+\dfrac{16}{27}+\cdots$

(b) $5-\dfrac{5}{2}+\dfrac{5}{4}-\dfrac{5}{8}+\dfrac{5}{16}-\cdots$

(c) $2+2\sqrt{2}+4+4\sqrt{2}$

7.3 関数の極限

7.3.1 極限の収束

関数の極限の収束

一般に，関数 $f(x)$ において，変数 x が定数 a と異なる値をとりながら a に限りなく近づくときの関数 $f(x)$ の値が一定の値 α に限りなく近づくとき，「**$f(x)$ は α に収束する**」という．この α を $x\to a$ のときの**極限値**あるいは**極限** (limit) といい，次式で表す.

$$\lim_{x\to a} f(x)=\alpha$$

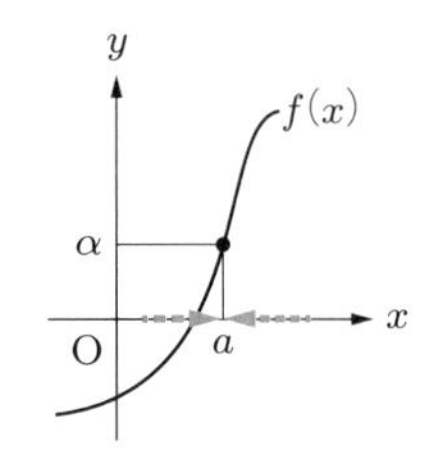

関数の極限の性質

定数関数 $f(x)=c$ に対して，$\displaystyle\lim_{x\to a} c=c$，また，$f(x)=x$ に対して，$\displaystyle\lim_{x\to a} x=a$ である.

さらに，数列と同様に，関数の極限について，次のことが成り立つ．ここで，$\displaystyle\lim_{x\to a} f(x)=\alpha,\ \lim_{x\to a} g(x)=\beta$ とする.

(i) $\lim_{x \to a} kf(x) = k\alpha$ （ただし，k は定数）
(ii) $\lim_{x \to a} (f(x) + g(x)) = \alpha + \beta$
(iii) $\lim_{x \to a} (kf(x) + lg(x)) = k\alpha + l\beta$ （ただし，k, l は定数）
(iv) $\lim_{x \to a} f(x)g(x) = \alpha\beta$
(v) $\lim_{x \to a} \dfrac{f(x)}{g(x)} = \dfrac{\alpha}{\beta}$ （ただし，$\beta \neq 0$）

例 7.6 収束する関数

関数 $f(x) = x^2 + 2x$ において，x が 1 と異なる値をとりながら 1 に限りなく近づくときの値は，$\lim_{x \to 1} (x^2 + 2x) = \lim_{x \to 1} x^2 + 2 \lim_{x \to 1} x = 1 + 2 \cdot 1 = 3$ である．よって，$x \to 1$ のときの $f(x)$ の極限値は 3 である．

練習問題 7.6 次の極限値を求めなさい．

(a) $\lim_{x \to 2} (2x + 1)$ (b) $\lim_{x \to 1} (x^2 + 3x + 1)$ (c) $\lim_{x \to 0} \sqrt{2x + 3}$
(d) $\lim_{x \to 2} \dfrac{x + 2}{x}$

次の例のように，関数 $f(x)$ が $x = a$ で定義されていない場合でも極限値 $\lim_{x \to a} f(x)$ が存在する場合がある．なお，ここで取り上げる**分数関数**とは，変数 x の分数式（有理式）で表される，$y = \dfrac{1}{x}$，$y = \dfrac{2x + 1}{x - 1}$，$y = \dfrac{3x^2 + 2x + 1}{x + 2}$ などの関数のことである．これらの関数の定義域は分母を 0 にしない x の値の全体であることに注意せよ．

例 7.7 分数関数の極限

$\lim_{x \to 3} \dfrac{x^2 - 3x}{x - 3}$ について，分数関数 $\dfrac{x^2 - 3x}{x - 3}$ は分母が 0 となる $x = 3$ では定義されていないが，それ以外の場合，すなわち $x \neq 3$ であれば $\dfrac{x^2 - 3x}{x - 3} = \dfrac{x\cancel{(x - 3)}}{\cancel{x - 3}} = x$ であるため，x が 3 と異なる値をとりながら 3 に限りなく近づくときその極限値は存在して，$\lim_{x \to 3} \dfrac{x^2 - 3x}{x - 3} = \lim_{x \to 3} x = 3$ となる．

練習問題 7.7 次の極限値を求めなさい．

(a) $\lim_{x \to 2} \dfrac{x^2 - 4}{x - 2}$ (b) $\lim_{x \to 1} \dfrac{x^3 - 2x^2 + x}{x - 1}$ (c) $\lim_{x \to 2} \dfrac{x - 2}{\sqrt{2x} - 2}$

■7.3.2　極限の発散

関数の極限の発散

一般に，関数 $f(x)$ において，変数 x が定数 a と異なる値をとりながら a に限りなく近づく，すなわち，$x \to a$ のとき，$|f(x)|$ の値が限りなく大きくなることを，次式で表す．

$$\lim_{x \to a} f(x) = \begin{cases} \infty, & f(x) > 0 \quad (f(x) \text{ の極限は } \infty \text{ である}) \\ -\infty, & f(x) < 0 \quad (f(x) \text{ の極限は } -\infty \text{ である}) \end{cases}$$

このことを，$x \to a$ のとき $f(x)$ は**正（負）の無限大に発散**するという．なお，$\infty, -\infty$ は普通の値とは違い，「$f(x)$ の極限値は $\infty(-\infty)$ である」とはいわない．極限値は常に有限の値である．

例 7.8　発散する関数

$f(x) = \dfrac{1}{x^2}$ のとき，x が 0 に限りなく近づくときは，下図左のように $\displaystyle\lim_{x \to 0} \frac{1}{x^2} = \infty$ となる．また，$f(x) = -\dfrac{1}{(x-1)^2}$ のとき，x が 1 に限りなく近づくときは，下図右のように $\displaystyle\lim_{x \to 1} -\frac{1}{(x-1)^2} = -\infty$ となる．

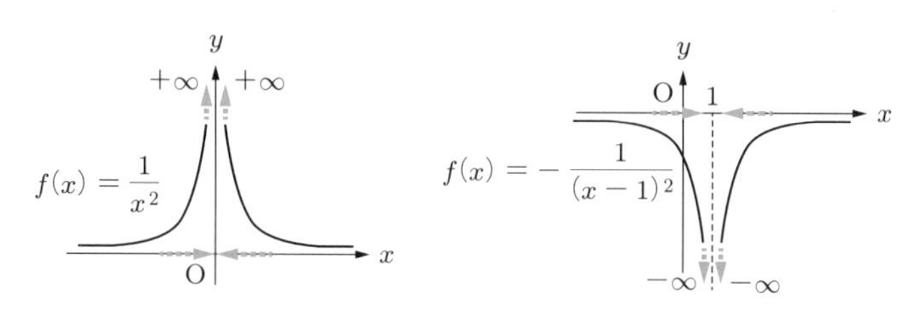

練習問題 7.8　次の各式の極限を求めなさい．

(a) $\displaystyle\lim_{x \to 2} \frac{1}{(x-2)^2}$　(b) $\displaystyle\lim_{x \to 1} \left\{1 + \frac{1}{(x-1)^2}\right\}$　(c) $\displaystyle\lim_{x \to 3} \frac{x^2 - 9}{x - 3}$

■7.3.3　片側からの極限

関数の片側からの極限

変数 x が a に限りなく近づくことを，その近づき方に応じて次式で表す．

$x > a$　　$\boldsymbol{x \to a + 0}$　　($a = 0$ のときは，$\boldsymbol{x \to +0}$ と表す)

$x < a$　　$\boldsymbol{x \to a - 0}$　　($a = 0$ のときは，$\boldsymbol{x \to -0}$ と表す)

このとき，極限が存在する $\displaystyle\lim_{x \to a+0} f(x)$ や $\displaystyle\lim_{x \to a-0} f(x)$ を次のようによぶ．

$$\lim_{x \to a+0} f(x) = \alpha \qquad f(x) \text{ の } x = a \text{ における}\textbf{右極限}$$

$$\lim_{x \to a-0} f(x) = \beta \qquad f(x) \text{ の } x = a \text{ における}\textbf{左極限}$$

なお，$f(x)$ において，右極限と左極限がともに存在して $\lim_{x \to a+0} f(x) = \lim_{x \to a-0} f(x)$ のとき，$\lim_{x \to a} f(x)$ が存在するという．

例 7.9 右極限と左極限

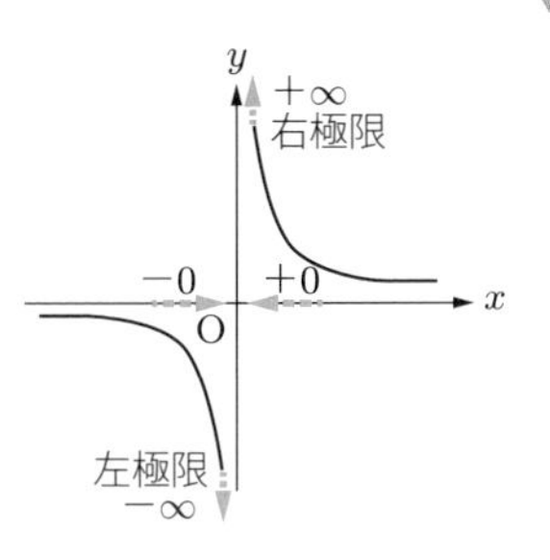

$f(x) = \dfrac{1}{x}$ の場合，$x > 0$ の範囲で x が 0 に近づくとき，右図のように $\dfrac{1}{x}$ は正の値をとりながら限りなく大きくなるため，$\lim_{x \to +0} \dfrac{1}{x} = \infty$ である．一方，$x < 0$ の範囲で x が 0 に近づくとき，$\dfrac{1}{x}$ は負の値をとりながら絶対値が限りなく大きくなり，$\lim_{x \to -0} \dfrac{1}{x} = -\infty$ である．

練習問題 7.9 次の右極限 (+0) と左極限 (−0) を，それぞれ求めなさい．

(a) $\lim_{x \to 2\pm 0} \dfrac{1}{2-x}$ (b) $\lim_{x \to 1\pm 0} \dfrac{1}{(x-1)^2}$ (c) $\lim_{x \to \pm 0} \dfrac{|x|}{x}$

x の絶対値が限りなく大きくなったときの極限

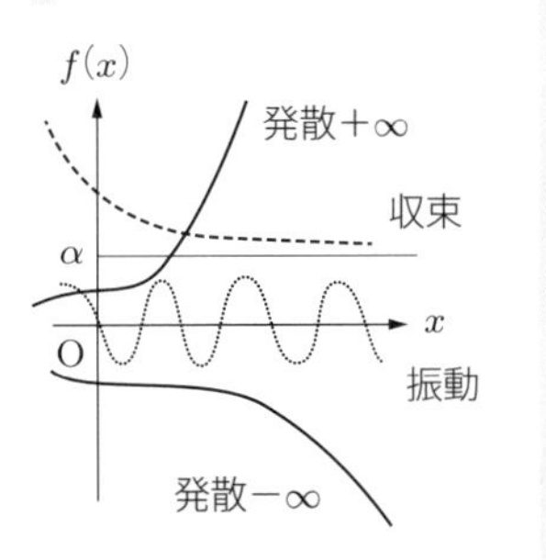

変数 x が限りなく大きくなることを $x \to +\infty$ と表し，そのときの $f(x)$ の極限を考えたとき，右図のように次の 4 通りがある．

$$\lim_{x \to +\infty} f(x) = \begin{cases} \alpha & [\text{収束する}] \\ +\infty & [\text{発散する}] \\ -\infty & [\text{発散する}] \\ \text{極限なし} & [\text{振動する}] \end{cases}$$

$x < 0$ の場合には，その絶対値が限りなく大きくなることを $x \to -\infty$ と表す．

例 7.10　関数の極限 $(+\infty, -\infty)$

(1) 例 7.9 の $f(x) = \dfrac{1}{x}$ について，$x \to +\infty$ と，$x \to -\infty$ のときの極限はともに 0 に収束する．

(2) $f(x) = x^2 - 3x + 2$ は，$f(x) = x^2\left(1 - \dfrac{3}{x} + \dfrac{2}{x^2}\right)$ より，$x \to +\infty$ のときには $\left(1 - \dfrac{3}{x} + \dfrac{2}{x^2}\right)$ は 1 に収束することから，$\displaystyle\lim_{x\to+\infty} x^2 - 3x + 2 = \infty$ となる．

(3) $f(x) = \sqrt{x^2 + x} - x$ の場合，

$$f(x) = \frac{(\sqrt{x^2+x}-x)(\sqrt{x^2+x}+x)}{\sqrt{x^2+x}+x} = \frac{x}{\sqrt{x^2+x}+x} = \frac{1}{\sqrt{1+1/x}+1}$$

より，

$$\lim_{x\to+\infty} \sqrt{x^2+x} - x = \lim_{x\to+\infty} \frac{1}{\sqrt{1+1/x}+1} = \frac{1}{2}$$

となる．

(4) 三角関数 $f(x) = \sin x$ は，周期的に -1〜1 の間の値をとるため，$x \to +\infty$ のとき，$\sin x$ の極限はない．同様に，$x \to +\infty$ のとき，$\cos x$ の極限もない．

練習問題 7.10　次の極限を求めなさい．

(a) $\displaystyle\lim_{x\to-\infty} (x^2 - 5)$　(b) $\displaystyle\lim_{x\to+\infty} 3^x$　(c) $\displaystyle\lim_{x\to+\infty} (\sqrt{x^2+2x} - x)$

(d) $\displaystyle\lim_{x\to-\infty} \left(1 - \frac{1}{x}\right)$

7.4　関数の連続性

7.4.1　区　間

関数 $f(x)$ の定義域，すなわち，独立変数 x が二つの実数 a, b $(a < b)$ について，次の範囲を動く場合，それぞれを**区間** (interval)（集合）とよぶことにする．

(a, b)，$(a, b]$，$[a, b)$，$[a, b]$

$$a < x < b, \quad a < x \leqq b, \quad a \leqq x < b, \quad a \leqq x \leqq b$$

それぞれは，次のように表される．

$$(a, b), \quad (a, b], \quad [a, b), \quad [a, b]$$

とくに，(a, b) を**開区間** (open interval)，$[a, b]$ を**閉区間** (closed interval) とそれぞれよぶ．

さらに，$a<x$ を (a,∞) で，$a\leqq x$ を $[a,\infty)$ で，$x<b$ を $(-\infty,b)$ で，$x\leqq b$ を $(-\infty,b]$ で表す．

■7.4.2 連続と不連続

関数の連続

関数 $f(x)$ が，$x=a$ の十分近くにおいて定義されているとき，

$$\lim_{x\to a} f(x)=f(a)$$

が成り立つならば，$f(x)$ は $x=a$ で**連続** (continuous) であるという．

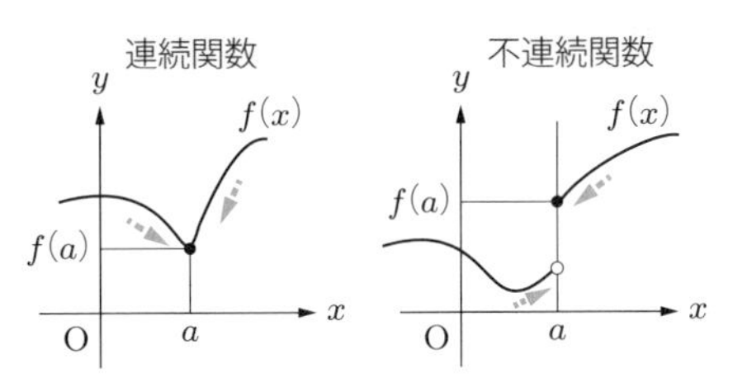

また，関数 $f(x)$ がある区間のすべての x の値において連続であるとき，$f(x)$ はその**区間で連続**であるという．

さらに，関数 $f(x)$ がその定義域のすべての x の値において連続であるとき，$f(x)$ は**連続関数** (continuous function) という．

これに対して，関数 $f(x)$ が $x=a$ で連続でない，すなわち，$\lim_{x\to a} f(x)$ が存在しない，あるいは，$\lim_{x\to a} f(x)\neq f(a)$ であるとき，$f(x)$ は $x=a$ で**不連続** (discontinuous) であるという．

例 7.11 連続な関数と不連続な関数

多項式で表される関数（$3x^2+2x+1$ など）は $(-\infty,\infty)$ において，無理関数（$\sqrt{x}$ など）は $[0,\infty)$ において，三角関数（$\sin x$, $\cos x$）は $(-\infty,\infty)$ において，指数関数（a^x など）は $(-\infty,\infty)$ において，対数関数（$\log_{10} x$ など）は $(0,\infty)$ において，それぞれ連続関数である．

一方，以下のような関数 $f(x)$ を考える．

$$f(x)=\begin{cases} x^2+1 & (x\neq 0) \\ 0 & (x=0) \end{cases}$$

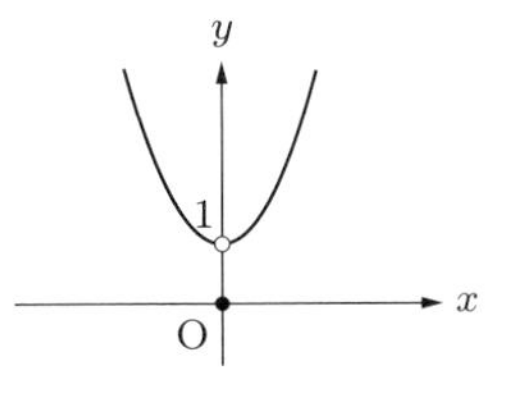

定義より，$f(0)=0$ ではあるが，右図のように x を 0 と異なる値をとりながら 0 に限りなく近づけると 1 となり，この関数は $x=0$ で不連続である．

また，$\lfloor x \rfloor$ によって「x を超えない最大の整数（x の整数部分）」を表すとき，たとえば，$\lfloor -1.414 \rfloor = -2$, $\lfloor 3.14 \rfloor = 3$ となる．この記号を用いた関数 $f(x) = \lfloor x \rfloor$ は右図となり，$x = a$ が整数 $\ldots, -2, -1, 0, 1, 2, \ldots$ のとき不連続である．

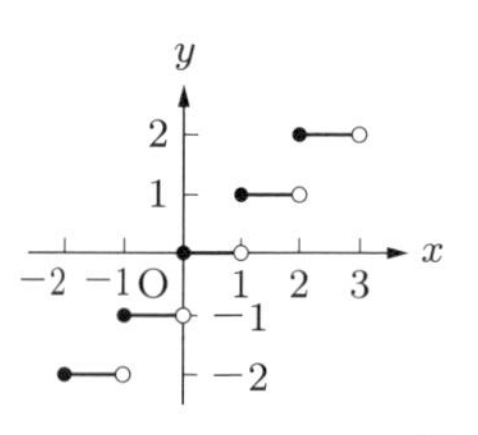

練習問題 7.11　次の各問いに答えなさい．

(a) $\sqrt{x}$ が $x = 0$ で連続であることを示しなさい．　(b) $\dfrac{1}{x}$ の定義域を示しなさい．

(c) $\dfrac{1}{x}$ が連続関数であることを示しなさい．

連続関数の性質

- **中間値の定理** (intermediate value theorem)

　関数 $f(x)$ が閉区間 $[a, b]$ で連続で，$f(a)$ と $f(b)$ が異なる符号をもつとき，右図のように「$f(c) = 0$」を満たす $c \in [a, b]$ が，少なくとも一つ存在する．

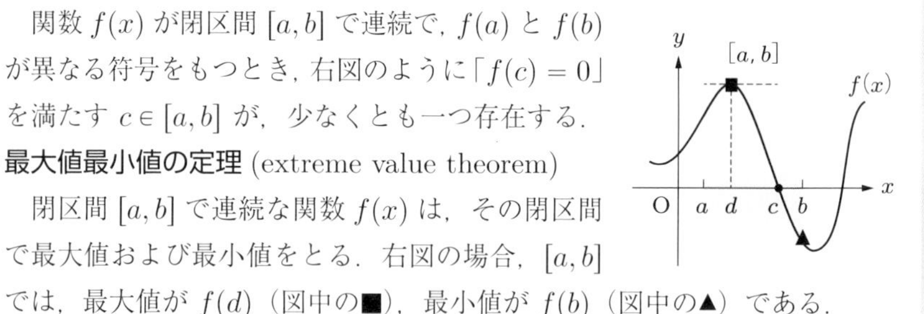

- **最大値最小値の定理** (extreme value theorem)

　閉区間 $[a, b]$ で連続な関数 $f(x)$ は，その閉区間で最大値および最小値をとる．右図の場合，$[a, b]$ では，最大値が $f(d)$（図中の■），最小値が $f(b)$（図中の▲）である．

例 7.12　中間値の定理

$f(x) = x^3 - 3x^2 - x + 3$ は，$(-\infty, \infty)$ で連続であり，$x = -2, 0, 2, 4$ のときそれぞれ次の値となる．

$$f(-2) = -15 < 0, \quad f(0) = 3 > 0, \quad f(2) = -3 < 0, \quad f(4) = 15 > 0$$

よって，$f(x) = 0$ は，区間 $(-2, 0), (0, 2), (2, 4)$ にそれぞれ一つずつ解をもつことがわかる．実際，$f(x) = x^3 - 3x^2 - x + 3 = (x^2 - 1)(x - 3) = 0$ より，解は，$-1, 1, 3$ である．

練習問題 7.12　次の各方程式は，指定された範囲に，少なくとも一つの解をもつことを示しなさい．

(a) $-x^2 + 7x + 30 = 0 \quad (-\infty < x < 2)$　　(b) $3^x = 4x \quad (1 < x < 2)$

(c) $(x - 1)\cos x + 2\sin x = 0 \quad \left(0 < x < \dfrac{\pi}{2}\right)$

Column 関数の加減乗除による近似計算

コンピュータによる，$\sin x$，$\cos, x$ $\log x$，e^x などといった関数の値の計算は，次の無限級数（べき級数）によって行われる．

$$e^x = 1 + \frac{x}{1!} + \frac{x^2}{2!} + \frac{x^3}{3!} + \frac{x^4}{4!} + \cdots$$
$$\sin x = x - \frac{x^3}{3!} + \frac{x^5}{5!} - \frac{x^7}{7!} + \frac{x^9}{9!} + \cdots$$
$$\cos x = 1 - \frac{x^2}{2!} + \frac{x^4}{4!} - \frac{x^6}{6!} + \frac{x^8}{8!} + \cdots$$

ここで示したべき級数は，**テイラー展開**とよばれ，関数の値を加減乗除によって計算可能とし，指数関数表や三角関数表を用いずに計算する際に活用される．

Column 三角関数の和による周期関数の表現

複雑な周期関数や周期的に変化する信号（音声，電波など）は，周波数の異なる三角関数の無限和（三角級数）によって表されることを，フーリエ (Fourier) は明らかにした．ここで，周波数は周期（➡ 4.3 節）の逆数であり，下図の場合，(a), (b), (c) の順で周波数は大きい．19 世紀初頭，フーリエは固体における熱の伝搬について研究した成果として次式の三角級数を考案した．

$$f(x) = \frac{a_0}{2} + \sum_{k=1}^{\infty}(a_k \cos kx + b_k \sin kx)$$

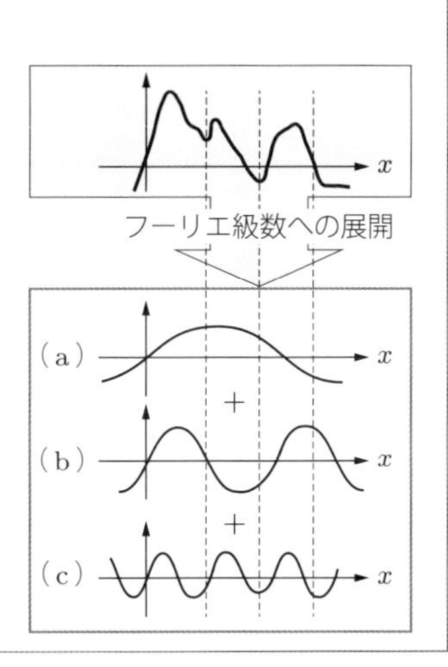

ここで，a_k, b_k は $f(x)$ から定まる**フーリエ係数**[†] であり，この式を $f(x)$ のフーリエ級数という．これにより，右図上にある複雑な信号は，周波数の異なる三角関数（右図 (a), (b), (c)）の和として表される．

このように，信号に含まれている三角関数の周波数を明らかにすることは周波数分析とよばれ，音声や光の分析法の一つとされている．また，周波数の異なる三角関数を合成することで，人工的な音声を作ったり，騒音を小さくしたりする（ノイズ・キャンセリング）ためにも利用されている．

† 本書の範囲外なので詳しくは文献 [9] などを参照のこと．

章末問題

7.1　次の極限値を求めなさい.

(a) $\displaystyle\lim_{n\to\infty}\left(2+\frac{2}{n}\right)$　　(b) $\displaystyle\lim_{n\to\infty}\frac{1+2+\cdots+n}{n^2}$

7.2　次の各数列の一般項を求め，その極限値を求めなさい.

(a) $\dfrac{1\cdot 2}{3\cdot 4},\ \dfrac{2\cdot 3}{4\cdot 5},\ \dfrac{3\cdot 4}{5\cdot 6},\ \dfrac{4\cdot 5}{6\cdot 7},\ \cdots$

(b) $\sin\pi,\ \sin\dfrac{\pi}{2},\ \sin\dfrac{\pi}{3},\ \sin\dfrac{\pi}{4},\ldots$

7.3　次の関数の極限を求めなさい.

(a) $\displaystyle\lim_{x\to+\infty}(3-x^2)$　　(b) $\displaystyle\lim_{x\to-\infty}(3-x^2)$　　(c) $\displaystyle\lim_{x\to+\infty}(\sqrt{x+1}-\sqrt{x-1})$

7.4　ネイピア数 $e=2.71828\cdots$（➡ 3.7 節）は次の無限級数で求められる.

$$e=1+\frac{1}{1!}+\frac{1}{2!}+\frac{1}{3!}+\cdots+\frac{1}{n!}+\cdots$$

この式の第 3 項，第 4 項，第 5 項までの和をそれぞれ計算し，n の e の近似値に与える影響について述べなさい.

7.5　次の関数が連続である区間を求めなさい.

(a) $\dfrac{x+1}{(x-1)(x+2)}$　　(b) $\dfrac{2x}{x^2+x+1}$　　(c) $\dfrac{1}{2^x-1}$

8 データの分析

8.1 データの整理

8.1.1 度数分布表

統計資料において，ある特性を表す数量のことを**変量** (variate) とよぶ．たとえば，人の身長や短距離走の記録，気温などが変量である．また，ある変量の測定値や観測値の集まりのことを**データ** (data) とよび，データの個数をデータの**大きさ** (size) とよぶ．

表 8.1 は，ある学校で，学生 A から学生 J までの 10 人の学生に対して行った 15 点満点の国語の試験結果である．

表 8.1 国語の試験結果の一覧

学生	A	B	C	D	E	F	G	H	I	J
国語の得点	3	9	5	7	7	4	8	11	12	14

この場合，変量は各学生の得点，データは全員の試験結果，データの大きさは 10 となる．このような表は個人の得点を見るのには便利だが，全体の傾向を見るのには不便である．そこで，データの分布・傾向を大まかに知ることができる**度数分布表** (frequency distribution table) が活用されている．

度数分布表

変量の範囲をいくつかの**階級** (class) に分割したとき，その階級の中に入るデータの大きさ（個数）を**度数** (frequency) といい，各階級の度数の系列を**度数分布** (frequency distribution) という．この度数分布を表で表したものが**度数分布表**である．このとき，階級の中央の値（各階級の最大値と最小値の和を 2 で割った値）を**階級値** (class mark) という．また，階級の度数をデータの総数で割った値を**相対度数** (relative frequency) という．

度数分布表の利用の仕方

- 一般に階級は，X 以上 Y 未満のような範囲とし，この範囲の大きさを階級の幅という．度数分布表では，各階級の幅を一定とする．
- 階級の幅を変えると度数分布も変化するため，データの傾向がきれいに表れるように階級の幅を定める．
- 階級に属するデータの値はすべて階級値とみなす．
- データ全体に対する各階級に属する度数の割合を見るときは，相対度数を用いる．

例 8.1　度数分布表

表 8.1 のデータを，0 点から 15 点までの数直線上に並べると下図のようになる．そこで，階級の幅を 5 として，三つの階級 0〜5，5〜10，10〜15 に分ける．このとき，各階級の階級値（階級の最大値と最小値の和を 2 で割った値），度数（階級の中に入るデータの大きさ），相対度数（度数をデータの大きさ 10 で割った値）を表にしたのが下表である．

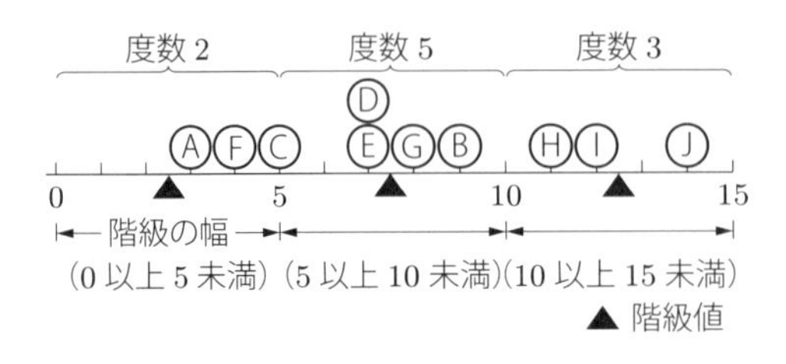

例 8.1 の度数分布表

階級	階級値	度数［人］	相対度数
0〜5	2.5	2	0.2
5〜10	7.5	5	0.5
10〜15	12.5	3	0.3

注：階級は「以上〜未満」

練習問題 8.1　表 8.1 のデータを，階級の幅を 3 として分けた度数分布表を作成しなさい．

■8.1.2　ヒストグラム

ヒストグラム

度数分布表の階級を横軸，度数を縦軸として作成される棒グラフを**ヒストグラム** (histogram) という．

例 8.2　ヒストグラム

例 8.1 の階級，度数をもとに，横軸を三つの階級，縦軸を度数とした棒グラフが右図のヒストグラムである．

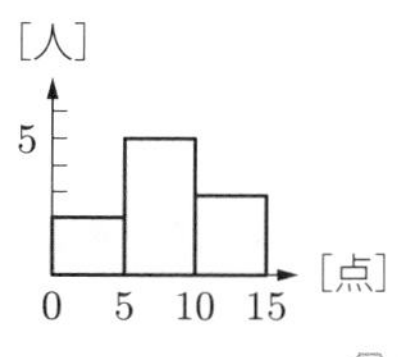

練習問題 8.2　練習問題 8.1 で作成した度数分布表のヒストグラムを作成しなさい．

8.2　データの代表値

データの特徴をある一つの数値で表せると便利である．そのような数値をデータの**代表値**とよぶ．なお，代表値が同じであっても，データが同じとは限らない（➡ 8.3 節）．

代表値

(i) **平均値** (mean)　データの値 $x_1, x_2, x_3, \ldots, x_n$ の総和を，データの大きさ n で割った値．算術平均値ともいい，$\overline{x}$ で表す．

(ii) **中央値** (median)　データを値の大きさの順に並べたときに中央にくる値．データの大きさが偶数の場合は，中央にくる二つの値の平均値とする．

(iii) **最頻値**（さいひんち）(mode)　ヒストグラムにおいて度数がもっとも大きい階級値であり，流行値ともよばれる．

度数分布表からの平均値の求め方

データが n 個の測定値を含むとき，一つひとつの値がわからないときでも，度数分布表が与えられたときには，次のようにして平均値 $\overline{x}$ を求めることができる．

度数分布表には，k 個の階級があり，m_i は i 番目の階級の階級値，f_i は i 番目の階級の度数とする．このとき，平均値 $\overline{x}$ は次式で求められる．

$$\overline{x} = \frac{m_1 f_1 + m_2 f_2 + \cdots + m_k f_k}{n}$$

階級	階級値	度数
1	m_1	f_1
2	m_2	f_2
⋮	⋮	⋮
k	m_k	f_k

$(f_1 + f_2 + \cdots + f_k = n)$

なお，度数分布表から求めた平均値は，データから求めた平均値と異なる場合がある．

例 8.3　平均値・中央値・最頻値

表 8.1 のデータ（得点）の平均値 $\overline{x}$ は次式で求められる．

$$\overline{x} = \frac{3+9+5+7+7+4+8+11+12+14}{10} = \frac{80}{10} = 8$$

中央値は，表 8.1 のデータを下図のように大きさの順に並べたときの中央付近（5 番目と 6 番目）の二つの値 7 と 8 より，7.5 である．

得点	3	4	5	7	7	8	9	11	12	14
度数分布表での値	2.5	2.5	7.5	7.5	7.5	7.5	7.5	12.5	12.5	12.5

中央値 7.5（得点），中央値 7.5（度数分布表での値）

一方，階級の幅が 5 の例 8.1 の度数分布表からは，次のようにして代表値が計算される．まず，平均値 $\overline{x}$ は次式で求められる．

$$\overline{x} = \frac{2.5 \times 2 + 7.5 \times 5 + 12.5 \times 3}{10} = 8$$

また，最頻値は，度数がもっとも多い階級値の 7.5 である．

練習問題 8.3　練習問題 8.1 で作成した度数分布表の平均値，中央値，最頻値をそれぞれ求めなさい．

8.3 データの散らばり

平均値や中央値は，分布の中心付近に着目した代表値の一種である．そのため，平均値や中央値が同じであっても，分布全体にわたってのデータの散らばり方（ばらつき）が異なる場合もある．このようなデータの散らばりの度合を表す代表値が，範囲や分散，標準偏差などである．

■8.3.1　範　囲

データの散らばりの度合を表す代表値の一つが**範囲** (range) であり，データの最大値と最小値の差にあたる．散らばりの度合が大きいほど範囲は大きくなる．

8.4 範囲

次表は，表 8.1 に数学（15 点満点）の試験結果を加えたものである．

国語・数学の試験結果の一覧

学生	A	B	C	D	E	F	G	H	I	J
国語	3	9	5	7	7	4	8	11	12	14
数学	5	8	6	3	0	10	10	11	14	13

右図は，階級の幅を 1 とし，階級値が得点となるように上の表を描いたヒストグラムである．各科目の得点の平均値は 8 で同じであるが，データの散らばりの度合には差があることがわかる．

ここで，国語の試験結果の範囲は 11 $(= 14 - 3)$ である．

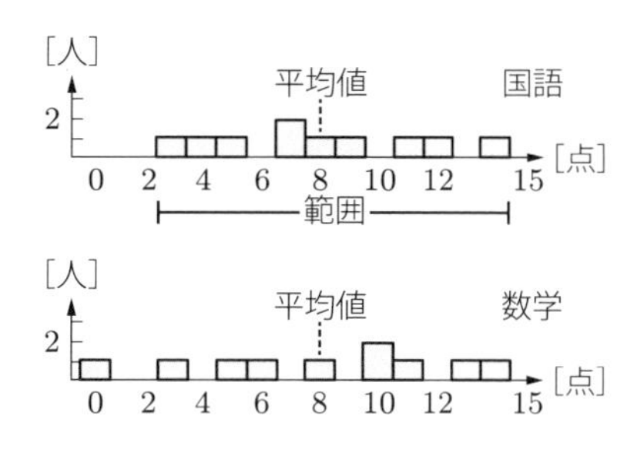

練習問題 8.4 例 8.4 の表において，数学の得点の範囲を求め，国語の得点の範囲と比較しなさい．

8.3.2 偏差と四分位数

範囲は，最大値と最小値で定まるため，これら以外の値の散らばりの度合が反映されない．そこで，次の**偏差** (deviation) と**四分位数** (quartile) が用いられる．

偏差と四分位数

(i) **偏差** データの各値と平均値との差．偏差の総和と平均値は 0 となる．

(ii) **四分位数** データを値の大きさの順に並べたときに，範囲を 4 等分する三つの位置の値．それらを小さいほうから順に，第 1 四分位数，第 2 四分位数，第 3 四分位数とよび，順に，Q_1, Q_2, Q_3 と表す．第 2 四分位数は中央値と同じである．

四分位数の求め方

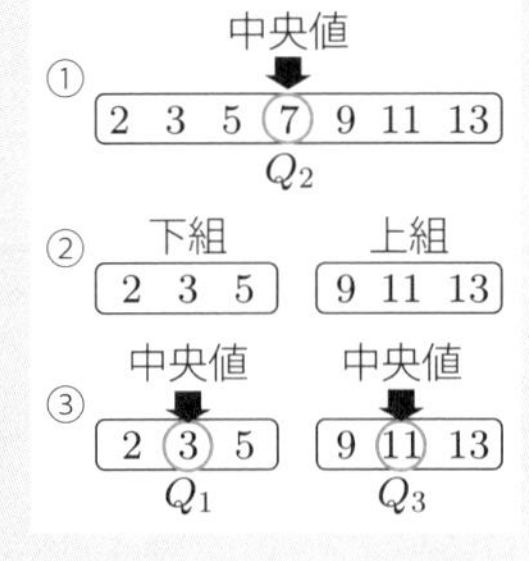

①データを値の昇順（小から大）に並べ，右図のようにデータの大きさが奇数の場合と偶数の場合とで区別しながら，中央値を第2四分位数 Q_2 とする．

②中央値を境界としてデータの個数が等しくなるように，中央値より小さい値からなる下組と，中央値より大きい値からなる上組に二分する．ただし，データの個数が奇数のときは，右図のように中央値はどちらの組にも含めない．

③下組の中央値と上組の中央値を，それぞれ，第1四分位数 Q_1 と第3四分位数 Q_3 とする．

例 8.5　偏差の平均値，四分位数

表8.1の各得点の偏差は，平均値8より，次表となる．

学生	A	B	C	D	E	F	G	H	I	J	計
国語の得点	3	9	5	7	7	4	8	11	12	14	80
国語の偏差	−5	1	−3	−1	−1	−4	0	3	4	6	0

これより，偏差の総和は $-5+1-3-1-1-4+0+3+4+6=0$ であり，偏差の平均値もまた0である．

また，表8.1の四分位数は次のとおりとなる．

①データを値の昇順にすると右図より，第2四分位数 Q_2（中央値）は7.5である．

②中央値 Q_2 を境界として，上組と下組，5個ずつに分ける．

③第1四分位数 Q_1 は，下組の中央値5であり，第3四分位数 Q_3 は，上組の中央値11である．

中央値
① 3 4 5 7 7 8 9 11 12 14
$Q_2 = 7.5$
下組　上組
② 3 4 5 7 7　8 9 11 12 14
③ $Q_1 = 5$　$Q_3 = 11$

練習問題 8.5　例8.4の表の数学の得点について，四分位数を求めなさい．また，例8.5の国語の四分位数と比較しなさい．

8.3.3　分散と標準偏差，四分位範囲と四分位偏差

偏差からは，一つひとつの値が平均値からどれくらい離れているのかを知ること

ができるが，偏差の合計は常に0になることから，データ全体の散らばりの度合を知ることができない．そこで，偏差の2乗を求めてから散らばりの度合を算出する**分散** (variance) や**標準偏差** (standard deviation) などが用いられる．

分散，標準偏差，四分位範囲，四分位偏差

データの値が $x_1, x_2, x_3, \ldots, x_n$，これらの平均値が $\overline{x}$ のとき，次式で求められる偏差の2乗の平均値を**分散** σ^2 とする．

$$\sigma^2 = \frac{1}{n}\{(x_1 - \overline{x})^2 + \cdots + (x_n - \overline{x})^2\} = \frac{1}{n}\sum_{i=1}^{n}(x_i - \overline{x})^2$$

さらに，分散 σ^2 の正の平方根 $\sigma = \sqrt{\sigma^2}$ を**標準偏差**という．

四分位数については，中央値付近のデータ（全体の約半分のデータ）が含まれる範囲にあたる第3四分位数から第1四分位数を引いた値 $Q_3 - Q_1$ を，**四分位範囲** (interquartile range) とし，四分位範囲の半分の値を**四分位偏差** (quartile deviation) という．

例 8.6 分散，標準偏差，四分位範囲，四分位偏差

表8.1のデータの平均値 $\overline{x}$ は8であるため，分散 σ^2 は次のように求められる．

$$\frac{1}{10}\{(3-8)^2 + (9-8)^2 + \cdots + (14-8)^2\} = 11.4$$

そして，標準偏差は $\sqrt{11.4} \fallingdotseq 3.38$ である．また，四分位範囲は $11-5=6$，四分位偏差は $\frac{6}{2}=3$ となる．

練習問題 8.6 例8.4の数学の得点の標準偏差と四分位偏差をそれぞれ求めなさい．また，国語の得点の標準偏差および四分位偏差とそれぞれ比較しなさい．なお，各値が小数となる場合は，小数第3位で四捨五入し，小数点以下第2位まで答えなさい．

8.3.4 箱ひげ図

データの散らばりの特徴を目で見てわかりやすくするために，四分位数と最大値，最小値を用いて描かれるのが**箱ひげ図** (box plot) である．

箱ひげ図

箱ひげ図（右図参照）を描く手順は次のとおり．

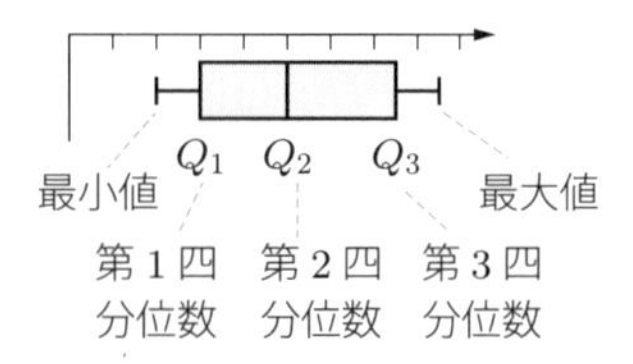

①横軸に目盛をとる．
②「第 1 四分位数」を左端，「第 3 四分位数」を右端とする箱を描く．
③箱の中に「第 2 四分位数」を示す線を引く．
④箱の左端から最小値まで線を引き，最小値には縦線を引く．同様に，箱の右端から最大値まで線を引き，最大値に縦線を引く．これが「ひげ」にあたる部分である．
⑤必要に応じ，平均値のところに＋を記載する．これは省略することが多い（本書でも略す）．

なお，箱ひげ図は縦型に描くこともできる（上記と同様の手順をもとに描かれる）．

箱ひげ図の意味と特徴

- データの散らばりの特徴を，最小値，第 1 四分位数，中央値（第 2 四分位数），第 3 四分位数，最大値で簡単に表現している．
- 箱の大きさが，データの散らばり具合を表現している．
- 箱ひげ図を見ることでデータの散らばりの大まかな様子がわかる．
- 複数種類のデータの散らばりを比較したいとき，箱ひげ図は有効である．

例 8.7　箱ひげ図

目盛を横軸として，表 8.1 のデータ（得点）をもとに描いた箱ひげ図は右図である．

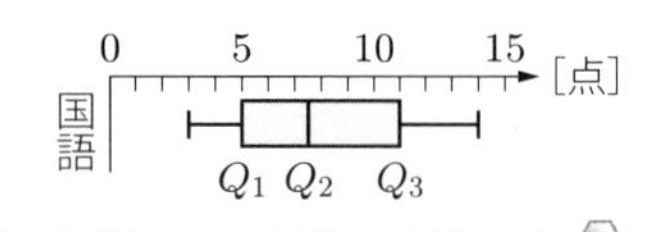

練習問題 8.7　例 8.4 の国語と数学の得点の箱ひげ図を並べて描き，違いを述べなさい．

8.4　データの相関

これまでは，国語や数学ごとの特性について調べてきた．ここでは，複数種類のデータの間の相互関係などを調べることを考えてみよう．二つの変量間に，一方が増加すると，もう一方も増加または減少する傾向が見られるとき，二つの量には**相**

関 (correlation) または**相関関係** (correlation) があるという．相関の程度を調べるためには，次に示す散布図や相関係数が用いられる．

■8.4.1 散布図

二つの変量について，一方のデータの値を横座標に，もう一方のデータの値を縦座標にし，各データを点として平面に描いたグラフが**散布図** (scatter chart, scattering diagram) である．散布図によって，二つの変量間の関連性を視覚的にとらえることができる．

例 8.8 散布図

例 8.4 の表をもとに，横座標を数学の得点，縦座標を国語の得点として 10 人の得点を描いた散布図が右図である．

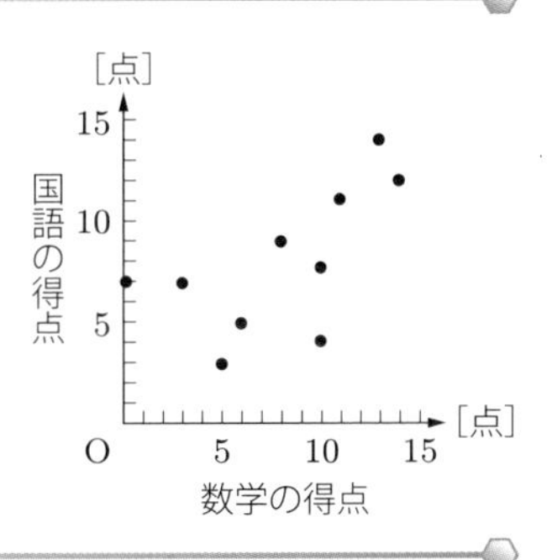

練習問題 8.8 下表は A 市と B 市の月ごとの雨の降った日数を示したものである．この表をもとに，A 市と B 市の月ごとの雨の降った日数の散布図を作成しなさい．

A 市と B 市の月ごとの雨の日数

月	1	2	3	4	5	6	7	8	9	10	11	12
A 市	2	3	10	10	9	12	15	11	8	9	4	3
B 市	7	8	9	7	8	9	9	8	7	7	8	9

■8.4.2 相　関

2 種類の値からなるデータにおいて，一方が増加するともう一方も増加する傾向が見られるとき，二つのデータには**正の相関** (positive correlation) があるという．また，一方が増加するともう一方が減少する傾向が見られるとき，二つのデータには**負の相関** (negative correlation) があるという．また，どちらの傾向も見られないとき，相関がない，または，**無相関** (no correlation) という．

二つのデータの相関の度合は，次の**相関係数** (correlation coefficient) で表すことができる．

相関係数

2種類の n 個のデータの組 $(x_1, y_1), (x_2, y_2), \ldots, (x_n, y_n)$ があるとき，これらの相関係数 r は，次の式で求められる．

$$r=\frac{(x_1-\overline{x})(y_1-\overline{y})+(x_2-\overline{x})(y_2-\overline{y})+\cdots+(x_n-\overline{x})(y_n-\overline{y})}{\sqrt{(x_1-\overline{x})^2+(x_2-\overline{x})^2+\cdots+(x_n-\overline{x})^2}\times\sqrt{(y_1-\overline{y})^2+(y_2-\overline{y})^2+\cdots+(y_n-\overline{y})^2}}$$

相関係数の性質

- 相関係数 r の値は，-1 と 1 の間になる．
- r が 1 に近づくほど，散布図の点は右上がりの直線に沿って分布する傾向が強くなる．
- r が -1 に近づくほど，散布図の点は右下がりの直線に沿って分布する傾向が強くなる．

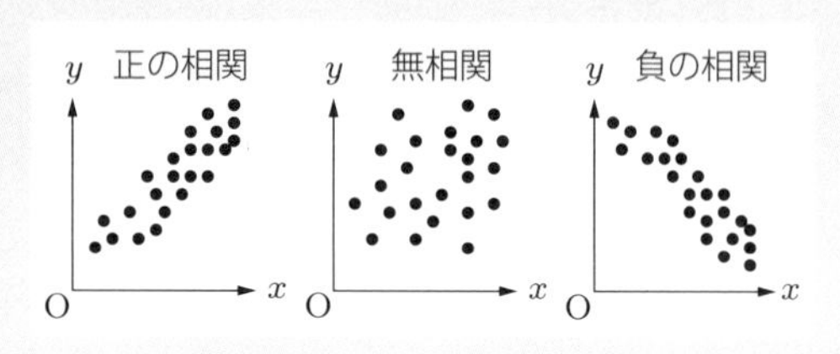

例 8.9　相関係数

例 8.4 に示した 10 人の国語と数学の成績の相関係数は，次のように求められる．

学生	x（国語）	y（数学）	$x-\overline{x}$	$y-\overline{y}$	$(x-\overline{x})^2$	$(y-\overline{y})^2$	$(x-\overline{x})(y-\overline{y})$
A	3	5	−5	−3	25	9	15
B	9	8	1	0	1	0	0
C	5	6	−3	−2	9	4	6
D	7	3	−1	−5	1	25	5
E	7	0	−1	−8	1	64	8
F	4	10	−4	2	16	4	−8
G	8	10	0	2	0	4	0
H	11	11	3	3	9	9	9
I	12	14	4	6	16	36	24
J	14	13	6	5	36	25	30
合計	80	80	0	0	114	180	89

ここで，$\overline{x}=8$（国語の平均点），$\overline{y}=8$（数学の平均点）である．

$$r=\frac{89}{\sqrt{114}\times\sqrt{180}}\fallingdotseq 0.62$$

この結果から，例 8.4 に示す 10 人の国語と数学の成績の間には，正の相関（国語の得点が高い人は数学の得点も高い傾向）があるといえる．

練習問題 8.9　練習問題 8.8 の A 市と B 市の雨の降った日数の相関係数を求めなさい．なお，相関係数は，小数第 3 位で四捨五入し，小数点以下第 2 位まで答えなさい．また，どのような相関関係があるといえるか答えなさい．

章末問題

8.1　右表は，ある新車を試乗した 10 人のアンケート結果である．アンケートでは「デザイン性 (D)，機能性 (F)，運転性 (C)」の観点で各 10 点満点で評価している．この表のデータに対し，次の問いに答えなさい．

	D	F	C
1	1	2	5
2	3	6	3
3	4	5	2
4	4	5	6
5	5	2	3
6	5	7	6
7	5	7	1
8	9	7	1
9	8	9	7
10	6	10	6

(a) 階級の幅を 2 として，表に基づく度数分布表を作成しなさい．また，作成した度数分布表をもとに，各観点の最頻値を答えなさい．

(b) 各観点の平均値，中央値を答えなさい．

(c) 各観点の範囲，四分位範囲，四分位偏差を答えなさい．

(d) 各観点の箱ひげ図を作成しなさい．

(e) 各観点の分散と標準偏差を答えなさい．なお，各値は，小数第 2 位で四捨五入し，小数第 1 位まで答えなさい．

(f) デザイン性と機能性，デザイン性と運転性の相関係数を小数第 3 位で四捨五入し，小数第 2 位までそれぞれ求めなさい．

8.2　ある工場で製造された 8 個の部品の重さの計測値が次のとおりであるとき，次の値を求めなさい．ただし，u の値は 0 以上の整数である．

$$69,\ 60,\ u,\ 57,\ 64,\ 76,\ 53,\ 67 \quad (\text{単位 g})$$

(a) 中央値が u になるときのすべての u の値

(b) 中央値が 65 であるときの u の値

8.3　あるお店で販売している商品 A, B, C について，気温と各商品の売上数との相関係数を調べたところ，次の結果が得られた．

商品 A：0.9,　商品 B：0.0,　商品 C：−0.6

この結果をもとに，「気温が高いときに仕入れを増やしたらよい商品」と，「気温に関係がなく仕入れるとよい商品」をそれぞれ選びなさい．

9 確率分布と統計的推定・検定

9.1 確率変数と確率分布

■9.1.1 確率変数

さいころをふる，複数枚のコインを投げるなどの試行において，さいころの出る目が X となる確率や，表が出るコインの枚数が Y となる確率は，それぞれの試行の標本空間（➡ 5.5 節）をもとに定まる．このように，ある試行によって値が定まり，その値に対応して確率が定まるような変数を，**確率変数** (random raviable) とよぶ．確率変数は起こり得る事象（➡ 5.5 節）を数値で表し，統計調査を行うときに用いられることが多い．

確率変数

標本空間のある事象がとり得る値と，その値となる確率が定まっているとき，とり得る値をもつ変数 X を**確率変数**という．

確率変数は，離散的な値（自然数など）だけをとる**離散型** (discrete) と，連続的な値（実数など）だけをとる**連続型** (continuous) とに分けられる．

確率変数の性質

確率変数は，一般的な変数と異なり次の特徴をもつ．

(i) 試行の結果がわかるまで，その値は定まらない．
(ii) とり得る値のばらつきに法則がある．

ここで，ばらつきは後述の**確率分布**として与えられる．

■9.1.2 離散型確率変数の確率分布

離散型確率変数 X がとり得る値（離散値）x_i とその値をとる確率 p_i の二つの系列の組を**確率分布** (probability distribution) という．また，確率変数 X は，この確率分布にしたがうという．離散型確率変数の確率分布としては，二項分布（➡ 9.1.3 項）やポアソン分布（➡ 9.1.4 項）などが代表的である．

確率分布表

確率変数がとり得る値が離散値 $x_1, x_2, \ldots, x_n$ であり，各値となる確率が $p_1, p_2, \ldots, p_n$ のとき，これらの**確率分布**は右表の**確率分布表**で表される．各確率については，一般的に次式が成り立つ．

X	x_1	x_2	$\cdots$	x_n	計
確率	p_1	p_2	$\cdots$	p_n	1

$$p_1 \geqq 0,\ p_2 \geqq 0, \ldots, p_n \geqq 0, \quad p_1 + p_2 + \cdots + p_n = 1$$

例 9.1 離散型確率変数

2 枚のコインを同時に投げたときに，標本空間 U は $\{($表, 表$), ($表, 裏$), ($裏, 表$), ($裏, 裏$)\}$ である．表が出る枚数を確率変数 X とした場合，確率変数 X のとり得る値は $0, 1, 2$ であり，X の確率分布は右表となる．

X	0	1	2
P	$\frac{1}{4}$	$\frac{2}{4}$	$\frac{1}{4}$

練習問題 9.1 3 枚のコインを同時に投げたときに，表が出る枚数を確率変数 Y とした場合の確率分布表を作りなさい．

■9.1.3 二項分布

二項定理（➡ 5.4 項）をもとにした離散型確率分布が**二項分布** (binomial distribution) である．

二項分布

1 回の試行で事象 A の起こる確率を p とする．この試行を n 回行う反復試行において，A がちょうど r 回起こる確率 p_r は，次式となる．

$$p_r = {}_n\mathrm{C}_r p^r q^{n-r} \quad (\text{ただし，} q = 1 - p)$$

この確率分布を**二項分布**といい，$B(n, p)$ で表す．

二項分布と組合せの数

二項分布は，n 回の試行のうち，ある事象 A が「起こる（確率 p)」と「起こらない（確率 $q = 1 - p$)」のうち，「起こる」を r 回選択するときの組合せの数の離散型確率分布にあたる．すなわち，次式の①〜ⓝの中から p を r 回だけ選ぶ組合せの数 ${}_n\mathrm{C}_r$ が係数となる．

$$(p+q)^n = \underset{①}{(p+q)}\underset{②}{(p+q)}\cdots\underset{ⓝ}{(p+q)}$$

例 9.2　二項分布

4枚のコインを同時に投げたときに，表が出る枚数を確率変数 X とおく．このとき，1回の試行で表が出る確率は，$p=\dfrac{1}{2}$ である．この試行を $n=4$ 回行う反復試行において，表がちょうど r 回出る確率は次式となる．

$$_4\mathrm{C}_r \cdot \left(\frac{1}{2}\right)^r \cdot \left(\frac{1}{2}\right)^{4-r}$$

この確率変数 X の確率分布は，二項分布 $B\left(4,\dfrac{1}{2}\right)$ にしたがう．この X の $r=0,1,2,3,4$ のときの値は次表のとおりであり，その棒グラフによる表現は右図となる．

r	0	1	2	3	4
確率	$\frac{1}{16}$	$\frac{1}{4}$	$\frac{3}{8}$	$\frac{1}{4}$	$\frac{1}{16}$

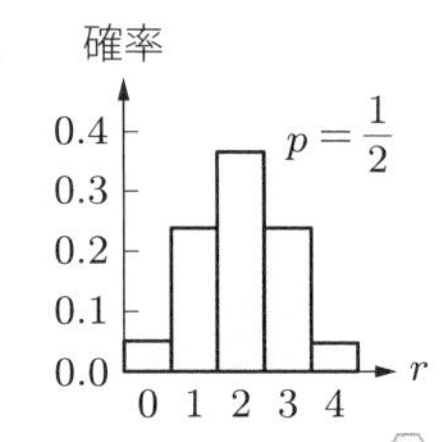

練習問題 9.2　「0」から「36」までの37区分に均等に分けられているルーレットに球を投げ入れる試行を考える．5回の試行を行ったときに，「0」に球がちょうど r 回入る確率を表す式を答えなさい．

9.1.4　ポアソン分布

めったに起こらない事象の確率分布にあたるのが**ポアソン分布** (Poisson distribution) である．

ポアソン分布

正の定数 μ，確率変数のとり得る値 r を $0,1,2,\ldots$ としたとき，次式を**ポアソン分布**という．

$$e^{-\mu}\frac{\mu^r}{r!}$$

ここで，e はネイピア数 $e=2.71828\cdots$（➡ 3.7節）である．

ポアソン分布

このポアソン分布は，試行回数 n がきわめて大きく，事象が起こる確率 p が小さいときに事象がちょうど r 回起こる場合の確率分布にあたる．このとき，定数 μ には np が用いられる．

例 9.3 ポアソン分布

ある工場で製造している部品の不良率は 0.0005 であるという．製造した 2000 個の部品の中に r 個の不良品が含まれている確率は，$\mu = np = 2000 \times 0.0005 = 1$ のポアソン分布 $e^{-1}\dfrac{1}{r!}$ にしたがうとみなせば，$e = 2.72$, $r = 0, 1, 2, 3, \ldots$ のときの値は次表のとおりであり，そのヒストグラムは右図となる．

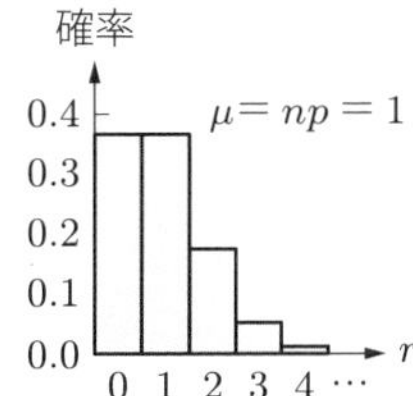

r	0	1	2	3	$\cdots$
確率	0.37	0.37	0.18	0.06	$\cdots$

9.2 離散型確率変数の期待値・分散・標準偏差

離散型確率変数 X の**期待値** (expectation) $E(X)$，**分散** $V(X)$，**標準偏差** $\sigma(X)$ は，次のとおりである．以下，離散型確率変数 X のとり得る値を $x_1, x_2, \ldots, x_n$，各値をとる確率を $p_1, p_2, \ldots, p_n$ とする．

離散型確率変数の期待値・分散・標準偏差

- **期待値** $E(X) = x_1p_1 + x_2p_2 + \cdots + x_np_n = \displaystyle\sum_{k=1}^{n} x_kp_k$
- **分散** $V(X) = (x_1 - E(X))^2p_1 + (x_2 - E(X))^2p_2 + \cdots + (x_n - E(X))^2p_n = \displaystyle\sum_{k=1}^{n}(x_k - E(X))^2p_k$
- **標準偏差** $\sigma(X) = \sqrt{V(X)}$

試行の回数 n を十分大きくすれば，確率変数 X のとる値の 1 回ごとの平均値は $\displaystyle\sum_{k=1}^{n} x_kp_k$ にほぼ等しいと期待されることから，$E(X)$ は確率変数 X の**平均値**ともいう[7]．

期待値と分散

X を確率変数，a, b を定数とするとき，期待値に関して次式が成り立つ．

$$E(aX+b) = aE(X) + b$$

また，X の 2 乗 X^2 の期待値は次式で求められる．

$$E(X^2) = (x_1)^2 p_1 + (x_2)^2 p_2 + \cdots + (x_n)^2 p_n = \sum_{k=1}^{n} (x_k)^2 p_k$$

さらに，X の分散について次式が成り立つ．

$$\begin{aligned} V(X) &= \sum_{k=1}^{n} (x_k - E(X))^2 p_k \\ &= \sum_{k=1}^{n} (x_k)^2 p_k - 2E(X) \sum_{k=1}^{n} x_k p_k + (E(X))^2 \sum_{k=1}^{n} p_k \\ &= \sum_{k=1}^{n} (x_k)^2 p_k - (E(X))^2 = E(X^2) - (E(X))^2 \end{aligned}$$

例 9.4　確率変数の期待値・分散・標準偏差

コインを 2 枚同時に投げたときに，表が出る枚数 X の確率分布は例 9.1 の確率分布にしたがい，期待値 $E(X)$，分散 $V(X)$，標準偏差 $\sigma(X)$ は，それぞれ次のとおりである．

$$\begin{aligned} E(X) &= 0 \cdot \frac{1}{4} + 1 \cdot \frac{2}{4} + 2 \cdot \frac{1}{4} = 1 \\ V(X) &= E(X^2) - E(X)^2 = \left(0^2 \cdot \frac{1}{4} + 1^2 \cdot \frac{2}{4} + 2^2 \cdot \frac{1}{4}\right) - 1^2 = \frac{1}{2} \\ \sigma(X) &= \sqrt{V(X)} = \frac{\sqrt{2}}{2} \end{aligned}$$

練習問題 9.3　例 9.2 の X の期待値 $E(X)$，分散 $V(X)$，標準偏差 $\sigma(X)$ をそれぞれ求めなさい．

9.3　確率変数の和と積

二つの確率変数 X, Y の和 $X+Y$ や積 XY も確率変数となり，以下ではそれらの期待値や分散について考える．なお，ここでは確率変数 X, Y は，それぞれ次表を確率分布とする離散型確率変数とする†．ここで，確率変数 X が値 x_i をとる

† 連続型確率変数に対しても，確率密度関数（➡ 9.4.1 項）をもとにして同様の性質が成り立つ．

ときの事象の確率 p_i を $P(X = x_i)$ と表す $(i = 1, 2, \ldots, n)$.

X	x_1	x_2	$\cdots$	x_n
確率	p_1	p_2	$\cdots$	p_n

Y	y_1	y_2	$\cdots$	y_m
確率	q_1	q_2	$\cdots$	q_m

確率変数の独立

二つの確率変数 X, Y について，X がとる値 x_i と Y がとる値 y_j のすべての組合せに対して，次式が成り立つとき，X と Y は互いに**独立**であるという.

$$P(X = x_i, Y = y_j) = P(X = x_i) \cdot P(Y = y_j) = p_i p_j$$

三つ以上の確率変数についても，同様に独立を定義する.

二つの確率変数が独立であるとき，一方の確率変数の確率分布は，他方の確率変数がどのような値をとるのかに依存しない. そして，独立な確率変数の和・積の期待値と和の分散には，次に示す性質がある.

確率変数の和と積の期待値と和の分散

二つの確率変数 X, Y が互いに独立であるとき，次式が成り立つ.

$$E(X + Y) = E(X) + E(Y)$$
$$E(XY) = E(X)E(Y)$$
$$V(X + Y) = V(X) + V(Y)$$

これらは，三つ以上の確率変数の和と積についても同様に成り立つ. なお，1 番目の等式は，X, Y が独立でなくても成り立つ.

例 9.5 確率変数の和と積の期待値と和の分散

赤色のコイン 1 枚を投げたときに表が出る枚数を X，青色のコイン 1 枚を投げたときに表が出る枚数を Y とする. このときの表の出る枚数の合計 $X + Y$ の期待値は，次式となる.

$$E(X + Y) = E(X) + E(Y) = \frac{1}{2} + \frac{1}{2} = 1$$

また，$X = 1$ かつ $Y = 1$ となる確率は $P(X = 1, Y = 1) = \dfrac{1}{4}$ であり，$X = 1$ になる確率は $P(X = 1) = \dfrac{1}{2}$，$Y = 1$ になる確率は $P(Y = 1) = \dfrac{1}{2}$ である. よって，

$$P(X = 1, Y = 1) = P(X = 1) \cdot P(Y = 1)$$

が成り立つ．他の組み合わせにおいても同じことがいえることから，X と Y は独立である．したがって，表の出る枚数の積 XY の期待値は次式となる．

$$E(XY) = E(X)E(Y) = \frac{1}{2} \cdot \frac{1}{2} = \frac{1}{4}$$

また，

$$V(X) = E(X^2) - E(X)^2 = \left(0^2 \cdot \frac{1}{2} + 1^2 \cdot \frac{1}{2}\right) - \left(\frac{1}{2}\right)^2 = \frac{1}{4}, \quad V(Y) = \frac{1}{4}$$

より，和 $X + Y$ の分散は次式となる．

$$V(X+Y) = V(X) + V(Y) = \frac{1}{4} + \frac{1}{4} = \frac{1}{2}$$

練習問題 9.4　色の違う三つのさいころをふったときに出る目をそれぞれ X, Y, Z とする．このとき，X, Y, Z は独立となる．これら三つのさいころをふったときの目の和の期待値 $E(X+Y+Z)$ と分散 $V(X+Y+Z)$，および，積の期待値 $E(XYZ)$ をそれぞれ答えなさい．

9.4　正規分布

9.4.1　確率密度関数

連続型確率変数の確率分布は**確率密度関数** (probability density function) として表される．なお，確率密度関数を式で表すには第12章の積分の概念が必要となるので，ここでは式の紹介にとどめる．

確率密度関数

確率変数 X が連続的な区間 $[a, b]$ の中の値をとる確率 $P(a \leqq X \leqq b)$ が，右図のように，関数 $f(x)$ の曲線，$x = a$，$x = b$，x 軸で囲まれた面積で表されるとき，$f(x)$ を**確率密度関数**という．この関係は定積分（➡ 12.5節）を用いて次式で表される．

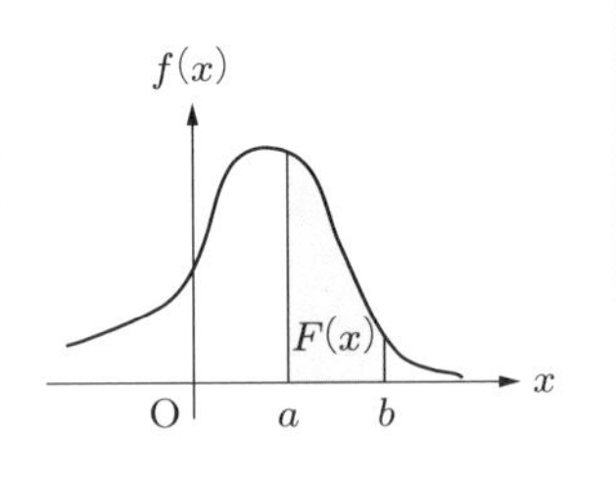

$$P(a \leqq X \leqq b) = \int_a^b f(x)\,dx$$

また，X のとり得る値の区間 $[\alpha, \beta]$ が全範囲であれば，次式が成り立つ．

$$P(\alpha \leqq X \leqq \beta) = \int_\alpha^\beta f(x)\,dx = 1$$

確率密度関数の特性

- 確率密度関数 $f(x)$ は非負である． $f(x) \geqq 0$
- $f(x)$ の原始関数（➡ 12.1 節）$F(x)$ を**分布関数**とよぶ． $F(x)' = f(x)$
- 連続型確率変数 X の期待値 $E(X)$，分散 $V(X)$ は次式となる．

$$E(X) = \int_{-\infty}^{\infty} xf(x)\,dx, \quad V(X) = \int_{-\infty}^{\infty} (x - E(X))^2 f(x)\,dx$$

■9.4.2 正規分布

連続型確率変数の確率分布の代表例の一つが**正規分布** (normal distribution) である†．

正規分布

μ を実数，σ を正の実数とする．このとき，次の確率密度関数 $f(x)$ を**正規分布**という．ここで，e はネイピア数 $e = 2.71828\cdots$ である（➡ 3.7 節）．

$$f(x) = \frac{1}{\sqrt{2\pi}\sigma} e^{-\frac{(x-\mu)^2}{2\sigma^2}}$$

このグラフは右図となり，**正規曲線**とよばれる（釣り鐘型ともよぶ）．正規分布の期待値（平均）は μ，標準偏差は σ であり，$N(\mu, \sigma^2)$ と表される．とくに，$N(0, 1)$ のときの次式を**標準正規分布** (standard normal distribution) という．

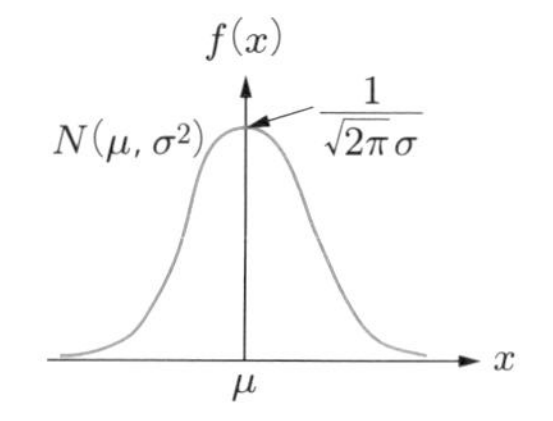

$$f(x) = \frac{1}{\sqrt{2\pi}} e^{-\frac{x^2}{2}}$$

正規分布と分布曲線

確率変数 X が正規分布 $N(\mu, \sigma^2)$ にしたがうとき，期待値 μ を中央値とする区間に応じて次式がそれぞれ成り立つ．また，各式の X の分布曲線と x 軸に囲まれる面積は次図のとおりとなる．

$$P(\mu - \sigma \leqq X \leqq \mu + \sigma) = 0.6827$$
$$P(\mu - 2\sigma \leqq X \leqq \mu + 2\sigma) = 0.9545$$
$$P(\mu - 3\sigma \leqq X \leqq \mu + 3\sigma) = 0.9973$$

† 正規分布のほかには，指数分布，一様分布などが連続型確率変数の確率分布である．

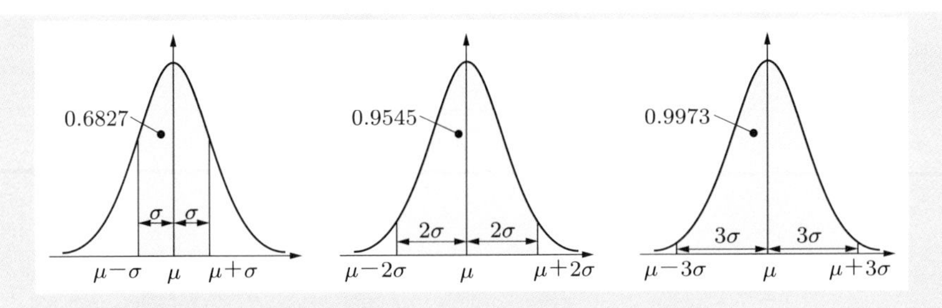

この図より，たとえば，平均値 μ から左右に 2σ，すなわち $\mu \pm 2\sigma$ の領域は，全体の約 95% であることがわかる．

■9.4.3　標準化変換

正規分布 $N(\mu, \sigma^2)$ と標準正規分布 $N(0, 1)$ は，次に示す式の変形により相互に変換できる．これにより，付録 A の表 A.1 の標準正規分布表が利用でき，定積分を含む複雑な式の計算を避けることができる

標準化変換

正規分布 $N(\mu, \sigma^2)$ は，下図のように

$$Z = \frac{X - \mu}{\sigma}$$

とすることで，確率変数 Z の標準正規分布に変換される．これを**標準化**という．

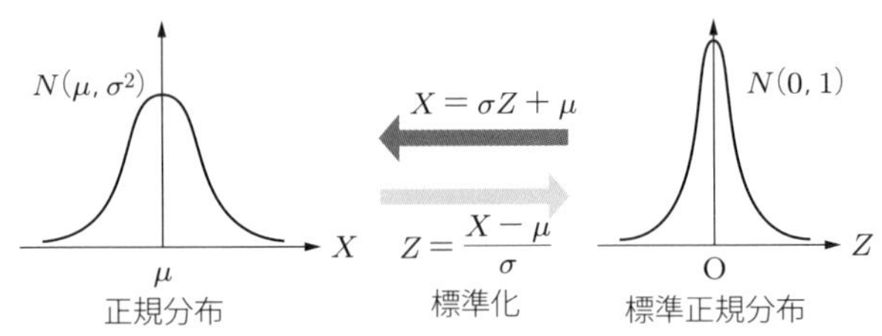

逆に，Z を確率変数とする標準正規分布 $N(0, 1)$ は，$X = \sigma Z + \mu$ とすることで，X を確率変数とする正規分布 $N(\mu, \sigma^2)$ に変換される．

例 9.6　標準正規分布

$P(-0.45 \leqq Z \leqq 0.55)$ の値は，付録 A の標準正規分布表をもとに次のように求められる．この表には，$P(0 \leqq Z \leqq u)$ の値が記載されているため，範囲 $-0.45 \leqq Z \leqq 0.55$ を，平均値 0 を境にして $-0.45 \leqq Z \leqq 0$ と $0 \leqq Z \leqq 0.55$ に分ける．標

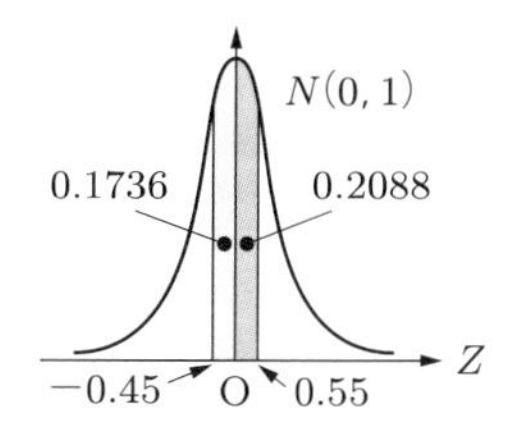

準正規分布は左右対称であることから，$-0.45 \leqq Z \leqq 0$ と $0 \leqq Z \leqq 0.45$ の面積は同じなので，$P(-0.45 \leqq Z \leqq 0.55)$ の値は次式となる．

$$
\begin{aligned}
&P(-0.45 \leqq Z \leqq 0.55) \\
&\quad = P(0 \leqq Z \leqq 0.45) + P(0 \leqq Z \leqq 0.55) \\
&\quad = 0.1736 + 0.2088 = 0.3824
\end{aligned}
$$

練習問題 9.5 標準正規分布表（付録 A）を用いて，次の値を求めなさい．

(a) $P(0 \leqq Z \leqq 1)$ (b) $P(-1.5 \leqq Z \leqq 0)$ (c) $P(1.0 < Z \leqq 2.0)$

(d) $P(-a \leqq Z \leqq a)$ が 0.5 にもっとも近くなる a の値

9.4.4 他の確率分布との関係

本書では詳細は省略するが，二項分布，ポアソン分布，正規分布の期待値と分散は下表のとおりである[7]．

	確率分布		期待値	分散	
離散型	二項分布	$B(n,p)$	np	$np(1-p)$	n：試行回数，p：発生確率
	ポアソン分布	$P(\mu)$	μ	μ	μ：平均
連続型	正規分布	$N(\mu,\sigma^2)$	μ	σ^2	μ：平均，σ：標準偏差

このうち，二項分布とポアソン分布は離散型の確率分布であるが，試行回数 n が無限個の場合を想定することで，連続型の正規分布と比較することができ，ある条件のもとでは下図のように分布の曲線が似てくる．たとえば，二項分布 $B(n,p)$ は，$p \leqq 0.5$，$np \geqq 5$ のときは正規分布で近似され，$p \leqq 0.1$，$np = 0.1 \sim 10$ のときにはポアソン分布で近似される．また，ポアソン分布 $P(\mu)$ は，$\mu \geqq 6$ のときに正規分布で近似される[7]．

二項分布

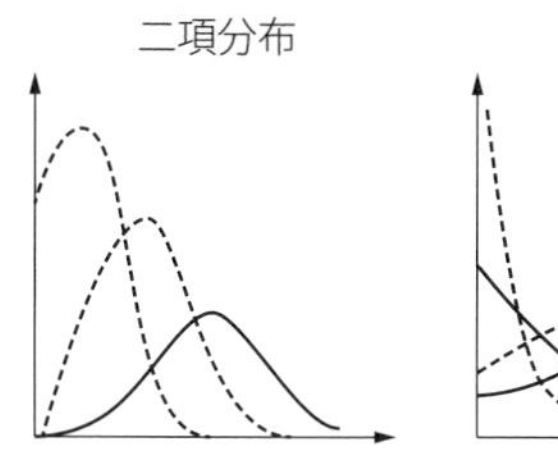

ポアソン分布

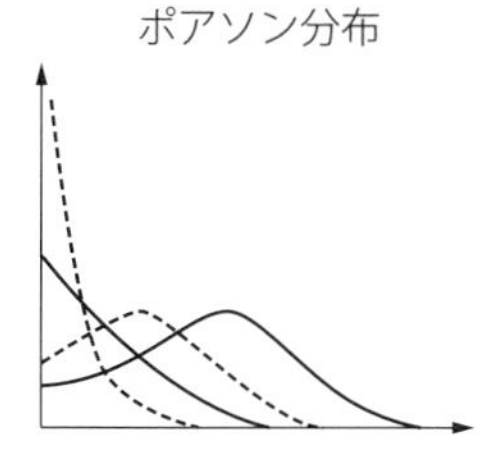

正規分布

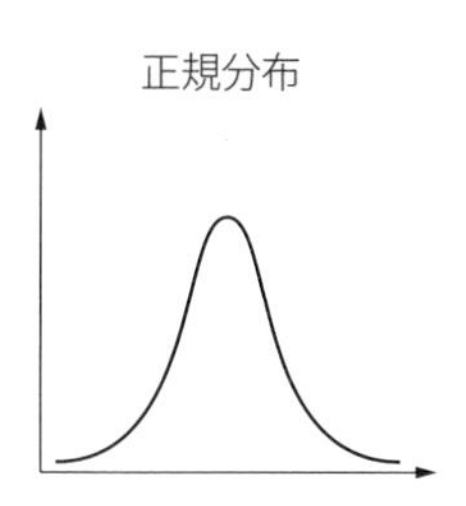

9.5　母集団と標本

ある工場で 1 日あたり数万個の部品が製造されている場合などで，すべての部品を検査する**全数調査**を行うには非常に多くの時間と費用がかかる．また，検査が破壊試験（引張試験や硬度試験など）であるならば，全数調査は行えない．このような場合には，一部の部品を対象とする**標本調査** (sample survey) が有効である．

9.5.1　標本の抽出法

右図に示すように調査の対象全体を**母集団** (population)，母集団に属する個々の対象を**個体** (individual)，個体の総数を**母集団の大きさ**という．また，調査のため母集団から抜き出された個体の集合を**標本** (sample)，母集団から標本を抜き出すことを**抽出** (sampling)，標本に属する個体の総数を**標本の大きさ**という．また，各個体を無作為（等しい確率）で抽出する方法を**無作為抽出** (random sampling) といい，選ばれた標本を**無作為標本** (random sample) という．

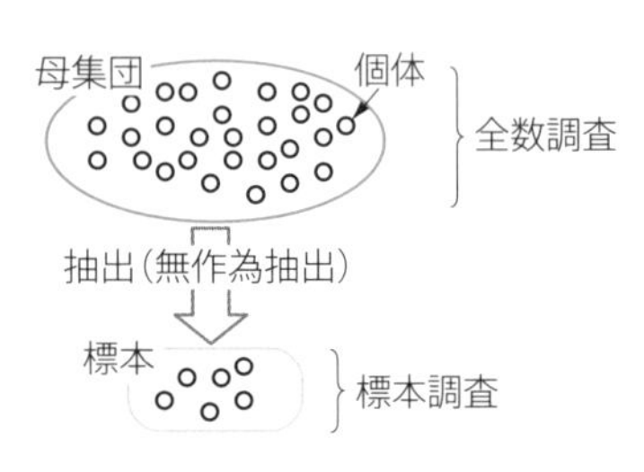

抽出法

母集団から抽出した個体の扱い方には次の方法がある．

(i)　**復元抽出**　　抽出した個体をもとにもどす方法

(ii)　**非復元抽出**　　抽出した個体をもとにもどさない方法

標本調査の目的は，抽出された標本から母集団のもつ性質を正しく推定することにあるため，標本が偏りなく公平に抽出される必要がある．そのため，以下では断りのない限り，抽出は「無作為抽出」で行われるものとする．

例 9.7　全数調査と標本調査

全有権者を対象とした調査は，全数調査である．これに対して，母集団を全有権者とし，その中から，たとえば 100 名を無作為抽出した標本に対する調査は標本調査である．

なお，調査を実施するとき，母集団から希望者を募って行う場合は，無作為抽出にはよらない標本調査となる．

練習問題 9.6 次のそれぞれの調査のうち，全数調査にあたるものを答えなさい．(a) 全国 27 地区 6600 世帯を対象として行った視聴率調査，(b) 各家庭のガスの月別使用量，(c) 全投票所での選挙の出口調査，(d) 日本国内に住んでいるすべての人・世帯を対象として 5 年ごとに行われる国勢調査，(e) 街頭アンケートによる世論調査，(f) 米の食味調査

9.5.2 母集団分布

母集団分布

母集団において，変量 X のとり得る値が $x_1, x_2, \ldots, x_n$ であり，それらの確率が $p_1, p_2, \ldots, p_n$ であるとき，これらの系列は母集団の確率分布になる．この X の確率分布を**母集団分布** (population distribution) とよぶ．また，母集団の平均値と標準偏差を，それぞれ，**母平均** (population mean) μ と**母標準偏差** (population standard deviation) σ という．

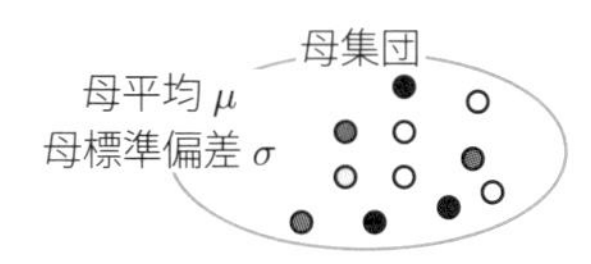

母集団分布

確率変数 X

X	x_1	x_2	$\cdots$	x_n
確率	p_1	p_2	$\cdots$	p_n

例 9.8 母集団分布

右表のように 4 種類（1 円，5 円，10 円，50 円）の硬貨が合計 20 枚ある．20 枚の硬貨を母集団，硬貨の金額を変量とするとき，母集団分布は右下の表のとおりである．

金額	1	5	10	50	計
枚数	5	3	10	2	20

また，母平均 μ と母標準偏差 σ は，それぞれ次式で求められる（➡ 9.2 節）．

X	1	5	10	50
P	$\frac{5}{20}$	$\frac{3}{20}$	$\frac{10}{20}$	$\frac{2}{20}$

$$\mu = 1 \times \frac{5}{20} + 5 \times \frac{3}{20} + 10 \times \frac{10}{20} + 50 \times \frac{2}{20}$$
$$= 11$$

$$\sigma = \sqrt{1^2 \times \frac{5}{20} + 5^2 \times \frac{3}{20} + 10^2 \times \frac{10}{20} + 50^2 \times \frac{2}{20} - 11^2} = \sqrt{183}$$

練習問題 9.7 例 9.8 において，各硬貨の枚数がすべて 5 枚のときの母平均と母標準偏差をそれぞれ答えなさい．

9.6 標本平均の分布

9.6.1 標本平均の期待値と標準偏差

母集団から抽出された大きさ n の標本から算出された期待値などを**統計量** (statistics value) という．標本を復元抽出する場合は，1個の個体を抽出するたびに，もとにもどすことを n 回繰り返す．なお，非復元抽出の場合であっても，標本の大きさ n に比べて，母集団の大きさが十分大きければ，復元抽出と同様に扱える．以下で出てくる式の多くは，復元抽出の場合に成り立つものである．

標本平均の期待値と標準偏差

母集団から大きさ n の標本を無作為に抽出したとき，それらの変量 X の値が $X_1, X_2, \dots, X_n$ であるとき，次式の値を**標本平均** (sample mean) という．

$$\overline{X} = \frac{X_1 + X_2 + \cdots + X_n}{n}$$

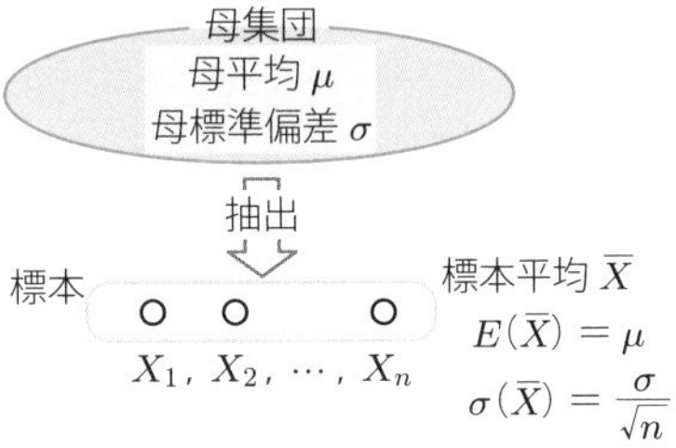

母集団
母平均 μ
母標準偏差 σ
抽出
標本
$X_1, X_2, \cdots, X_n$
標本平均 $\overline{X}$
$E(\overline{X}) = \mu$
$\sigma(\overline{X}) = \dfrac{\sigma}{\sqrt{n}}$

また，母平均が μ，母標準偏差が σ のとき，標本平均 $\overline{X}$ の期待値 $E(\overline{X})$，標準偏差 $\sigma(\overline{X})$ は，それぞれ次式となる．

$$E(\overline{X}) = \mu, \quad \sigma(\overline{X}) = \frac{\sigma}{\sqrt{n}}$$

標本平均の期待値と標準偏差

上記の標本平均 $\overline{X}$ の期待値 $E(\overline{X})$ と標準偏差 $\sigma(\overline{X})$ は，次のようにして導出される．標本平均 $\overline{X}$ は抽出される標本によって変化するが，標本の変量 X_i $(i = 1, 2, \dots, n)$ の確率分布は母集団のものと等しく（➡ 9.5.2 節），$E(X_i) = \mu$ が成り立つ．同様に X_i の標準偏差についても $\sigma(X_i) = \sigma$ が成り立つ．とくに，復元抽出では X_i は独立（➡ 9.3 節）であることから，標本平均 $\overline{X}$ の期待値 $E(\overline{X})$ と，標本平均 $\overline{X}$ の標準偏差 $\sigma(\overline{X})$ は，それぞれ次式となる．

$$E(\overline{X}) = \frac{1}{n}(E(X_1) + E(X_2) + \cdots + E(X_n)) = \frac{1}{n}(n\mu) = \mu$$

$$\sigma(\overline{X}) = \sqrt{\frac{1}{n^2}(V(X_1) + V(X_2) + \cdots + V(X_n))} = \sqrt{\frac{1}{n^2}(n\sigma^2)} = \frac{\sigma}{\sqrt{n}}$$

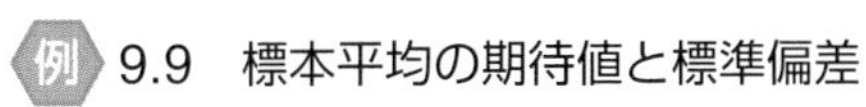

例 9.9 標本平均の期待値と標準偏差

ある月に製造された商品 600,000 個の重さ X の平均と標準偏差を求めたところ，平均 $m = 60$，標準偏差 $\sigma = 6$ であった．これを母集団とし，この母集団から無作為に 3600 個を取り出して標本を作成したときの標本平均 $\overline{X}$ の期待値 $E(\overline{X})$ と標準偏差 $\sigma(\overline{X})$ は，次のように求められる．

標本平均 $\overline{X}$ の期待値 $E(\overline{X})$ は，母平均と同じであるから，$E(\overline{X}) = m = 60$ である．この抽出は非復元抽出であるが，標本の大きさ 3600 に対し，母集団は十分大きいと考えられるので，復元抽出と同様に扱えることから，標準偏差は $\sigma(\overline{X}) = \dfrac{\sigma}{\sqrt{n}} = \dfrac{6}{\sqrt{3600}} = \dfrac{1}{10}$ となる．

練習問題 9.8 例 9.9 において，6400 個取り出して標本を作成したときの標本平均 $\overline{X}$ の期待値 $E(\overline{X})$ と標準偏差 $\sigma(\overline{X})$ を答えなさい．

9.6.2 標本平均の分布と正規分布

標本平均の分布と正規分布

母平均 μ，母標準偏差 σ の母集団から抽出された大きさ n の無作為標本について，標本平均 $\overline{X}$ は，n が大きいほど，右図のように近似的に正規分布 $N\left(\mu, \dfrac{\sigma^2}{n}\right)$ にしたがう．

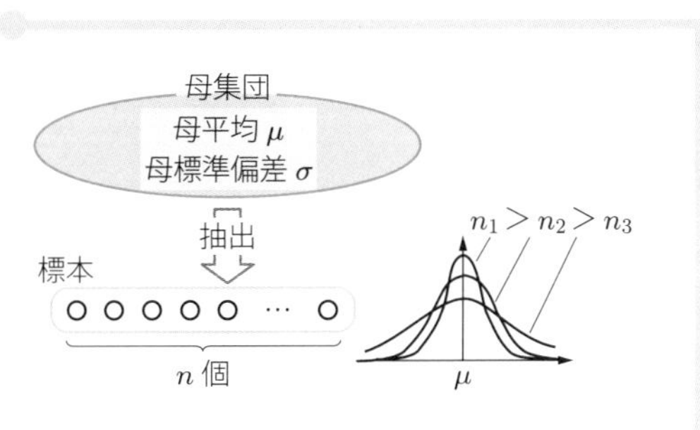

また，標本平均 $\overline{X}$ は，n が大きいほど，母平均 μ に近づいていく（これは**大数の法則**（たいすう）とよばれる）．

例 9.10 J リーガーの身長

次図は，ある年度までの日本国籍をもつ J リーガーの身長のヒストグラムである†．左側から順に 100 名，1000 名を無作為抽出したヒストグラムであり，右端が J リーガー全員（4597 名）分である．このようにデータ数を増やしていくと，ヒストグラムの形は正規曲線へ近づいていくことと，標本平均 $\overline{X}$ も母平均 μ に近づくことがわかる．

† https://data.j-league.or.jp/SFIX03/ (J.LEAGUE Data Site) をもとに作成．

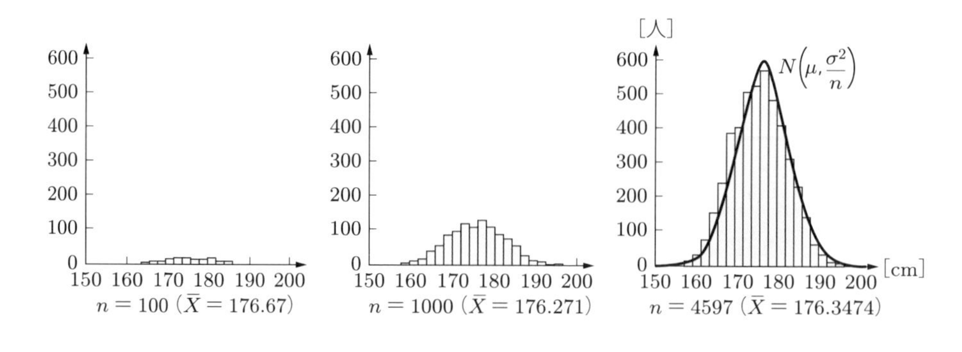

標本平均の分布と正規分布

母集団（母平均 μ，母標準偏差 σ）から抽出された大きさ n の無作為標本の標本平均 $\overline{X}$ は，n の大きさに応じて表 9.1 の分布で近似される．

表 9.1　母集団と標本の分布の関係

母集団分布	標本		
	大きさ n	確率変数	標本平均の分布
不明	十分に大きい	$\overline{X}$	$N\left(\mu, \dfrac{\sigma^2}{n}\right)$
		$Z = \dfrac{\overline{X} - \mu}{\sigma/\sqrt{n}}$	$N(0, 1) \cdots (*)$
正規分布	n	$\overline{X}$	$N\left(\mu, \dfrac{\sigma^2}{n}\right)$

標本の大きさ n が十分に大きければ，母集団が正規分布にしたがっておらず，分布に偏りがある場合でも，$\overline{X}$ の分布は正規分布で近似される．とくに，式 $(*)$ が成り立つことは**中心極限定理**として知られている．

なお，母集団が正規分布である場合には，$\overline{X}$ は常に正規分布にしたがう．

例 9.11　大数の法則

ある年度の試験の「国語」の平均点（母平均 μ）が 122，標準偏差（母標準偏差 σ）が 37 であるとき，標本の大きさ n を 25，100，225 としたときの，標本平均 $\overline{X}$ と母平均 μ との差が 5 点以内，すなわち，$|\overline{X} - \mu| \leqq 5$ である場合の確率を求める．n が大きければ，$\overline{X}$ は正規分布 $N\left(122, \dfrac{37^2}{n}\right)$ にしたがうことから，標準化

変換 $Z = \dfrac{\overline{X} - 122}{37/\sqrt{n}}$ によって，Z は標準正規分布 $N(0,1)$ の表（付録 A）を利用できるようになる．

このとき，$\overline{X}$ と母平均 122 との差が 5 点以内，すなわち $\left|\overline{X} - 122\right| \leqq 5$ となる確率 $P(|\overline{X} - 122| \leqq 5)$ は[†1]，$\overline{X} = \dfrac{37}{\sqrt{n}} Z + 122$ より，

$$P\left(|\overline{X} - 122| \leqq 5\right) = P\left(\left|\frac{37}{\sqrt{n}} Z\right| \leqq 5\right) = P\left(|Z| \leqq 5\frac{\sqrt{n}}{37}\right)$$

となる．$n = 25$ の場合は，$P\left(|Z| \leqq \dfrac{5\sqrt{25}}{37}\right) = P(-0.676 \leqq Z \leqq 0.676) = 2 \times P(0 \leqq Z \leqq 0.676)$ より，付録 A の標準正規分布表の u の値が小数第 2 位までなので，$u = 0.68$ のときの値から $2 \times 0.2517 = 0.5034$ を得る．同様にして，$n = 100, 225$ の場合の確率を求めると，次表のようになる．

n	25	100	225
$P\left(\lvert Z\rvert \leqq 5\dfrac{\sqrt{n}}{37}\right)$	0.5034	0.8230	0.9576

この表から，n が大きくなるほど，母平均 μ と標本平均 $\overline{X}$ との差が 5 点以内になる確率が高くなる（1.0 に近づく）ことがわかる．

練習問題 9.9　例 9.11 において，$n = 400$ の場合，確率がより 1.0 に近づくことを確認しなさい．

9.7　母集団の統計的推定

標本の統計量から母集団の特性を推定することを，**統計的推定** (statistical estimation) あるいは単に**推定**とよぶ．この節では母平均，母比率の推定法について述べる．

■9.7.1　母平均の推定

標本から「母平均は○である」と推定できることが望ましいが，抽出された標本によって標本平均は異なるため，「母平均は 95% の信頼度で△～□である」ことの推定（これを**区間推定** (interval estimation) という）[†2]が行われる．

---

†1　$P(122 - 5 \leqq \overline{X} \leqq 122 + 5)$ と同じ．

†2　これに対して，「母平均は○である」は**点推定** (point estimation) とよばれる．

表9.1で示したように，母平均 μ，母標準偏差 σ をもつ母集団から抽出された大きさ n の無作為標本の標本平均 $\overline{X}$ を標準化した場合，n が大きければ，下図のように近似的に標準正規分布 $N(0,1)$ にしたがう．

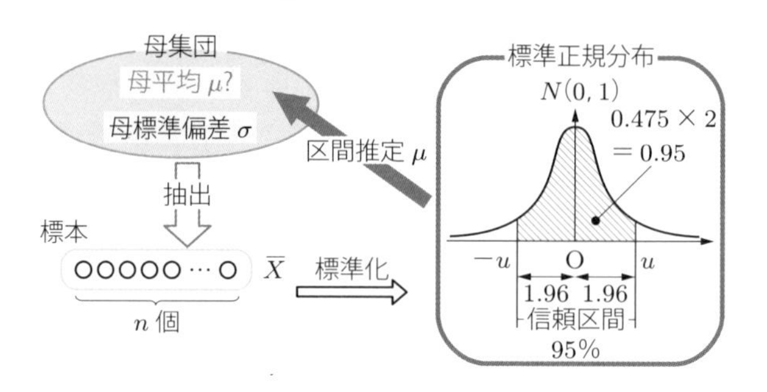

このとき，$N(0,1)$ と横軸に囲まれた面積が $0.95\ (= 95\%)$ となるときの確率変数 Z の値について，$P(0 \leqq Z \leqq u) = 0.4750$ を満たす u は，付録Aの標準正規分布表より $u = 1.96$ である．さらに，$Z = \dfrac{\overline{X} - \mu}{\sigma/\sqrt{n}}$ より，母平均 μ の**信頼度** (confidence) 95% の**信頼区間** (confidence interval) は，次式で求められる．

$$-1.96 \leqq \frac{\overline{X} - \mu}{\sigma/\sqrt{n}} \leqq 1.96$$

$$\overline{X} - 1.96\frac{\sigma}{\sqrt{n}} \leqq \mu \leqq \overline{X} + 1.96\frac{\sigma}{\sqrt{n}}$$

母平均の信頼区間

母標準偏差 σ がわかっている母集団から大きさ n の標本を抽出するとき，n が大きければ，母平均 μ に対する信頼度95%の信頼区間は，次式のようになる．

$$\left[\overline{X} - 1.96\frac{\sigma}{\sqrt{n}},\ \overline{X} + 1.96\frac{\sigma}{\sqrt{n}}\right]$$

上述の母平均の推定では母標準偏差 σ がわかっている場合としているが，n が大きければ σ の代わりに標本の標準偏差 S を用いてもよく，母標準偏差が不明な場合にも推定可能である†．なお，「母平均 μ を信頼度95%で**推定**する」は，母集団から大きさ n の標本を復元抽出し，標本平均 $\overline{X}$ から信頼区間を求めることを何度も繰り返したとき，信頼区間の中に母平均 μ を含む確率が0.95（100回のうち95回）であることを意味する．

† 母標準偏差 σ が未知の場合には，t 分布による推定法を用いることもできる[6, 7]．

例 9.12 母平均の推定

ある農場のある年に収穫したリンゴのうち，625 個を無作為抽出し，重さを測定した結果，標本平均 $\overline{X}$ は 270 g，標本の標準偏差 S は 15 g であった．この農場のリンゴの重さの平均値（母平均 μ[g]）に対する信頼度 95% の信頼区間は，母標準偏差 σ の代わりに標本の標準偏差 S を用いれば，$1.96\dfrac{S}{\sqrt{n}} = 1.96\dfrac{15}{\sqrt{625}} = 1.176$ より，次式となる．

$$[270 - 1.176,\ 270 + 1.176] = [268.8,\ 271.2]$$

練習問題 9.10 硬式テニスボールの製造工場で，無作為抽出された 16 個のボールの重さの平均値が 58.5 g，標準偏差が 1.9 g であったという．このときの母平均 μ の 95% の信頼区間を答えなさい．値は小数第 3 位で四捨五入し，小数第 2 位まで答えること．なお，母標準偏差の代わりに標本の標準偏差を用いてよい．

9.7.2 母比率の推定

母集団の中である特性 A をもつものの割合を A の**母比率** (population rate) という．その母集団から抽出された標本の中で特性 A をもつものの割合を**標本比率** (sample rate) という．

特性 A の母比率が p である十分大きな母集団から無作為抽出された大きさ n の標本 X_i $(i = 1, 2, \ldots, n)$ の値を，次のように定める．

$$X_i = \begin{cases} 1 & (\text{特性 } A \text{ をもつ}) \\ 0 & (\text{特性 } A \text{ をもたない}) \end{cases}$$

このとき，$X = X_1 + X_2 + \cdots + X_n$ は，標本の中で特性 A をもつものの個数を表す確率変数であり，$\dfrac{X}{n}$ を特性 A の**標本比率** R とする．

母比率の推定

大きさ n の無作為標本の中で特性 A をもつものの個数を表す確率変数 X の分布は，n が十分に大きければ，正規分布 $N(np, np(1-p))$ で近似される[7]．ここで，p は母比率を示す．また，標本比率 $R = \dfrac{X}{n}$ の分布は，正規分布 $N\left(p, \dfrac{p(1-p)}{n}\right)$ で近似される．したがって，次式が得られる．

$$P\left(R-1.96\sqrt{\frac{p(1-p)}{n}} \leqq p \leqq R+1.96\sqrt{\frac{p(1-p)}{n}}\right)=0.95$$

上記の式において，n が大きいときは，大数の法則により標本比率 R は母比率 p に近いとみなすことができ，R の p に対する信頼度 95% の信頼区間は，次式で求められる．

$$\left[R-1.96\sqrt{\frac{R(1-R)}{n}},\ R+1.96\sqrt{\frac{R(1-R)}{n}}\right]$$

例 9.13　母比率の推定

「白あん」と「黒あん」のまんじゅうを製造している食品会社がある．製造されたまんじゅうが「白あん」である割合を考える．ある日に製造されたまんじゅうの中から 100 個を無作為抽出したとき，「白あん」が 55 個である，すなわち，標本比率が $R=\dfrac{55}{100}$ のとき，母比率の信頼度 95% の信頼区間は，

$$R \pm 1.96\sqrt{\frac{R(1-R)}{n}}=0.55 \pm 1.96\sqrt{\frac{0.55\times 0.45}{100}}=0.55 \pm 0.098$$

より，[0.452, 0.648] である．これにより，たとえば，母集団の大きさが 10,000 個の場合，「白あん」は 4520〜6480 個であると信頼度 95% で推定される．

練習問題 9.11　ある丁字路において左折する自動車と右折する自動車の数を調査した結果，4000 台のうち，1440 台が右折した．この丁字路において右折する車の割合の信頼度 95% の信頼区間を求めなさい．値は小数第 3 位で四捨五入して小数第 2 位まで答えること．

9.8　統計的検定

9.8.1　統計的検定の用語

たとえば，「ある製薬会社が新薬を 30 人に試用してもらった結果，60% にあたる 18 人が旧薬よりも効き目があると回答した」ときに，「新薬は旧薬よりもよく効く」と判断してよいだろうか．あるいは，「赤玉と白玉が多数入っている袋から復元抽出を 10 回繰り返したとき，5 回が白玉だった」ときに，「赤玉と白玉の個数が等しい」は正しいだろうか．

これらの例のように，母集団がもつと思われる特性を**仮説** (hypothesis) とし，その仮説の成立・不成立を標本の確率分布を考慮しながら検討することを**統計的検定** (statistical test) あるいは単に**検定**という．統計的検定の方法を述べるにあたり，

いくつかの用語を定める．

統計的検定に関する用語

- **帰無仮説**　検定の対象となる仮説[†1]（H_0 と表記）．
- **対立仮説**　帰無仮説の反対（論理的否定）の仮説（H_1 と表記）．帰無仮説が棄却されたときには，この仮説が成り立つ．
- **検定統計量**　標本から算出された統計量．
- **有意水準**　仮説を棄却するための基準の値（α と表記）．**危険率**ともいう．
- **棄却域**　有意水準以下の領域，H_0 を棄却する領域．棄却域以外の領域を**採択域** (acceptance region) という．

棄却域と有意水準について[†2]

統計的検定では，帰無仮説 H_0 の棄却を，きわめて起こり得る機会の多いものか，あるいは，自然な状態で起こり得る機会の少ないものかで判断する．そのため，H_0 の棄却の基準 α（有意水準）を確率分布の中心周辺ではなく端のほうにおく．このときの α は，「H_0 が採択されるべきにもかかわらず，棄却される」誤りをおかす確率の値にあたる．そのため，α は危険率ともよばれ，多くの場合，5%（確率 0.05）あるいは 1%（確率 0.01）などの小さな値にする．

H_0 の対立仮説 H_1 に応じて，有意水準を確率分布のどこにとるのかで，下図のように**片側検定** (one-sided test) と**両側検定** (two-sided test) に分かれる．

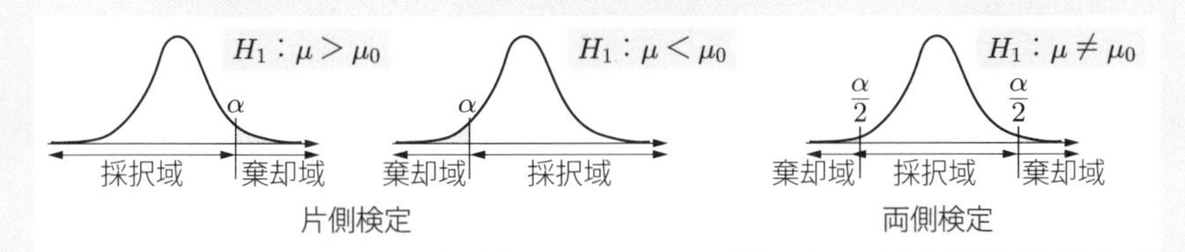

たとえば，H_1 が「ある製品の重さの母平均 μ が μ_0 よりも大きい $(\mu > \mu_0)$」の場合，左端の図のように棄却域を右側だけに設定する．逆に，「母平均 μ が μ_0 よりも小さい $(\mu < \mu_0)$」の場合は左側だけに設定する．一方，「母平均 μ は μ_0 である $(\mu = \mu_0)$」の場合は，$\dfrac{\alpha}{2}$ を境界線として両側に設定して，棄却

†1　無に帰してもらいたい（棄却されたい）仮説の意．
†2　詳細は，サポートページの付録 D を参照のこと．

域を左右に等分する.

9.8.2　統計的検定の一般的な手順

統計的検定の一般的な手順は次のとおりである（次図も参照）. 詳細は, サポートページの付録 D を参照されたい.

①帰無仮説 H_0 と, その否定命題である対立仮説 H_1 を定める.

②有意水準 α を定める. また H_1 に応じて両側検定または片側検定のどちらを用いるかを決め, 棄却域を求める.

③実験や調査などを行い, 標本より, 検定統計量 T を求める.

④検定統計量 T と棄却域とを比較し, H_0 が棄却されるかどうかを決める. 棄却域外であれば「帰無仮説 H_0 は棄却できない」と判断する.

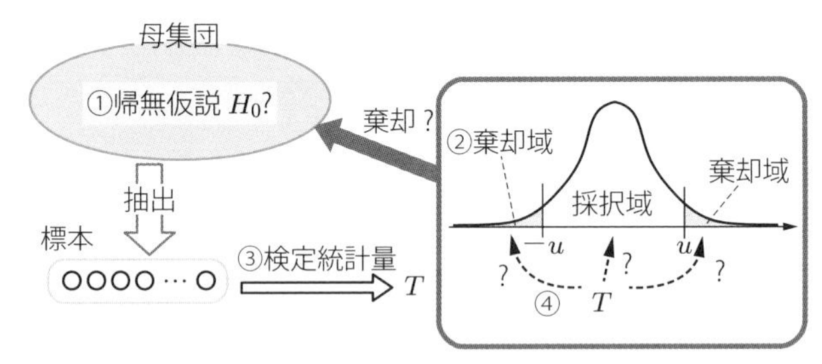

9.8.3　母平均の検定

有意水準 α と棄却域との関係を, 付録 A の標準正規分布表をもとに整理したのが表 9.2 である.

表 9.2　有意水準と棄却域

検定法	$\alpha = 5\%$		$\alpha = 1\%$	
	$-u$	u	$-u$	u
片側検定：$\mu > \mu_0$	−	1.645	−	2.326
片側検定：$\mu < \mu_0$	−1.645	−	−2.326	−
両側検定：$\mu \neq \mu_0$	−1.960	1.960	−2.576	2.576

たとえば, $\alpha = 5\% = 0.05$ の場合, 片側検定での棄却域の端の値 u は, $P(0 \leqq x \leqq u) = 0.5 - 0.05 = 0.45$ を満たす 1.645 である[†]. 一方, 両側検定での u は, $P(0 \leqq x \leqq u) = 0.5 - \dfrac{0.05}{2} = 0.475$ を満たす 1.96 である.

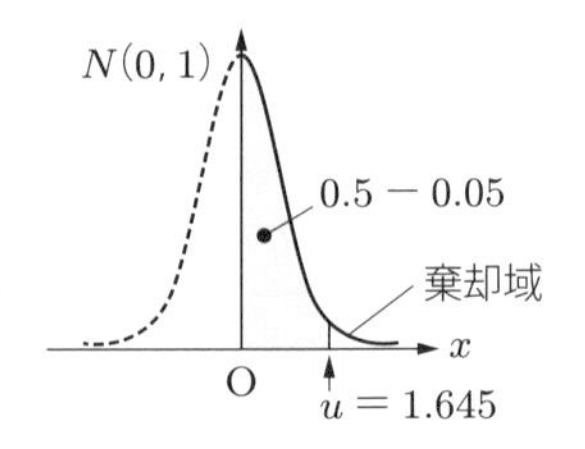

† 付録 A より, 小数第 3 位まである u の値に対応する値は, たとえば,「$u = 1.64$ のとき 0.4495」と「$u = 1.65$ のとき 0.4505」より按分して「$u = 1.645$ のとき 0.4500」のように求める.

例 9.14 母平均の検定

ある飲料水の製造工場で 1 本の内容量が 500 ml と表示された飲料水を 10 本無作為に選んで内容量を測定したところ，平均値が 501.8 ml であった．この表示が正しくないといえるかどうか，統計的検定を行う．「この飲料水の内容量は 500 ml である」を帰無仮説 H_0 とする．なお，過去の測定結果から母集団は正規分布にしたがい，標準偏差は 3.2 であるとする．

標準化変換（➡ 表 9.1）して得られた $Z = \dfrac{501.8 - 500}{3.2/\sqrt{10}} = 1.78$ と，表 9.2 の有意水準 $\alpha = 5\%$ の両側検定の値との関係が，$Z < 1.96$ であるから，H_0「この飲料水の内容量は 500 ml である」は棄却されず，有意水準 $\alpha = 5\%$ で「この飲料水の内容量は 500 ml ではない」とはいえない．

練習問題 9.12 例 9.14 で，帰無仮説 H_0 を「この飲料水の内容量は 500 ml である」とし，有意水準 $\alpha = 1\%$ として統計的検定を行いなさい．

9.8.4 母比率の検定

母比率 p が，ある値 p_0 であるかどうかの統計的検定は，次式の検定統計量 T をもとにして行われる（➡ 9.7.2 項）．ここで n と p_s は，それぞれ，標本の大きさと標本比率の値である．

$$T = \frac{p_s - p_0}{\sqrt{p_0(1 - p_0)/n}}$$

例 9.15 母比率の検定

ある寝具会社が，枕の新製品を開発した．新製品と旧製品とでどちらがよく眠れるかの調査を行ったところ，試用者 50 人のうち 35 人が新製品と旧製品では，使い心地に差があると回答した．この結果をもとに「新製品と旧製品では使い心地に差がある」という仮説を定め，有意水準 $\alpha = 5\%$ として統計的検定を行う．

帰無仮説 H_0 を「新製品と旧製品では使い心地に差がない」，すなわち「新製品と旧製品では使い心地に差がないと回答する母比率は 0.5 である」とする．50 人のうち 35 人が使い心地に差があると回答したことから，$p_s = \dfrac{35}{50}$ としたときの検定統計量 T は次式となる．

$$T = \frac{35/50 - 0.5}{\sqrt{0.5(1 - 0.5)/50}} = \frac{0.2}{0.5/\sqrt{50}} \fallingdotseq 2.828$$

両側検定における有意水準 $\alpha = 5\%$ に対して，$|T| > 1.96$ であることから，H_0

は棄却される．すなわち，有意水準 $\alpha = 5\%$ で「新製品と旧製品では差がある」といえる．

練習問題 9.13　ボタンを押すと，当たりかはずれかを表示するくじがある．実際に引いた人の間では，はずれくじが出やすいという噂がある．実際にくじを引いたことのある人，400 人に結果を聞いたところ，210 人がはずれくじを引いたと答えた．「このくじは，はずれくじが出やすい」という仮説を定め，有意水準 $\alpha = 5\%$ として統計的検定を行いなさい．

章末問題

9.1　52 枚のトランプの中から無作為に 1 枚のカードを引いたとき，そのカードが A，J，Q，K ならば 0 を，偶数ならば 1 を，奇数ならば -1 を，それぞれ記録したのち，そのカードを戻す．記録された数値を X とするとき，次の表や値を求めなさい．

(a) X の確率分布表

(b) X の期待値と分散

(c) 同じ行為をもう一度行い，そのときに記録される数値を Y とするとき，$X + Y$ の期待値と分散

9.2　ある学校の生徒 500 人の身長は，平均値 170.0 cm であり，標準偏差は 5.5 cm であった．全生徒の身長の分布が正規分布にしたがうものとするとき，次の値を求めなさい．

(a) 181cm より背が高い生徒の人数

(b) 全生徒を身長の昇順に並べたとき，164.5 cm の生徒の順位

(c) 全生徒を身長の昇順に並べたとき，125 番目の生徒の身長

9.3　ある市で行われた選挙の投票率は 8 割だったという．選挙後に有権者に対して行う調査に関し，次の値を求めなさい．

(a) 5 人に調査したとき，「投票した」と 3 人が回答する確率

(b) 1600 人に調査したとき，「投票した」と回答する人数の期待値と分散

(c) 1600 人に調査したとき，「投票した」と回答する人数の信頼度 95% の信頼区間

9.4　ある検査方法は，臨床実験において 96% の精度があることが示されている．実際に患者 2400 人をこの方法で検査した結果，その精度は 94% であった．この結果をもとに「この検査方法の精度は，96% ではない」という仮説を定め，有意水準 $\alpha = 5\%$ として統計的検定を行いなさい．

10 ベクトルと行列

10.1 平面上のベクトル

平面上の線分 AB の一方を**始点** (initial point)，他方を**終点** (terminal point) として**向き** (direction) を定め，線分の長さを**大きさ** (magnitude) とした線分 AB を**ベクトル** (vector) といい，$\overrightarrow{\mathrm{AB}}$ と書く．ベクトルは右図のように $\longrightarrow$ で表される（矢印の先が終点）．描画されたベクトルで重要なのは「向きと大きさ」であり，平面上の描画位置は問わない．（座標に着目してベクトルを扱うことはある）．

終点 B $|\overrightarrow{\mathrm{AB}}|$ A $\overrightarrow{\mathrm{AB}}$ 始点

ベクトルの基礎

(i) **ベクトルとその大きさ**

$\overrightarrow{\mathrm{AB}}$ の**大きさ**（長さ）は $\left|\overrightarrow{\mathrm{AB}}\right|$ と書く．なお，ベクトルの始点と終点を明示せずに $\vec{a}$, $\vec{b}$, $\vec{c}$ などとも書く†．

(ii) **逆ベクトル**

$\overrightarrow{\mathrm{AB}}$ と大きさが同じで向きが逆のベクトルを $\overrightarrow{\mathrm{AB}}$ の**逆ベクトル**といい，$\overrightarrow{\mathrm{BA}}$ または $-\overrightarrow{\mathrm{AB}}$ と書く．

$\overrightarrow{\mathrm{BA}} = -\overrightarrow{\mathrm{AB}}$ B 始点 A 終点

(iii) **零ベクトル**

始点と終点が同じベクトルは大きさゼロの**零ベクトル** (zero vector) といい，$\vec{0}$ と書く．

(iv) **単位ベクトル**

大きさが 1 のベクトルを**単位ベクトル** (unit vector) といい，$\vec{e}$ と書く．

(v) **ベクトルの相等**

大きさと向きが同じ二つのベクトル $\vec{a}$ と $\vec{b}$ は**相等**（**等しい**）といい，$\vec{a} = \vec{b}$ と書く．

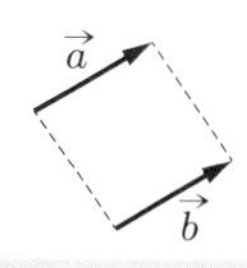

ベクトルのように方向をもたず，符号（+, −）の違いはあるが，大きさを表す量を**スカラー** (scalar) という．

† ベクトルを $\boldsymbol{a}$ のように太字で表すこともある．

例 10.1　ベクトルの基礎

右図において 1 マスの大きさを 1 とする（以下，同）．このとき，図中のベクトル $\overrightarrow{v_0}$〜$\overrightarrow{v_{10}}$ の中で，単位ベクトル，逆ベクトル，相等ベクトルに，それぞれあてはまるもの（一部）は次のとおりである．

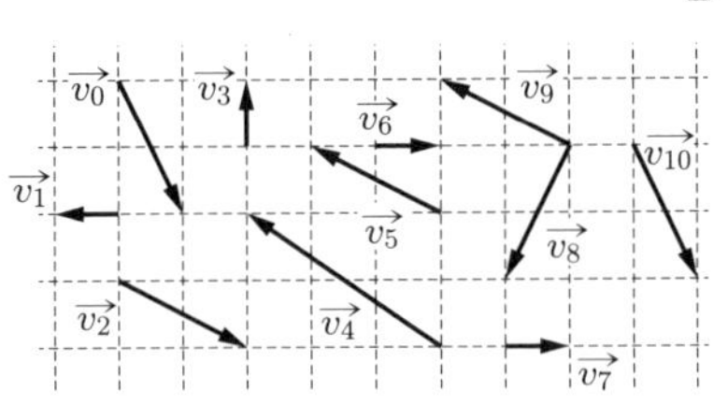

単位ベクトル：$\overrightarrow{v_1}$, $\overrightarrow{v_3}$（大きさ 1 のベクトル）

逆ベクトル：$\overrightarrow{v_1} = -\overrightarrow{v_6}$, $\overrightarrow{v_2} = -\overrightarrow{v_5}$（大きさ同じで向きが逆のベクトル）

相等ベクトル：$\overrightarrow{v_0} = \overrightarrow{v_{10}}$, $\overrightarrow{v_5} = \overrightarrow{v_9}$（大きさと向きが同じベクトル）

練習問題 10.1　例 10.1 の図について，例 10.1 にあげられたもの以外の単位ベクトル，逆ベクトル，相等ベクトルの組をすべて答えなさい．

10.2　ベクトルの演算

ベクトルの幾何学的な演算（和と差）は次のように定義される．

ベクトルの演算

(i) **ベクトルの和**　$\overrightarrow{\mathrm{AB}} + \overrightarrow{\mathrm{BC}} = \overrightarrow{\mathrm{AC}}$

二つのベクトル $\vec{a} = \overrightarrow{\mathrm{AB}}$ と $\vec{b} = \overrightarrow{\mathrm{BC}}$ について，$\overrightarrow{\mathrm{AC}}$ を $\vec{a}$ と $\vec{b}$ の**和** (sum) とする．

$$\overrightarrow{\mathrm{AB}} + \overrightarrow{\mathrm{BC}} = \vec{a} + \vec{b} = \overrightarrow{\mathrm{AC}}$$

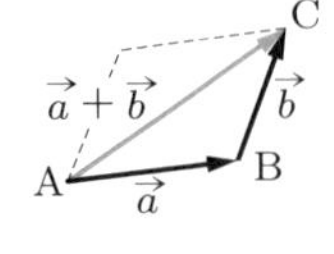

(ii) **ベクトルの差**　$\overrightarrow{\mathrm{AB}} - \overrightarrow{\mathrm{DB}} = \overrightarrow{\mathrm{AD}}$

$\vec{a}$ と，$\vec{b}$ の逆ベクトル $-\vec{b} = \overrightarrow{\mathrm{BD}}$ との和を，$\vec{a}$ から $\vec{b}$ を引いた**差** (difference) とする．

$$\overrightarrow{\mathrm{AB}} - \overrightarrow{\mathrm{DB}} = \vec{a} - \vec{b} = \vec{a} + (-\vec{b}) = \overrightarrow{\mathrm{AD}}$$

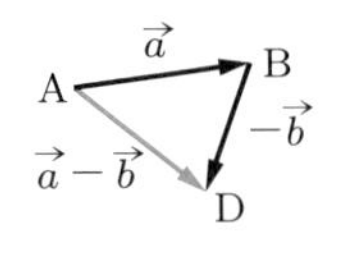

(iii) ベクトルの和（加法）の法則

交換法則　$\vec{a} + \vec{b} = \vec{b} + \vec{a}$

結合法則　$(\vec{a} + \vec{b}) + \vec{c} = \vec{a} + (\vec{b} + \vec{c})$

零ベクトル　$\vec{a} + \vec{0} = \vec{a}$,　$\vec{a} + (-\vec{a}) = \vec{0}$

例 10.2 ベクトルの演算

右図の長方形 ABDC において，$\overrightarrow{\mathrm{AB}}$ と $\overrightarrow{\mathrm{AC}}$ をそれぞれ $\vec{a}$ と $\vec{b}$ としたとき，$\vec{b}$ と相等のベクトルは $\overrightarrow{\mathrm{BD}}$，$\vec{b}$ の逆ベクトルは $\overrightarrow{\mathrm{CA}}$ である．そのため，$\vec{a}$ と $\vec{b}$ の和は $\vec{a}+\vec{b}=\overrightarrow{\mathrm{AB}}+\overrightarrow{\mathrm{BD}}=\overrightarrow{\mathrm{AD}}$ である．また，$\vec{a}$ と $\vec{b}$ の差は $\vec{a}-\vec{b}=\overrightarrow{\mathrm{AB}}+\overrightarrow{\mathrm{CA}}=\overrightarrow{\mathrm{CB}}$ である．ここで，$\overrightarrow{\mathrm{CB}}$ は $\overrightarrow{\mathrm{AE}}$ と相等のベクトルである．

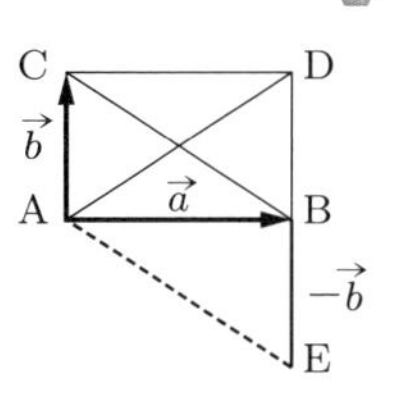

練習問題 10.2 例 10.2 の図のベクトルについて，次の各問いに答えなさい．

(a) $\vec{a}$ との和が零ベクトルになるベクトルを示しなさい．

(b) $\overrightarrow{\mathrm{DA}}$ を，二つのベクトルの和と差，それぞれで表しなさい．

ベクトルの実数倍

(i) **ベクトルの実数倍**

右図のように，ベクトル $\vec{a}$ と実数 m に対して，$m\vec{a}$ をベクトルの**実数倍**あるいはスカラー倍 (scalar multiple) という．

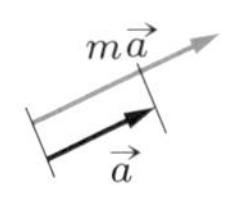

(ii) **単位ベクトル $\vec{e}$**

ベクトル $\vec{a}$ に対する単位ベクトルは，$\vec{a}=|\vec{a}|\vec{e}$ より，$\vec{e}=\dfrac{1}{|\vec{a}|}\vec{a}$ と表される．

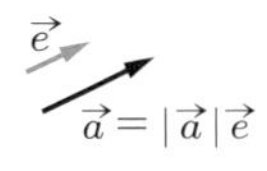

ベクトルの実数（スカラー）倍の法則

ベクトルの実数倍に関して，次の法則が成り立つ．ここで，m, n は実数．

$$(mn)\vec{a}=m(n\vec{a}),\quad (m+n)\vec{a}=m\vec{a}+n\vec{a},\quad m(\vec{a}+\vec{b})=m\vec{a}+m\vec{b}$$

例 10.3 ベクトルの実数倍

右図において，$\vec{v_2}$ は単位ベクトル $\vec{v_1}$ の実数倍と相等であり，$\vec{v_2}=3\vec{v_1}$ である．また，$\vec{v_3}$ もまた $\vec{v_1}$ の実数倍と相等であり，$\vec{v_3}=-2\vec{v_1}$ である．さらに，$\vec{v_4}$ の実数倍と相等なのが $\vec{v_5}$ であり，$\vec{v_5}=2\vec{v_4}$ である．

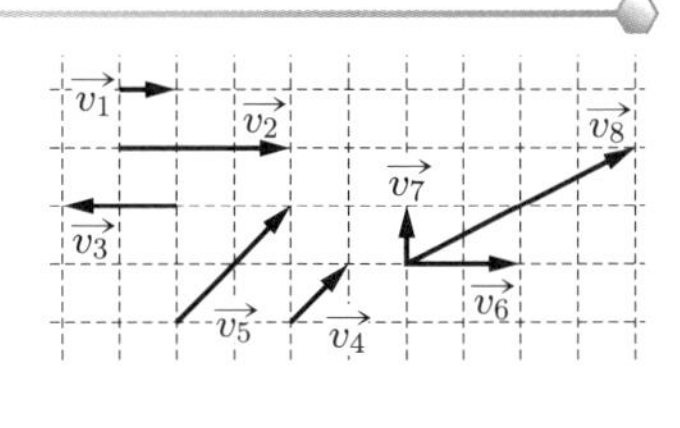

練習問題 10.3　例 10.3 のベクトルについて，次の各問いに答えなさい．

(a) $\overrightarrow{v_2} = m\overrightarrow{v_6}$ を満たす m を求めなさい．

(b) $\overrightarrow{v_3} = n(\overrightarrow{v_1} + \overrightarrow{v_2})$ を満たす n を求めなさい．

(c) $\overrightarrow{v_8} = l(\overrightarrow{x} + \overrightarrow{y})$ を満たす $l, \overrightarrow{x}, \overrightarrow{y}$ を求めなさい．

10.3　ベクトルの関係

二つのベクトル（$\overrightarrow{0}$ 以外）の「向き」に注目した関係には，**平行** (parallel) と**独立** (linearly independent) がある．

平行と一次結合

(i)　**平行なベクトル**　$\overrightarrow{a} \parallel \overrightarrow{b}$

$\overrightarrow{a}, \overrightarrow{b}$ が同じ向きあるいは反対の向きをもつとき，$\overrightarrow{a}$ と $\overrightarrow{b}$ は**平行**であるといい，「$\overrightarrow{a} \parallel \overrightarrow{b}$」と書く．このとき，次式が成り立つ．

$$\overrightarrow{a} \parallel \overrightarrow{b} \iff \text{実数 } m \neq 0 \text{ に対して } \overrightarrow{b} = m\overrightarrow{a}$$

(ii)　**ベクトルの一次結合**

$\overrightarrow{a}, \overrightarrow{b}$ が平行ではないとき，実数 m, n を用いて，平面上の任意のベクトル $\overrightarrow{p}$ を次のように表すことができる．

$$\overrightarrow{p} = m\overrightarrow{a} + n\overrightarrow{b}$$

この $m\overrightarrow{a} + n\overrightarrow{b}$ を $\overrightarrow{a}$ と $\overrightarrow{b}$ の**一次結合** (linear combination) という．また，平行ではない二つのベクトル $\overrightarrow{a}$ と $\overrightarrow{b}$ は**独立**であるという．

例 10.4　平行と一次結合

右図の平行四辺形 ABCD において，辺 AD と線分 EF は平行であることから，ベクトル $\overrightarrow{\mathrm{AD}}$ と $\overrightarrow{\mathrm{EF}}$ は平行である．このほかに $\overrightarrow{\mathrm{AE}}$ と $\overrightarrow{\mathrm{DF}}$ などが平行である．

また，$\overrightarrow{\mathrm{AE}}$ と $\overrightarrow{\mathrm{AG}}$ は独立であり，たとえば，$\overrightarrow{\mathrm{AC}}$ はこれらの一次結合 $2\overrightarrow{\mathrm{AE}} + 2\overrightarrow{\mathrm{AG}}$ によって表される．

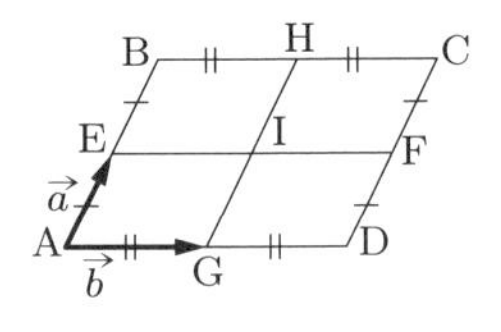

練習問題 10.4　例 10.4 の平行四辺形について，以下の各ベクトルを，$\overrightarrow{a} = \overrightarrow{\mathrm{AE}}$ と $\overrightarrow{b} = \overrightarrow{\mathrm{AG}}$ の一次結合で表しなさい．

(a) $\overrightarrow{\mathrm{AI}}$　　(b) $\overrightarrow{\mathrm{EG}}$　　(c) $\overrightarrow{\mathrm{GC}}$　　(d) $\overrightarrow{\mathrm{FA}}$

10.4　ベクトルの成分表示

座標軸を導入することで，ベクトルを代数的（数値的）に扱えるようになる．

基本ベクトル表示

(i)　**基本ベクトル**

右図の平面座標において，原点 O を始点とし，x 軸方向と y 軸方向の大きさ 1 の点 E_1 と E_2 を終点とした二つの単位ベクトル $\overrightarrow{e_1} = \overrightarrow{OE_1}$，$\overrightarrow{e_2} = \overrightarrow{OE_2}$ を**基本ベクトル**という．

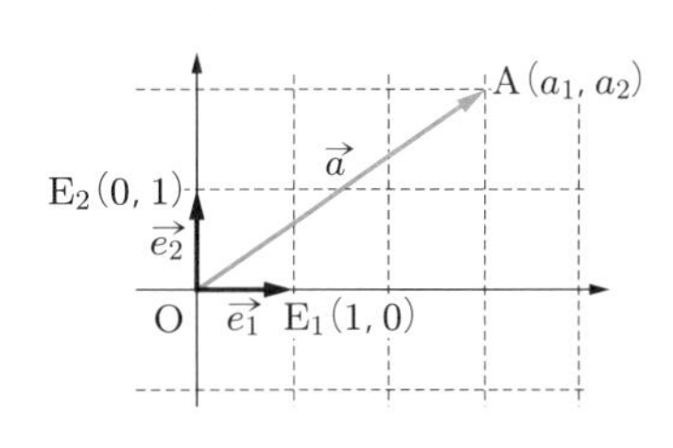

(ii)　**ベクトルの成分表示**

平面上の点 A の座標が (a_1, a_2) のとき，ベクトル $\overrightarrow{a} = \overrightarrow{OA}$ は，基本ベクトル $\overrightarrow{e_1}$ と $\overrightarrow{e_2}$ の一次結合「$\overrightarrow{a} = a_1\overrightarrow{e_1} + a_2\overrightarrow{e_2}$」によって表すことができる．このときの a_1, a_2 を，$\overrightarrow{a}$ の x **成分** (x component)，y **成分** (y component) とそれぞれいい，$\overrightarrow{a}$ を次式で表す．

$$\overrightarrow{a} = (a_1, a_2) \quad \text{あるいは} \quad \overrightarrow{a} = \begin{pmatrix} a_1 \\ a_2 \end{pmatrix}$$

これを座標軸に対するベクトル $\overrightarrow{a}$ の**成分表示**とよぶ．

(iii)　**ベクトルの大きさ**

成分表示されたベクトル $\overrightarrow{a} = (a_1, a_2)$ の大きさ $|\overrightarrow{a}|$ は次式となる．

$$|\overrightarrow{a}| = \sqrt{(a_1)^2 + (a_2)^2}$$

成分表示によるベクトル演算

ベクトルの和・差・実数倍の演算は成分表示で次のように行われる．

$$\overrightarrow{a} + \overrightarrow{b} = \begin{pmatrix} a_1 \\ a_2 \end{pmatrix} + \begin{pmatrix} b_1 \\ b_2 \end{pmatrix} = \begin{pmatrix} a_1 + b_1 \\ a_2 + b_2 \end{pmatrix}$$

$$\overrightarrow{a} - \overrightarrow{b} = \begin{pmatrix} a_1 \\ a_2 \end{pmatrix} - \begin{pmatrix} b_1 \\ b_2 \end{pmatrix} = \begin{pmatrix} a_1 - b_1 \\ a_2 - b_2 \end{pmatrix}$$

$$m\overrightarrow{a} = m\begin{pmatrix} a_1 \\ a_2 \end{pmatrix} = \begin{pmatrix} ma_1 \\ ma_2 \end{pmatrix} \quad (m \text{ は実数})$$

例 10.5　成分表示

右図において，$\overrightarrow{a} = (4,1)$ より，$\overrightarrow{a}$ の大きさ $|\overrightarrow{a}|$ は $\sqrt{4^2+1^2} = \sqrt{17}$ であることから，$\overrightarrow{a}$ に平行な単位ベクトル $\overrightarrow{e_a}$ は $\dfrac{\sqrt{17}}{17}\overrightarrow{a}$ である．また，$\overrightarrow{\mathrm{OC}}$, $\overrightarrow{\mathrm{BA}}$ は，$\overrightarrow{a}$ と $\overrightarrow{b}$ の和と差にあたり，それぞれの成分表示による演算は次のとおりである．

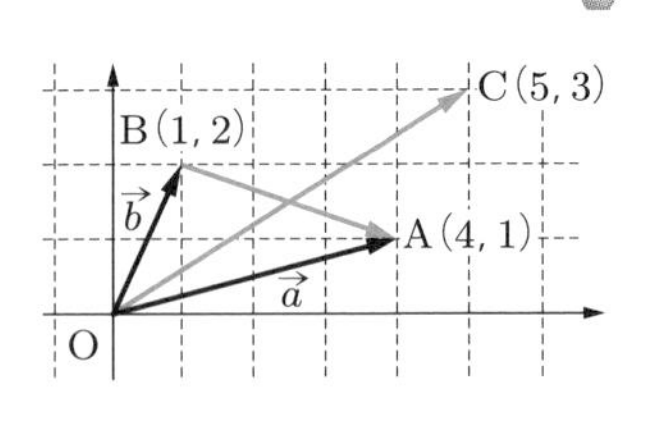

$$\overrightarrow{\mathrm{OC}} = \overrightarrow{a} + \overrightarrow{b} = \begin{pmatrix}4\\1\end{pmatrix} + \begin{pmatrix}1\\2\end{pmatrix} = \begin{pmatrix}5\\3\end{pmatrix},\quad \overrightarrow{\mathrm{BA}} = \overrightarrow{a} - \overrightarrow{b} = \begin{pmatrix}4\\1\end{pmatrix} - \begin{pmatrix}1\\2\end{pmatrix} = \begin{pmatrix}3\\-1\end{pmatrix}$$

練習問題 10.5　例 10.5 の図のベクトルについて，次を求めなさい．

(a) $\dfrac{1}{4}\overrightarrow{a} + \dfrac{1}{2}\overrightarrow{b}$ の成分表示　(b) $2\overrightarrow{\mathrm{OC}} + \overrightarrow{\mathrm{BA}}$ の成分表示

(c) 点 D の座標を $(10,6)$ としたとき，$\overrightarrow{a}$ と $\overrightarrow{b}$ の一次結合で表した $\overrightarrow{\mathrm{OD}}$

10.5　ベクトルの内積

ベクトルの演算には，和・差のほかに，積としての**内積** (inner product) がある．

内積の幾何学的定義

(i)　**ベクトルのなす角 θ**

点 O を共通の始点とした二つのベクトル $\overrightarrow{a}, \overrightarrow{b} (\neq \overrightarrow{0})$ が右図のとき，$\angle\mathrm{AOB} = \theta$ を **$\overrightarrow{a}$ と $\overrightarrow{b}$ のなす角**という $(0 \leqq \theta \leqq \pi)$．

(ii)　**ベクトルの内積**

なす角が θ である $\overrightarrow{a}$ と $\overrightarrow{b}$ の**内積** $\overrightarrow{a}\cdot\overrightarrow{b}$ を次式で定める．

$$\overrightarrow{a}\cdot\overrightarrow{b} = |\overrightarrow{a}||\overrightarrow{b}|\cos\theta$$

ベクトルの和・差・実数倍の演算結果はベクトルであるが，内積は一つの実数になることに注意されたい．

(iii)　**内積の幾何学的性質**

$\overrightarrow{a}$ と $\overrightarrow{b}$ のなす角 θ が $\dfrac{\pi}{2}$ (直角) のとき，すなわち，内積 $\overrightarrow{a}\cdot\overrightarrow{b} = |\overrightarrow{a}||\overrightarrow{b}|\cos\dfrac{\pi}{2} = 0$ であるとき，右図のようになり，幾何学的には $\overrightarrow{a}$ と $\overrightarrow{b}$ は直交するといい，$\overrightarrow{a}\perp\overrightarrow{b}$ と書く．すなわち，次式が成り立つ．

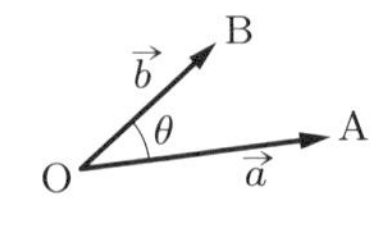

$$\overrightarrow{a}\perp\overrightarrow{b} \iff \overrightarrow{a}\cdot\overrightarrow{b} = 0$$

内積の性質

$\vec{a}\cdot\vec{b}=\vec{b}\cdot\vec{a},\quad \vec{a}\cdot\vec{a}=|\vec{a}|^2,\quad |\vec{a}|=\sqrt{\vec{a}\cdot\vec{a}},\quad |\vec{a}\cdot\vec{b}|\leqq|\vec{a}||\vec{b}|$

例 10.6　ベクトルの内積

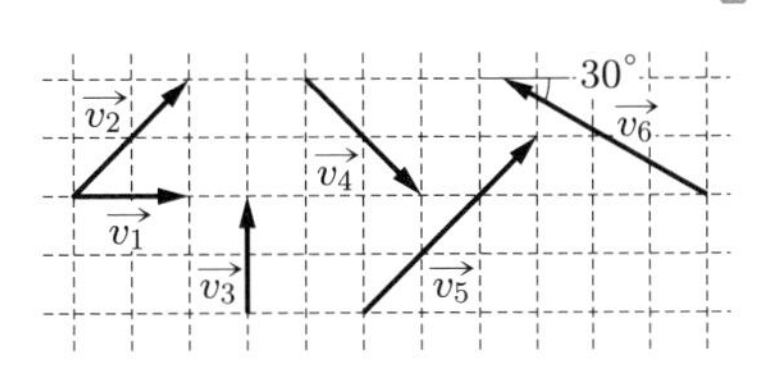

右図において，$\vec{v_1}$ と $\vec{v_2}$ のなす角 45°，$|\vec{v_1}|=2$，$|\vec{v_2}|=2\sqrt{2}$ より，両者の内積は，$\vec{v_1}\cdot\vec{v_2}=|\vec{v_1}||\vec{v_2}|\cos 45^\circ=2\times2\sqrt{2}\times\dfrac{1}{\sqrt{2}}=4$ となる．

また，$\vec{v_1}$ と $\vec{v_3}$ は直交しており，$\vec{v_1}\cdot\vec{v_3}=0$ となる．

練習問題 10.6　例 10.6 の図のベクトルについて，次の各内積を答えなさい．

(a) $\vec{v_1}\cdot\vec{v_5}$　　(b) $\vec{v_4}\cdot\vec{v_5}$　　(c) $\vec{v_3}\cdot\vec{v_6}$

内積の代数的定義

二つのベクトル $\vec{a}=\begin{pmatrix}a_1\\a_2\end{pmatrix}$，$\vec{b}=\begin{pmatrix}b_1\\b_2\end{pmatrix}$ の内積の成分表示は次式となる．

$$\vec{a}\cdot\vec{b}=a_1b_1+a_2b_2$$

$a_1b_1+a_2b_2$ の値は，座標軸のとり方にかかわらず一定である†．さらに，二つのベクトル $\vec{a}$ と $\vec{b}$ が「直交する」ことと，「なす角 θ の余弦 $\cos\theta$」について，それぞれ次式が成り立つ．

$$\vec{a}\perp\vec{b}\quad\Longleftrightarrow\quad a_1b_1+a_2b_2=0$$

$$\cos\theta=\frac{\vec{a}\cdot\vec{b}}{|\vec{a}||\vec{b}|}=\frac{a_1b_1+a_2b_2}{\sqrt{(a_1)^2+(a_2)^2}\sqrt{(b_1)^2+(b_2)^2}}$$

内積の性質（代数的定義）

$$\vec{a}\cdot(\vec{b}+\vec{c})=\vec{a}\cdot\vec{b}+\vec{a}\cdot\vec{c}$$

$$(\vec{a}+\vec{b})\cdot\vec{c}=\vec{a}\cdot\vec{c}+\vec{b}\cdot\vec{c}$$

$$\vec{a}\cdot(m\vec{b})=(m\vec{a})\cdot\vec{b}=m(\vec{a}\cdot\vec{b})\quad(m\text{ は実数})$$

---

† 成分表示は座標軸のとり方に依存するものではあるが，内積 $\vec{a}\cdot\vec{b}$ の値は座標軸のとり方に関係なく一定値となる．

例 10.7　ベクトルの内積（成分表示）

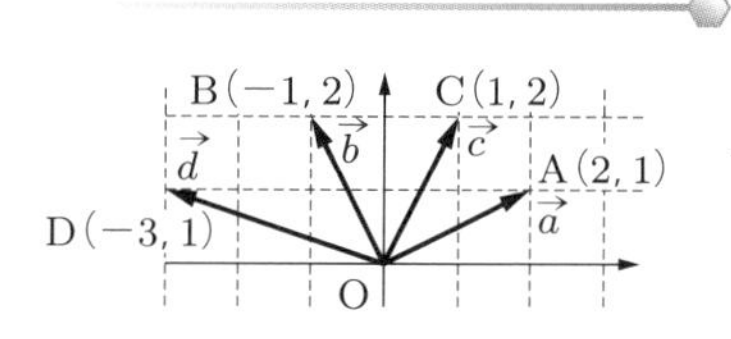

右図のベクトルにおいて，$\vec{a}$ と $\vec{b}$ の内積は，$\vec{a}\cdot\vec{b} = 2\times(-1)+1\times 2 = 0$ であり，$\vec{a}$ と $\vec{b}$ は垂直である．一方，$\vec{b}$ と $\vec{d}$ の内積は，$\vec{b}\cdot\vec{d} = (-1)\times(-3)+2\times 1 = 5$ であり，$\vec{b}$ と $\vec{d}$ のなす角 θ は，$\cos\theta = \dfrac{\vec{b}\cdot\vec{d}}{|\vec{b}||\vec{d}|} = \dfrac{5}{\sqrt{5}\sqrt{10}} = \dfrac{1}{\sqrt{2}}$ より，$\theta = \dfrac{\pi}{4}\ (= 45^\circ)$ である．

練習問題 10.7　例 10.7 のベクトルについて，次を求めなさい．

(a) $\vec{a}$ と $\vec{c}$ の内積と $\cos\theta$ （θ は $\vec{a}$ と $\vec{c}$ のなす角）

(b) $\vec{b}$ と $\vec{c}$ の内積と $\cos\theta$ （θ は $\vec{b}$ と $\vec{c}$ のなす角）

10.6　平面上のベクトルの応用

平面上の点をベクトルによって表すことで，点どうしの位置関係や点の集まりとしての直線は表される．

位置ベクトルと点の表現

(i)　**位置ベクトル P($\vec{p}$)**

基準点 O から P($\vec{p}$) への $\vec{p}$

平面上に点 O を定めれば，任意の点 P の位置は，点 O を基準（始点）とする $\overrightarrow{\mathrm{OP}} = \vec{p}$ によって定まる．この $\vec{p}$ を点 O を基準とする点 P の**位置ベクトル** (position vector) といい，P($\vec{p}$) と書く．

(ii)　**ベクトルによる点の表現**

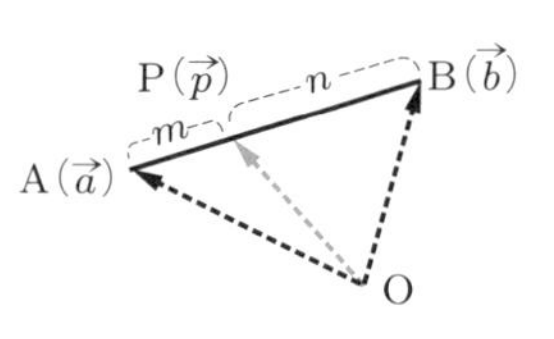

右図のように線分 AB を $m:n$ に内分する点 P の位置ベクトル $\vec{p}$ は，点 A，B の位置ベクトルをそれぞれ A($\vec{a}$), B($\vec{b}$) とするとき，次式で得られる．

$$\vec{p} = \frac{n\vec{a} + m\vec{b}}{m+n}$$

(iii)　**3 点が一直線上にあるための条件**

3 点 A，B，C が一直線上にある $\Longleftrightarrow$ $\overrightarrow{\mathrm{AC}} = m\overrightarrow{\mathrm{AB}}$ となる実数 m が存在する

例 10.8 位置ベクトル

右図の △ABC において，辺 BC の中点を M とすると，M の位置ベクトル $\overrightarrow{m}$ は，点 B と点 C の位置ベクトルを用いて，次式で表される．

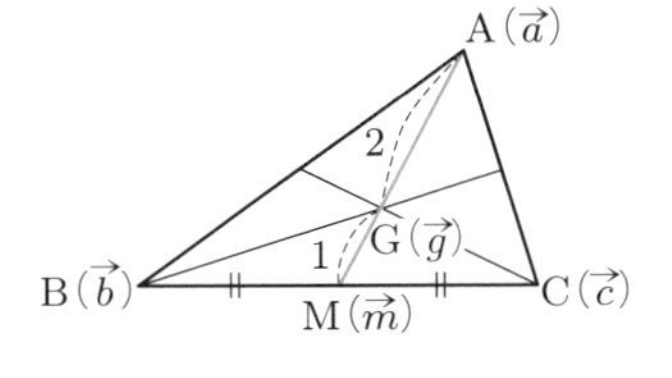

$$\overrightarrow{m} = \frac{\overrightarrow{b} + \overrightarrow{c}}{2}$$

これより，$2\overrightarrow{m} = \overrightarrow{b} + \overrightarrow{c}$ となる．さらに，$\overrightarrow{\mathrm{BC}}$ は，$\overrightarrow{c} - \overrightarrow{b}$ と表される．

また，△ABC の中線 AM を 2 : 1 に内分する重心 G の位置ベクトルを $\overrightarrow{g}$ とすれば，$\overrightarrow{a}, \overrightarrow{m}$ との間で次式が成り立ち，$\overrightarrow{g}$ を $\overrightarrow{a}, \overrightarrow{b}, \overrightarrow{c}$ を用いて表すことができる．

$$\overrightarrow{g} = \frac{1 \times \overrightarrow{a} + 2 \times \overrightarrow{m}}{2+1} = \frac{\overrightarrow{a} + 2\overrightarrow{m}}{3} = \frac{\overrightarrow{a} + \overrightarrow{b} + \overrightarrow{c}}{3}$$

練習問題 10.8 △ABC の辺 AB と辺 AC の中点を M と N とするとき，次式をベクトルを使ってそれぞれ示しなさい．

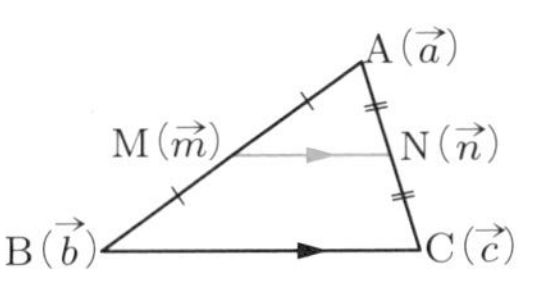

$$\mathrm{MN} /\!/ \mathrm{BC}, \quad \mathrm{MN} = \frac{1}{2}\mathrm{BC}$$

位置ベクトルを用いれば，平面上の直線を方程式として表すことができる．

ベクトルによる直線の表現

(i) **直線のベクトル方程式**

点 $\mathrm{P}_0(\overrightarrow{p_0})$ を通り，$\overrightarrow{u}$ に平行な直線 l 上のすべての点 $\mathrm{P}(\overrightarrow{p})$ は，実数 t を**媒介変数** (parameter) として，次式で表される．

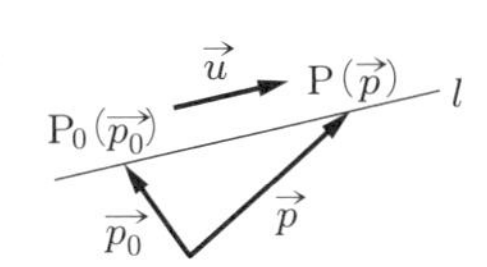

$$\overrightarrow{p} = \overrightarrow{p_0} + t\overrightarrow{u}$$

この式を満たす点によって直線 l が構成される．これを直線 l の**ベクトル方程式** (vector equation)，$\overrightarrow{u}$ を直線 l の**方向ベクトル** (direction vector) という．

(ii) **直線上のすべての点**

右図のように，2 点 $\mathrm{A}(\overrightarrow{a}), \mathrm{B}(\overrightarrow{b})$ を通る直線 l 上のすべての点 $\mathrm{P}(\overrightarrow{p})$ は，次式で表される．

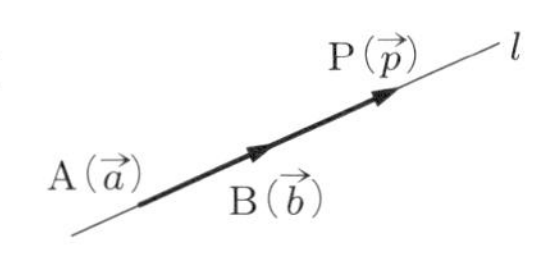

$$\overrightarrow{p} = (1-t)\overrightarrow{a} + t\overrightarrow{b}, \quad \overrightarrow{p} = s\overrightarrow{a} + t\overrightarrow{b} \quad (\text{ただし，} s + t = 1)$$

例 10.9　直線のベクトル方程式

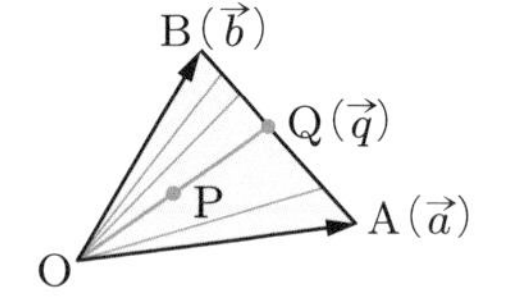

右図の △OAB において，点 Q が辺 AB 上を動くとき，その位置ベクトル $\vec{q}$ は，$s \geqq 0,\ t \geqq 0,\ s+t=1$ を満たす s,t によって，次式で表される．

$$\vec{q} = s\vec{a} + t\vec{b}$$

すなわち，線分 AB 上のすべての点の集合は，この位置ベクトル $\vec{q}$ によって表される．さらに，線分 OQ 上の点 P の位置ベクトル $\vec{p}$ は，$0 \leqq k \leqq 1$ を満たす k によって，次式で表される．

$$\vec{p} = k\vec{q} = k(s\vec{a} + t\vec{b}) = s'\vec{a} + t'\vec{b}$$

ここで，$s' = sk \geqq 0,\ t' = tk \geqq 0,\ s'+t' \leqq 1$ であり，この位置ベクトル $\vec{p}$ で表される点は，△OAB の内部および周（3 辺）の全体となる．

練習問題 10.9　例 10.9 の △OAB における位置ベクトル $\vec{p} = s'\vec{a} + t'\vec{b}$ は，$s' \geqq 0,\ t' \geqq 0,\ s'+t' = \dfrac{1}{2}$ を満たすとする．このときの点 P の集まりが表す図形を答えなさい．

10.7　空間のベクトル

平面上のベクトルと同様に，空間のベクトルを考えることができる．たとえば，ベクトル，零ベクトル，逆ベクトルなどは，定義における「平面上の」という言葉をすべて「空間の」に置き換え，ベクトルの演算や成分表示を次のように拡張する．

空間のベクトル

(i)　**空間の基本ベクトル**

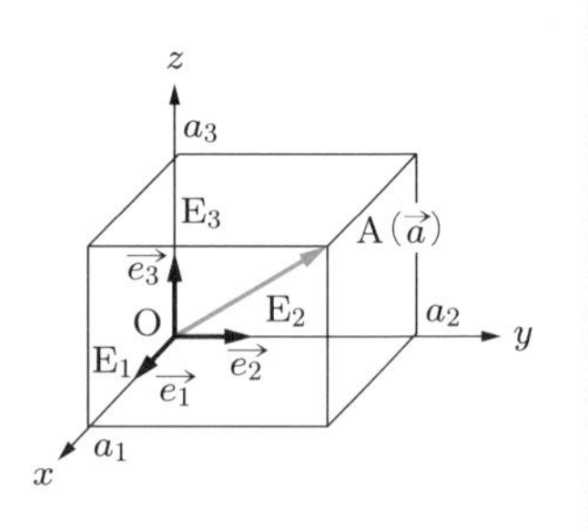

空間に座標軸を右図のように定め，各軸の単位点（原点 O からの距離が 1）を E_1, E_2, E_3 としたときのベクトル $\vec{e_1} = \overrightarrow{OE_1},\ \vec{e_2} = \overrightarrow{OE_2},\ \vec{e_3} = \overrightarrow{OE_3}$ を**空間の基本ベクトル**という．

(ii)　**空間のベクトルの成分表示**

空間の任意のベクトル $\vec{a}$ について，$\vec{a} = \overrightarrow{OA}$ となる点 A の座標が (a_1, a_2, a_3) のとき，$\vec{a}$ の成分表示は次のように書く．

$$\vec{a} = (a_1,\ a_2,\ a_3) \quad \text{または} \quad \vec{a} = \begin{pmatrix} a_1 \\ a_2 \\ a_3 \end{pmatrix}$$

(iii) **空間のベクトルの一次結合**

$\vec{a}$ は基本ベクトル $\vec{e_1}, \vec{e_2}, \vec{e_3}$ による一次結合によって，次式で表される．

$$\vec{a} = a_1\vec{e_1} + a_2\vec{e_2} + a_3\vec{e_3}$$

(iv) **空間のベクトルの大きさ**

$$|\vec{a}| = \sqrt{(a_1)^2 + (a_2)^2 + (a_3)^2}$$

(v) **内積の成分表示となす角（余弦）**

$\vec{b} = (b_1, b_2, b_3)$ とする．

$\vec{a} \cdot \vec{b} = a_1b_1 + a_2b_2 + a_3b_3$

$$\cos\theta = \frac{\vec{a} \cdot \vec{b}}{|\vec{a}||\vec{b}|} = \frac{a_1b_1 + a_2b_2 + a_3b_3}{\sqrt{(a_1)^2 + (a_2)^2 + (a_3)^2}\sqrt{(b_1)^2 + (b_2)^2 + (b_3)^2}}$$

例 10.10 空間のベクトル

空間の基本ベクトル $\vec{e_1}, \vec{e_2}, \vec{e_3}$ の成分表示を次のように定める．

$$\vec{e_1} = \begin{pmatrix} 1 \\ 0 \\ 0 \end{pmatrix}, \quad \vec{e_2} = \begin{pmatrix} 0 \\ 1 \\ 0 \end{pmatrix}, \quad \vec{e_3} = \begin{pmatrix} 0 \\ 0 \\ 1 \end{pmatrix}$$

また，ベクトル $\vec{a}, \vec{b}, \vec{c}$ の成分表示が

$$\vec{a} = \begin{pmatrix} 1 \\ 2 \\ 0 \end{pmatrix}, \quad \vec{b} = \begin{pmatrix} 1 \\ -1 \\ 1 \end{pmatrix}, \quad \vec{c} = \begin{pmatrix} 1 \\ 2 \\ 1 \end{pmatrix}$$

であるとする．このとき，$\vec{a}$ は，基本ベクトルの一次結合によって次式で表される．

$$\vec{a} = \vec{e_1} + 2 \times \vec{e_2} + 0 \times \vec{e_3} = \vec{e_1} + 2 \times \vec{e_2}$$

その大きさは，$|\vec{a}| = \sqrt{1^2 + 2^2 + 0^2} = \sqrt{5}$ である．また，$\vec{b}$ と $\vec{c}$ は，$\vec{b} \cdot \vec{c} = 1 \times 1 + (-1) \times 2 + 1 \times 1 = 0$ より，垂直である．

練習問題 10.10 例 10.10 のベクトルについて，次を求めなさい．

(a) $\vec{b}$ の基本ベクトルによる一次結合　(b) $\vec{b}$ と $\vec{c}$ のそれぞれの大きさ

(c) $\vec{a}$ と $\vec{c}$ のなす角の余弦

10.8 行列の基礎

平面上や空間上のベクトルの成分表示では，二つあるいは三つの数を縦に並べて，カッコでくくった．数を縦だけではなく，横にも並べてできる長方形状の数の集まり全体をカッコでくくったものを**行列** (matrix) という．

行列の用語

(i) **行列の成分**

右図のような行列の横の並びを**行** (row)，縦の並びを**列** (column) といい，第 i 行と第 j 列の交差する位置にある要素は $(\boldsymbol{i},\ \boldsymbol{j})$ **成分** (element) とよばれる $(1 \leqq i \leqq m,\ 1 \leqq j \leqq n)$.

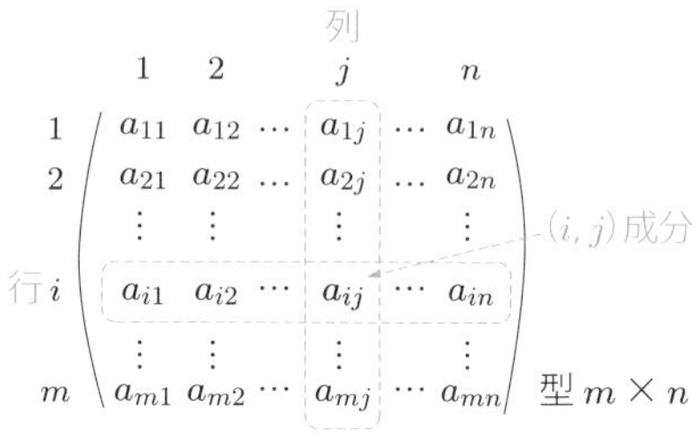

$$\begin{pmatrix} a_{11} & a_{12} & \cdots & a_{1j} & \cdots & a_{1n} \\ a_{21} & a_{22} & \cdots & a_{2j} & \cdots & a_{2n} \\ \vdots & \vdots & & \vdots & & \vdots \\ a_{i1} & a_{i2} & \cdots & a_{ij} & \cdots & a_{in} \\ \vdots & \vdots & & \vdots & & \vdots \\ a_{m1} & a_{m2} & \cdots & a_{mj} & \cdots & a_{mn} \end{pmatrix}$$

列　1　2　j　n
行　1　2　i　m
(i,j)成分
型 $m \times n$

(ii) **行列の型**

m 個の行と n 個の列をもつ行列を $\boldsymbol{m}$ **行** $\boldsymbol{n}$ **列の行列**，または，$\boldsymbol{m \times n}$ **行列**という．この $m \times n$ を行列の**型**ともいう．

(iii) **正方行列**

右図のように行と列に同じ個数の成分が並んでいる，すなわち，型が $n \times n$ である行列を $\boldsymbol{n}$ **次の正方行列** (square matrix)，あるいは単に $\boldsymbol{n}$ **次の行列**という．このときの n を，この正方行列の**次数**ともいう．

2次の正方行列

$$\begin{pmatrix} a_{11} & a_{12} \\ a_{21} & a_{22} \end{pmatrix}$$

(iv) **零行列**

成分がすべて0の行列を**零行列** (zero matrix) といい，$\boldsymbol{O}$ と書く．

(v) **単位行列**

n 次の正方行列の (i,i) 成分，すなわち，$a_{11}, a_{22}, \ldots, a_{nn}$ がいずれも1で，その他がすべて0の行列を**単位行列** (identity matrix) といい，$\boldsymbol{E}$ と書く（$\boldsymbol{I}$ と書く場合もある）．

2次の単位行列

$$\begin{pmatrix} 1 & 0 \\ 0 & 1 \end{pmatrix}$$

(vi) **行列の相等**

二つの行列 $\boldsymbol{A}, \boldsymbol{B}$ の型が同じで，対応する成分がそれぞれ等しいとき，両者は**等しい**といい，$\boldsymbol{A} = \boldsymbol{B}$ と書く．

以下，説明の都合上，行列の演算例については，主に 2×2 行列を対象とする．

行列の演算法則（加法・減法・スカラー倍）

型が同じ行列 $\boldsymbol{A}$ と $\boldsymbol{B}$ の和，差，スカラー倍は，それぞれ次のとおりである（k は実数）．

$$\boldsymbol{A}+\boldsymbol{B}=\begin{pmatrix} a_{11} & a_{12} \\ a_{21} & a_{22} \end{pmatrix}+\begin{pmatrix} b_{11} & b_{12} \\ b_{21} & b_{22} \end{pmatrix}=\begin{pmatrix} a_{11}+b_{11} & a_{12}+b_{12} \\ a_{21}+b_{21} & a_{22}+b_{22} \end{pmatrix}$$

$$\boldsymbol{A}-\boldsymbol{B}=\begin{pmatrix} a_{11} & a_{12} \\ a_{21} & a_{22} \end{pmatrix}-\begin{pmatrix} b_{11} & b_{12} \\ b_{21} & b_{22} \end{pmatrix}=\begin{pmatrix} a_{11}-b_{11} & a_{12}-b_{12} \\ a_{21}-b_{21} & a_{22}-b_{22} \end{pmatrix}$$

$$k\boldsymbol{A}=k\begin{pmatrix} a_{11} & a_{12} \\ a_{21} & a_{22} \end{pmatrix}=\begin{pmatrix} ka_{11} & ka_{12} \\ ka_{21} & ka_{22} \end{pmatrix}$$

また，型が同じ行列 $\boldsymbol{A}, \boldsymbol{B}, \boldsymbol{C}, \boldsymbol{O}$，実数 k, l について以下が成り立つ．

- 交換法則　$\boldsymbol{A}+\boldsymbol{B}=\boldsymbol{B}+\boldsymbol{A}$
- 結合法則　$(\boldsymbol{A}+\boldsymbol{B})+\boldsymbol{C}=\boldsymbol{A}+(\boldsymbol{B}+\boldsymbol{C})$
- 零行列　$\boldsymbol{A}+\boldsymbol{O}=\boldsymbol{A}, \quad \boldsymbol{A}+(-\boldsymbol{A})=\boldsymbol{O}$
- スカラー倍　$(kl)\boldsymbol{A}=k(l\boldsymbol{A}), \quad (k+l)\boldsymbol{A}=k\boldsymbol{A}+l\boldsymbol{A}, \quad k(\boldsymbol{A}+\boldsymbol{B})=k\boldsymbol{A}+k\boldsymbol{B}$

例 10.11　行列の和と差

$$\begin{pmatrix} 3 & 2 \\ 1 & 0 \end{pmatrix}+\begin{pmatrix} 0 & -1 \\ 3 & -2 \end{pmatrix}=\begin{pmatrix} 3 & 1 \\ 4 & -2 \end{pmatrix}, \quad \begin{pmatrix} 3 & 2 \\ 1 & 0 \end{pmatrix}-\begin{pmatrix} 0 & -1 \\ 3 & -2 \end{pmatrix}=\begin{pmatrix} 3 & 3 \\ -2 & 2 \end{pmatrix}$$

$$\frac{1}{3}\begin{pmatrix} 3 & 2 \\ 1 & 0 \end{pmatrix}+\frac{1}{2}\begin{pmatrix} 0 & -1 \\ 3 & -2 \end{pmatrix}=\begin{pmatrix} 1 & \frac{1}{6} \\ \frac{11}{6} & -1 \end{pmatrix}=\frac{1}{6}\begin{pmatrix} 6 & 1 \\ 11 & -6 \end{pmatrix}$$

練習問題 10.11　次の計算をしなさい．なお，$\boldsymbol{E}$ と $\boldsymbol{O}$ はそれぞれ，2 次の単位行列と 2 次の零行列である．

(a) $\begin{pmatrix} 1 & 1 \\ 0 & -1 \end{pmatrix}+\begin{pmatrix} 0 & -1 \\ 0 & 2 \end{pmatrix}$　　(b) $\begin{pmatrix} 1 & 1 \\ 0 & -1 \end{pmatrix}-\begin{pmatrix} 0 & -1 \\ 0 & 2 \end{pmatrix}$

(c) $\begin{pmatrix} 2 & -6 \\ 3 & 4 \end{pmatrix}+\boldsymbol{O}$　　(d) $\begin{pmatrix} 2 & -6 \\ 3 & 4 \end{pmatrix}-\boldsymbol{E}$

10.9 行列の乗法

一般的に行列 $\boldsymbol{A}$ と $\boldsymbol{B}$ の型が，それぞれ $m \times \underline{n}$ と $\underline{n} \times l$ であるとき，行列の**積** $\boldsymbol{AB}$ を求めることができる．この積 $\boldsymbol{AB}$ の型は $m \times l$ となる．具体的な計算法としては，m, n, l が 1 または 2 の場合について述べる．

行列の積

（i）$1 \times \underline{2}$ と $\underline{2} \times 1$ の積

$$(a \quad b)\begin{pmatrix} p \\ q \end{pmatrix} = ap + bq$$ と定める．

（ii）$2 \times \underline{2}$ と $\underline{2} \times 2$ の積

$$\begin{pmatrix} a & b \\ c & d \end{pmatrix}\begin{pmatrix} p & r \\ q & s \end{pmatrix}$$ を $$\begin{pmatrix} (a \quad b) \\ (c \quad d) \end{pmatrix}\left(\begin{pmatrix} p \\ q \end{pmatrix} \quad \begin{pmatrix} r \\ s \end{pmatrix}\right)$$ とみなして計算する．

$$\begin{pmatrix} a & b \\ c & d \end{pmatrix}\begin{pmatrix} p & r \\ q & s \end{pmatrix} = \begin{pmatrix} (a \quad b) \\ (c \quad d) \end{pmatrix}\left(\begin{pmatrix} p \\ q \end{pmatrix} \quad \begin{pmatrix} r \\ s \end{pmatrix}\right)$$

$$= \begin{pmatrix} (a \quad b)\begin{pmatrix} p \\ q \end{pmatrix} & (a \quad b)\begin{pmatrix} r \\ s \end{pmatrix} \\ (c \quad d)\begin{pmatrix} p \\ q \end{pmatrix} & (c \quad d)\begin{pmatrix} r \\ s \end{pmatrix} \end{pmatrix} = \begin{pmatrix} ap + bq & ar + bs \\ cp + dq & cr + ds \end{pmatrix}$$

行列の演算法則（乗法）

行列 $\boldsymbol{A}$, $\boldsymbol{B}$, $\boldsymbol{C}$, 単位行列 $\boldsymbol{E}$, 零行列 $\boldsymbol{O}$ をいずれも正方行列とするとき，一般的に乗法について，次の法則が成り立つ（k は実数）．

- $(k\boldsymbol{A})\boldsymbol{B} = k(\boldsymbol{AB})$
- 結合法則　$(\boldsymbol{AB})\boldsymbol{C} = \boldsymbol{A}(\boldsymbol{BC})$
- 分配法則　$(\boldsymbol{A} + \boldsymbol{B})\boldsymbol{C} = \boldsymbol{AC} + \boldsymbol{BC}$
- $\boldsymbol{A}(\boldsymbol{B} + \boldsymbol{C}) = \boldsymbol{AB} + \boldsymbol{AC}$
- $\boldsymbol{AO} = \boldsymbol{OA} = \boldsymbol{O}$
- $\boldsymbol{AE} = \boldsymbol{EA} = \boldsymbol{A}$

例 10.12　行列の積

$\boldsymbol{A} = \begin{pmatrix} 2 & 1 \\ 1 & 2 \end{pmatrix}$, $\boldsymbol{B} = \begin{pmatrix} 3 & 2 \\ 4 & 1 \end{pmatrix}$ のとき，

$$\boldsymbol{AB} = \begin{pmatrix} 2 & 1 \\ 1 & 2 \end{pmatrix}\begin{pmatrix} 3 & 2 \\ 4 & 1 \end{pmatrix} = \begin{pmatrix} 2 \times 3 + 1 \times 4 & 2 \times 2 + 1 \times 1 \\ 1 \times 3 + 2 \times 4 & 1 \times 2 + 2 \times 1 \end{pmatrix} = \begin{pmatrix} 10 & 5 \\ 11 & 4 \end{pmatrix}$$

となる．なお，行列においては，必ずしも交換法則 $\boldsymbol{AB} = \boldsymbol{BA}$ が成り立たない．この例でも，$\boldsymbol{BA} = \begin{pmatrix} 3 & 2 \\ 4 & 1 \end{pmatrix}\begin{pmatrix} 2 & 1 \\ 1 & 2 \end{pmatrix} = \begin{pmatrix} 8 & 7 \\ 9 & 6 \end{pmatrix} \neq \boldsymbol{AB}$ である．

また，次の例のように $\boldsymbol{CX} = \boldsymbol{O}$ であっても，$\boldsymbol{C}$ または $\boldsymbol{X}$ が $\boldsymbol{O}$ とは限らない．

$$\boldsymbol{CX} = \begin{pmatrix} 1 & -2 \\ -3 & 6 \end{pmatrix}\begin{pmatrix} 2 & 4 \\ 1 & 2 \end{pmatrix} = \begin{pmatrix} 1 \times 2 + (-2) \times 1 & 1 \times 4 + (-2) \times 2 \\ (-3) \times 2 + 6 \times 1 & (-3) \times 4 + 6 \times 2 \end{pmatrix}$$

$$= \begin{pmatrix} 0 & 0 \\ 0 & 0 \end{pmatrix}$$

ケーリー・ハミルトンの定理 (Cayley-Hamilton theorem)

$\boldsymbol{A} = \begin{pmatrix} a & b \\ c & d \end{pmatrix}$ のとき，**ケーリー・ハミルトンの定理**とよばれる次の等式が成り立つ．

$$\boldsymbol{A}^2 - (a+d)\boldsymbol{A} + (ad-bc)\boldsymbol{E} = \boldsymbol{O}$$

この等式を利用すれば，次の例のように $\boldsymbol{A}^3$ の計算がしやすくなる．たとえば，$\boldsymbol{A} = \begin{pmatrix} 1 & 3 \\ -1 & -2 \end{pmatrix}$ のとき，$\boldsymbol{A}^3 = \boldsymbol{A}\boldsymbol{A}^2$ であり，ケーリー・ハミルトンの定理より，$\boldsymbol{A}^2 - (1-2)\boldsymbol{A} + \{1\times(-2) - 3\times(-1)\}\boldsymbol{E} = \boldsymbol{A}^2 + \boldsymbol{A} + \boldsymbol{E} = \boldsymbol{O}$ となり，よって，$\boldsymbol{A}^2 = -\boldsymbol{A} - \boldsymbol{E}$ であることから，$\boldsymbol{A}^3$ は次式で求められる．

$$\boldsymbol{A}^3 = \boldsymbol{A}\boldsymbol{A}^2 = \boldsymbol{A}(-\boldsymbol{A} - \boldsymbol{E}) = -\boldsymbol{A}^2 - \boldsymbol{A}\boldsymbol{E} = -(-\boldsymbol{A} - \boldsymbol{E}) - \boldsymbol{A} = \boldsymbol{E}$$

このように，この定理を用いれば，$\boldsymbol{A}^4$, $\boldsymbol{A}^5$ などといったより次数の高い式の計算の手間を減らすことができる．

練習問題 10.12　次の行列 $\boldsymbol{A}, \boldsymbol{B}, \boldsymbol{C}$ について，(a)～(e) の行列をそれぞれ計算しなさい．なお，$\boldsymbol{E}, \boldsymbol{O}$ はそれぞれ，2 次の単位行列，2 次の零行列である．

$$\boldsymbol{A} = \begin{pmatrix} 1 & 1 \\ 1 & -1 \end{pmatrix}, \quad \boldsymbol{B} = \begin{pmatrix} 0 & -1 \\ 0 & 2 \end{pmatrix}, \quad \boldsymbol{C} = \begin{pmatrix} 2 & -6 \\ 3 & 4 \end{pmatrix}$$

(a) $\boldsymbol{AB}$　(b) $\boldsymbol{BA}$　(c) $\boldsymbol{CO}$　(d) $\boldsymbol{EC}$　(e) $\boldsymbol{CE}$

10.10 逆行列

正方行列 $\boldsymbol{A}$ と同じ型の単位行列 $\boldsymbol{E}$ に対して，$\boldsymbol{AY} = \boldsymbol{YA} = \boldsymbol{E}$ を満たす $\boldsymbol{Y}$ が存在するとき，$\boldsymbol{Y}$ を $\boldsymbol{A}$ の**逆行列** (inverse matrix) といい，$\boldsymbol{A}^{-1}$ で表す．

2 次の正方行列の逆行列

正方行列 $\boldsymbol{A} = \begin{pmatrix} a & b \\ c & d \end{pmatrix}$ に対して，$\Delta = ad - bc$ としたとき，次式が成り立つ．なお，Δ の値を行列式という．

$\Delta \neq 0$ であれば，　$\boldsymbol{A}$ は逆行列 $\boldsymbol{A}^{-1}$をもち，$\boldsymbol{A}^{-1} = \dfrac{1}{\Delta}\begin{pmatrix} d & -b \\ -c & a \end{pmatrix}$

$\Delta = 0$ であれば，　$\boldsymbol{A}$ は逆行列 $\boldsymbol{A}^{-1}$ をもたない．

例 10.13　逆行列

$\boldsymbol{A} = \begin{pmatrix} 2 & 1 \\ -2 & 1 \end{pmatrix}$ の場合，$\Delta = 2 \times 1 - 1 \times (-2) = 4$ なので，逆行列は存在し，$\boldsymbol{A}^{-1} = \dfrac{1}{4}\begin{pmatrix} 1 & -1 \\ 2 & 2 \end{pmatrix}$ となる．そして，$\boldsymbol{A}\boldsymbol{A}^{-1}$ は次式となる．

$$\boldsymbol{A}\boldsymbol{A}^{-1} = \begin{pmatrix} 2 & 1 \\ -2 & 1 \end{pmatrix}\begin{pmatrix} \dfrac{1}{4} & -\dfrac{1}{4} \\ \dfrac{1}{2} & \dfrac{1}{2} \end{pmatrix}$$

$$= \begin{pmatrix} \dfrac{1}{2} + \dfrac{1}{2} & -\dfrac{1}{2} + \dfrac{1}{2} \\ -\dfrac{1}{2} + \dfrac{1}{2} & \dfrac{1}{2} + \dfrac{1}{2} \end{pmatrix} = \begin{pmatrix} 1 & 0 \\ 0 & 1 \end{pmatrix} = \boldsymbol{E}$$

一方，$\boldsymbol{B} = \begin{pmatrix} 2 & -1 \\ -2 & 1 \end{pmatrix}$ の場合，$\Delta = 2 \times 1 - (-1) \times (-2) = 0$ より，$\boldsymbol{B}$ は逆行列をもたない．

練習問題 10.13　次の行列の（逆行列が存在する場合には）逆行列をそれぞれ計算しなさい．

(a) $\begin{pmatrix} 1 & 1 \\ 0 & -1 \end{pmatrix}$　(b) $\begin{pmatrix} 0 & -1 \\ 0 & -2 \end{pmatrix}$　(c) $\begin{pmatrix} 3 & 4 \\ 1 & 2 \end{pmatrix}$　(d) $\begin{pmatrix} 2 & -6 \\ 3 & 4 \end{pmatrix}$

Column　ベクトルの内積と仕事

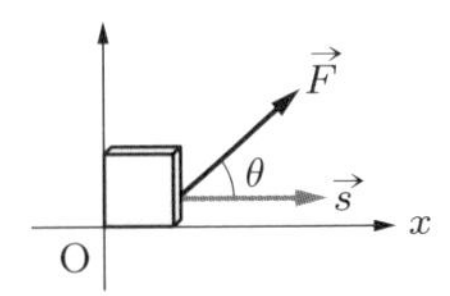

大きさ（長さ）と方向からなるベクトルは，物体の動きをモデル化するために用いられる．たとえば，右図のように物体に力を作用させたときの仕事 W は，力の大きさと向きをベクトル $\vec{F}$ で，物体の移動距離と移動方向をベクトル $\vec{s}$ で表すとき，両者の内積で表される．

$$W = \vec{F} \cdot \vec{s} = |\vec{F}||\vec{s}|\cos\theta$$

力を作用させるときの角度 θ が $0°$（水平方向）であるとき，$\cos\theta$ は最大となるから，仕事は最大値（物体の移動距離が最長）となる．一方，角度が $90°$（垂直方向）のとき，$\cos\theta = 0$ より，仕事はゼロ（物体は動かない）である．

Column　物体の移動・回転

コンピュータゲームなどにおける物体（人物，アイテム，車，飛行機など）の移動・回転のためには行列が用いられる．

平面上の座標 (x, y) を $\boldsymbol{P} = \begin{pmatrix} x \\ y \end{pmatrix}$ で表すとき，行列 $\boldsymbol{A} = \begin{pmatrix} a & b \\ c & d \end{pmatrix}$ を用いて，$\boldsymbol{AP} = \boldsymbol{Q}$ によって，右図のように $\boldsymbol{P}$ を $\boldsymbol{Q} = \begin{pmatrix} x' \\ y' \end{pmatrix}$ に移動させることができる．この操作は **1 次変換**とよばれ，移動先は $\boldsymbol{A}$ の成分で定まる．

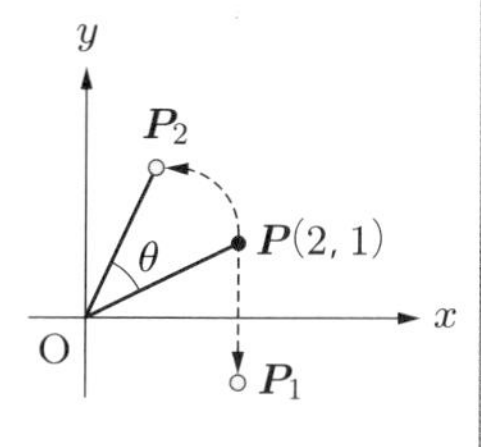

たとえば，$\boldsymbol{A} = \begin{pmatrix} 1 & 0 \\ 0 & -1 \end{pmatrix}$ とすれば，右図のように，ある物体の位置を表す点 $\boldsymbol{P} = \begin{pmatrix} 2 \\ 1 \end{pmatrix}$ は $\boldsymbol{P}_1 = \begin{pmatrix} 2 \\ -1 \end{pmatrix}$ へ移動（x 軸に関する対称移動）する．

また，$\boldsymbol{A} = \begin{pmatrix} \cos\theta & -\sin\theta \\ \sin\theta & \cos\theta \end{pmatrix}$ とすれば，点 $\boldsymbol{P}$ は原点を中心として角 θ だけ反時計方向に回転した点 $\boldsymbol{P}_2$ に移動する．たとえば，$\theta = \frac{\pi}{6}(= 30^\circ)$ としたとき，点 $\begin{pmatrix} 2 \\ 1 \end{pmatrix}$ は，次式より $\boldsymbol{P}_2$ に移動する．

$$\boldsymbol{P}_2 = \begin{pmatrix} \cos\frac{\pi}{6} & -\sin\frac{\pi}{6} \\ \sin\frac{\pi}{6} & \cos\frac{\pi}{6} \end{pmatrix}\begin{pmatrix} 2 \\ 1 \end{pmatrix} = \begin{pmatrix} \frac{\sqrt{3}}{2} & -\frac{1}{2} \\ \frac{1}{2} & \frac{\sqrt{3}}{2} \end{pmatrix}\begin{pmatrix} 2 \\ 1 \end{pmatrix} = \begin{pmatrix} \sqrt{3} - \frac{1}{2} \\ 1 + \frac{\sqrt{3}}{2} \end{pmatrix}$$

章末問題

10.1 右図の正六角形について，次の各問いに答えなさい．

(a) $\overrightarrow{\mathrm{FG}}$ と $\overrightarrow{\mathrm{AG}}$ を，$\vec{a}, \vec{b}$ を用いてそれぞれ表しなさい．

(b) $\vec{a} + \vec{b}$ と等しいベクトルをすべて答えなさい．

(c) $\vec{a} + \vec{b} + \vec{a}$ と等しいベクトルをすべて答えなさい．

(d) $\overrightarrow{\mathrm{AC}}$ と $\overrightarrow{\mathrm{AD}}$ を，$\vec{a}, \vec{b}$ を用いてそれぞれ表しなさい．

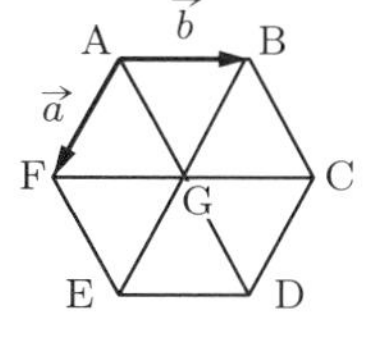

10.2 $\vec{a} = \begin{pmatrix} 2 \\ 2 \end{pmatrix}$, $\vec{b} = \begin{pmatrix} -1 \\ 8 \end{pmatrix}$, $\vec{c} = \begin{pmatrix} 5 \\ -4 \end{pmatrix}$ に対し，ベクトル $\vec{a} + t\vec{b}$ が $\vec{c}$ に平行になるときの t の値を求めなさい．

10.3 三つのベクトル $\vec{v}=\begin{pmatrix}5\\2\end{pmatrix}$, $\vec{u}=\begin{pmatrix}-1\\3\end{pmatrix}$, $\vec{w}=\begin{pmatrix}11\\1\end{pmatrix}$ が，$\vec{w}=m\vec{v}+n\vec{u}$ を満たすときの m, n の値をそれぞれ求めなさい．

10.4 右図のベクトルについて，次の各問いに答えなさい．

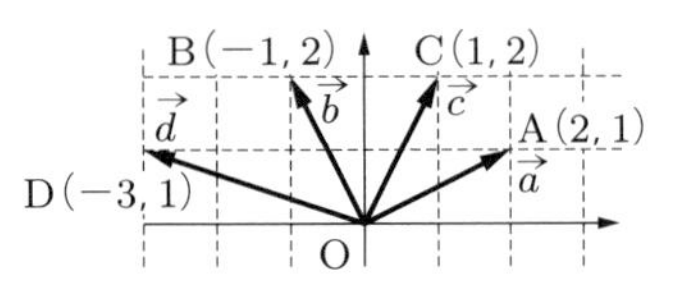

(a) $\vec{a}+\vec{b}$ と $\vec{a}+\vec{c}$ を成分表示で，それぞれ答えなさい．

(b) $2\vec{a}+\vec{b}+\vec{c}$ を成分表示で答えなさい．

(c) $\overrightarrow{\mathrm{AB}}$ を $\vec{a}, \vec{b}$ の一次結合で表しなさい．

(d) $\vec{b}$ と逆の向きをもつ単位ベクトルを成分表示で答えなさい．

10.5 次の各問いに答えなさい．

(a) $\boldsymbol{A}=\begin{pmatrix}1&1\\0&1\end{pmatrix}$ のとき，$\boldsymbol{A}^2$, $\boldsymbol{A}^3$, $\boldsymbol{A}^4$ をそれぞれ求めなさい．

(b) $\boldsymbol{Y}=\begin{pmatrix}a&b\\c&0\end{pmatrix}$ のとき，$\boldsymbol{Y}^2=\boldsymbol{E}$ を満たす，a,b,c を求めなさい．

11 微分法

11.1 微分係数

関数 $f(x)$ の値が，独立変数 x に応じて変化していく様子のとらえ方について考えてみよう．

平均変化率

関数 $y = f(x)$ において，x の値が a から $a+h$ まで変化した（x の変化量 h）ときに，y が $y = f(a)$ から $f(a+h)$ に変化した（y の変化量 $f(a+h)-f(a)$）とき，両者の変化量の比

$$\frac{f(a+h)-f(a)}{(a+h)-a} = \frac{f(a+h)-f(a)}{h}$$

を**平均変化率** (average rate of change) という．

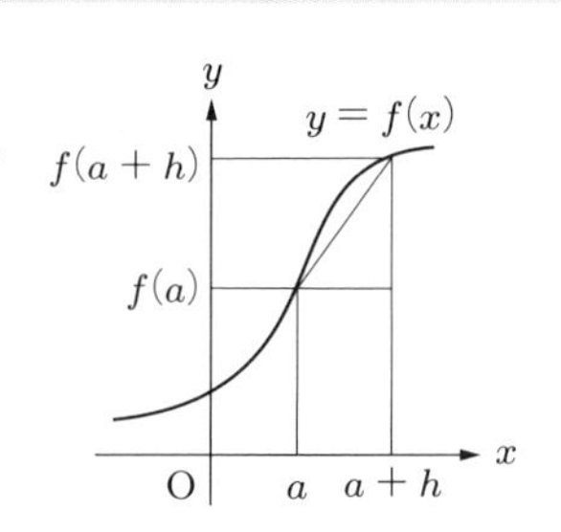

例 11.1　1 次関数，2 次関数の平均変化率

1 次関数 $f(x) = 3x - 1$ の $x = 1$ から $x = 3$ までの平均変化率は，$a = 1$，$a + h = 3$ として，次式で求められる．

$$\frac{f(3)-f(1)}{3-1} = \frac{3\times 3-1-(3\times 1-1)}{3-1} = \frac{8-2}{2} = 3$$

一方，2 次関数 $f(x) = x^2$ の $x = 1$ から $x = 3$ までの平均変化率は，$a = 1$，$a + h = 3$ として，次式で求められる．

$$\frac{f(3)-f(1)}{3-1} = \frac{3^2-1^2}{2} = 4$$

練習問題 11.1　次の各関数 $f(x)$ について，$x = 1$ から $x = 3$ までの平均変化率をそれぞれ求めなさい．

(a) $f(x) = -\dfrac{1}{2}x + 2$　　(b) $f(x) = x^2 - x + 1$

(c) $f(x) = x^3 - 2x^2 + x - 4$　　(d) $f(x) = 2^x$

$x = a$ における関数 $f(x)$ の平均変化率は，x の変化量 h によって異なる．しかも，h の大きさによっては，たとえば右図の (a),(b),(c) のように，異なる関数であっても，同じ平均変化率になる場合もある．そのため，h は小さくするほど，より正確に関数の変化の割合をとらえることができる．

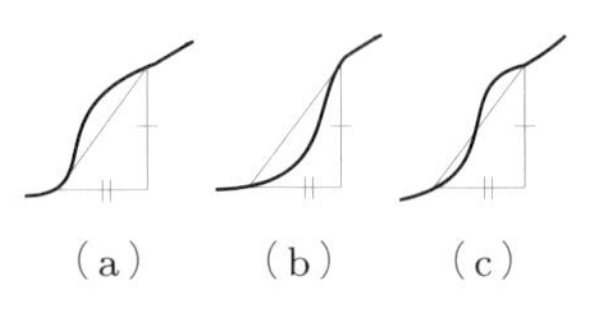

微分係数

関数 $f(x)$ の $x = a$ から $x = a + h$ までの平均変化率において，h が，0 とは異なる値をとりながら 0 に限りなく近づくとき，平均変化率がある一定値に限りなく近づくならば，$f(x)$ は $x = a$ で**微分可能** (differentiable) であるという．このときの一定値を「関数 $f(x)$ の $x = a$ における**微分係数** (differential coefficient)」といい，$f'(a)$ とも表す．

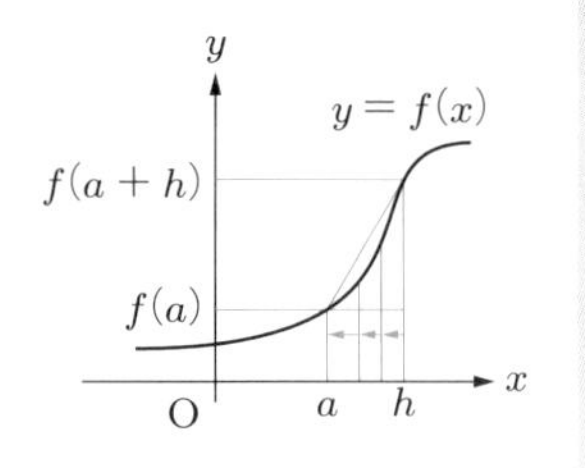

$$f'(a) = \lim_{h \to 0} \frac{f(a+h) - f(a)}{h}$$

例 11.2　1次関数，2次関数の微分係数

1次関数 $f(x) = 3x - 1$ の $x = 2$ における微分係数は，次式で求められる．

$$f'(2) = \lim_{h \to 0} \frac{3 \times (2+h) - 1 - (3 \times 2 - 1)}{h} = \lim_{h \to 0} \frac{6 + 3h - 6}{h} = 3$$

2次関数 $f(x) = x^2 + 2$ の $x = a$ における微分係数は，次式となる．

$$f'(a) = \lim_{h \to 0} \frac{(a+h)^2 + 2 - (a^2 + 2)}{h} = \lim_{h \to 0} (2a + h) = 2a$$

練習問題 11.2　次の各関数の $x = 2$ における微分係数を求めなさい．

(a) $f(x) = -\frac{1}{2}x + 2$　　(b) $f(x) = x^2 - x + 1$　　(c) $f(x) = x^3 - 2x^2 + x - 4$

関数の微分可能と連続

$f(x)$ が $x = a$ で微分可能であるとする．$h = x - a$ とおくと，$h \to 0$ のとき $x \to a$ だから，

$$\lim_{h \to 0} \frac{f(a+h) - f(a)}{h} = \lim_{x \to a} \frac{f(x) - f(a)}{x - a} = f'(a)$$

となる．よって，$\lim_{x \to a} \{f(x) - f(a)\} = \lim_{x \to a} (x - a) \frac{f(x) - f(a)}{x - a} = 0 \cdot f'(a)$

$= 0$ より，$\lim_{x \to a} f(x) = f(a)$ が成り立つ．すなわち，

$f(x)$ は $x = a$ において微分可能である　$\Longrightarrow$　$f(x)$ は $x = a$ で**連続**である

「微分可能 $\Longrightarrow$ 連続」の逆は？

「$f(x)$ は $x = a$ において微分可能である $\Longrightarrow$ $f(x)$ は $x = a$ で連続である」の逆は，必ずしも真ではない．すなわち，$f(x)$ が $x = a$ で連続であっても微分可能であるとは限らない．たとえば，右図の関数 $f(x) = |x| + 1$ の場合，$x = 0$ で連続であるが，微分可能ではない．$\dfrac{f(x) - f(0)}{x - 0} = \dfrac{|x|}{x}$ は，$x > 0$ のときは 1，$x < 0$ のときは -1 である．このことは，$x \to -0$ のときの極限値，$x \to +0$ のときの極限値はそれぞれ存在しているが，両者は一致せず，$f(x) = |x| + 1$ は $x = 0$ で微分可能ではないことを表す．

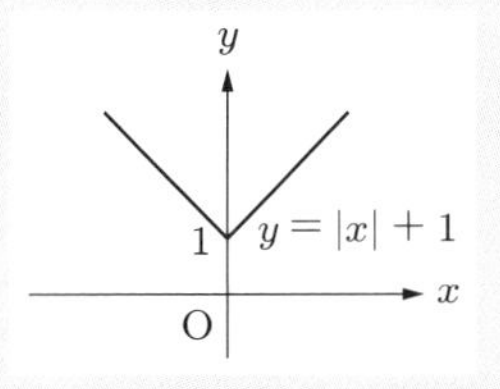

11.2　導関数

関数 $f(x)$ の $x = a$ における微分係数 $f'(a)$ を $f(x)$ の定義域全体で求める，すなわち，a を定義域の任意の値とすると，$f(x)$ の変化の様子を表す一つの関数が構成される．この関数は**導関数** (derived function) とよばれる．

導関数

変数 x の定義域全体で関数 $f(x)$ が微分可能であれば，$x = a$ に対して $f'(a)$ を対応付ける関数が構成される．この関数を $f(x)$ の**導関数**といい，次式のように $f'(x)$ と表す．

$$f'(x) = \lim_{h \to 0} \frac{f(x+h) - f(x)}{h}$$

ここで，関数 $f(x)$ の導関数 $f'(x)$ を求めることを**微分する**という．

$y = f(x)$ の導関数は，y'，$f'(x)$，$\dfrac{dy}{dx}$，$\dfrac{d}{dx}f(x)$ とも表される．

例 11.3　導関数

$f(x) = 2x + 1$，$f(x) = x^2 + 2$，$f(x) = x^3 + x$ の導関数は次のようになる．

$$(2x+1)' = \lim_{h\to 0}\frac{2(x+h)+1-(2x+1)}{h} = \lim_{h\to 0}\frac{2x+2h+1-2x-1}{h} = 2$$

$$(x^2+2)' = \lim_{h\to 0}\frac{(x+h)^2+2-(x^2+2)}{h} = \lim_{h\to 0}(2x+h) = 2x$$

$$(x^3+x)' = \lim_{h\to 0}\frac{(x+h)^3+(x+h)-(x^3+x)}{h} = 3x^2+1$$

練習問題 11.3　次の各関数の導関数を求めなさい.

(a) $f(x) = -\frac{1}{2}x+2$　　(b) $f(x) = x^2-x+1$　　(c) $f(x) = \frac{1}{x}$

導関数の基本公式

$f(x)$ と $g(x)$ がいずれも微分可能であれば，次式が成り立つ.

- 定数 c について　$(c)' = 0$
- 有理数 n について　$(x^n)' = nx^{n-1}$
- 定数 k について　$\{kf(x)\}' = kf'(x)$
- 定数 k, l について　$\{kf(x) \pm lg(x)\}' = kf'(x) \pm lg'(x)$　(複号同順)

例 11.4　基本公式の利用

基本公式を用いれば，次のようにしてそれぞれの導関数が求められる.

$$(2x^3-4x^2-5x+12)' = (2x^3)'-(4x^2)'-(5x)'+(12)' = 6x^2-8x-5$$

$$\left(\frac{1}{x^2}\right)' = (x^{-2})' = -2x^{-3} = -\frac{2}{x^3}$$

$$(\sqrt{x})' = (x^{\frac{1}{2}})' = \frac{1}{2}x^{\frac{1}{2}-1} = \frac{1}{2}x^{-\frac{1}{2}} = \frac{1}{2\sqrt{x}}$$

練習問題 11.4　次の各関数の導関数を求めなさい.

(a) $(x+2)(x-1)$　　(b) x^3-2x^2+x-4　　(c) $\sqrt[3]{x}+\frac{1}{\sqrt{x}}$

11.3　導関数の応用

関数 $f(x)$ の微分係数や導関数 $f'(x)$ を利用することで，$f(x)$ が変化する様子や，$f(x)$ の最大値・最小値といった特性を調べることができる.

■11.3.1 関数の接線

微分係数と関数の接線

$y = f(x)$ において，点 $\mathrm{P}(a+h, f(a+h))$ が点 $\mathrm{A}(a, f(a))$ に限りなく近づいていくと，直線 AP は点 A の微分係数 $f'(a)$ を傾きとする直線 AT に限りなく近づいていく．この直線 AT を点 A における $y = f(x)$ の**接線** (tangent) といい，点 A をその**接点**という．

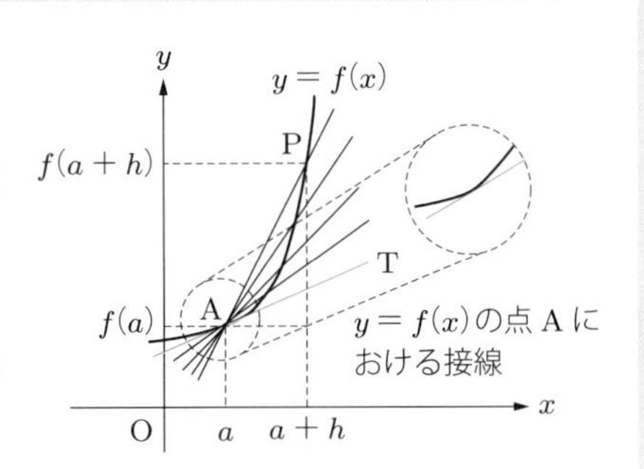

一般的に，微分係数 $f'(a)$ は，関数 $f(x)$ のグラフ上の点 $(a, f(a))$ における接線の傾きを表し，$f(x)$ 上の点 $\mathrm{A}(a,\ f(a))$ を通る接線の方程式は次式となる．

$$y - f(a) = f'(a)(x - a)$$

例 11.5 接線の方程式

$f(x) = x^2 - 4x + 6$ 上の点 $(1, f(1))$ と点 $(3, f(3))$ における $f(x)$ の接線の方程式は，$f'(x) = 2x - 4$ より，$f'(1) = -2$, $f'(3) = 2$ であることから，それぞれ次式となる．

点 $(1, 3)$：$y - 3 = -2(x - 1)$ より $y = -2x + 5$

点 $(3, 3)$：$y - 3 = 2(x - 3)$ より $y = 2x - 3$

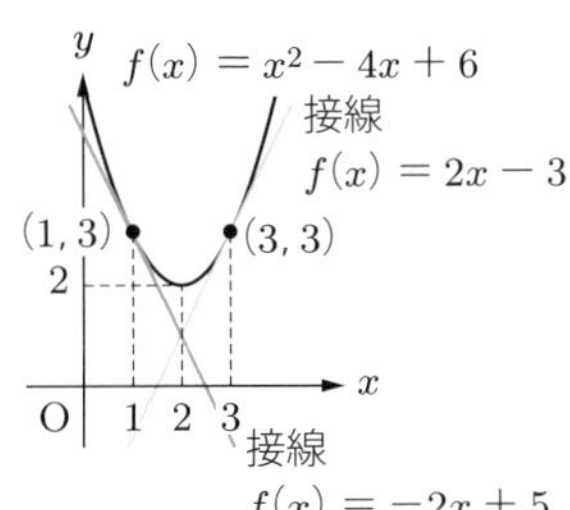

練習問題 11.5 次の各関数 $f(x)$ の点 $(1, f(1))$ での接線を求めなさい．

(a) $f(x) = x^2 - x + 1$ (b) $f(x) = x^3 - 2x^2 + x - 1$ (c) $f(x) = \dfrac{1}{x}$

■11.3.2 関数の増加・減少

7.4.1 項で述べたように，a, b が実数のとき，x が動く範囲 $a < x < b$, $a \leqq x \leqq b$, $x < a$, $b < x$ は，それぞれ，区間 (a, b), $[a, b]$, $(-\infty, a)$, (b, ∞) で表される．関数の増減や最大・最小などは，これらの区間に応じて定まる．

関数の増加・減少

ある区間 I における関数 $f(x)$ の増減は，導関数 $f'(x)$ の符号により次のように定まる．

$f'(x) > 0$ (+)　　区間 I で $f(x)$ は**増加** ↗
$f'(x) < 0$ (−)　　区間 I で $f(x)$ は**減少** ↘
$f'(x) = 0$　　　区間 I で $f(x)$ は**一定** →

下図の関数 $f(x)$ の区間ごとの増減は次表の形で表され，この表を**増減表** (increase and decrease table) という．

$y = f(x)$ の増減表の例

x	$\cdots$	a	$\cdots$	b	$\cdots$
$f'(x)$	$+$	0	$-$	0	$+$
$f(x)$	↗	$f(a)$	↘	$f(b)$	↗

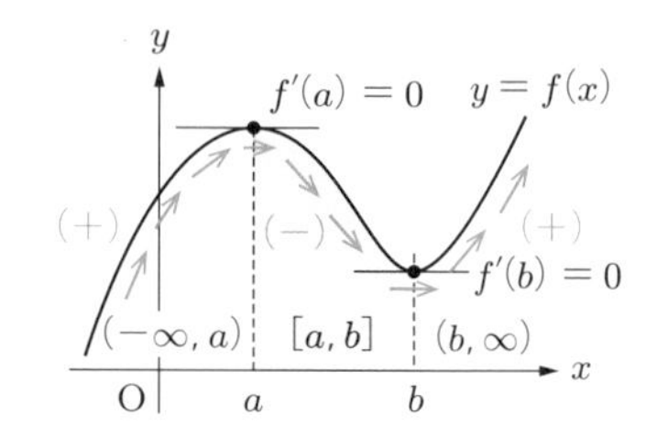

例 11.6　関数の増減

グラフの増加（右上がり）・減少（右下がり）と微分係数とは次の関係がある．ある点 $A(a, f(a))$ における接線は，その点の近辺の曲線 $y = f(x)$ にほぼ一致する．そのため，点 A での接線の傾き，すなわち微分係数 $f'(a)$ が負 $(-)$ であればグラフは右下がり ↘，正 $(+)$ であればグラフは右上がり ↗ になる．そして，$f'(x) = 0$ であれば，接線は x 軸に平行 → である．

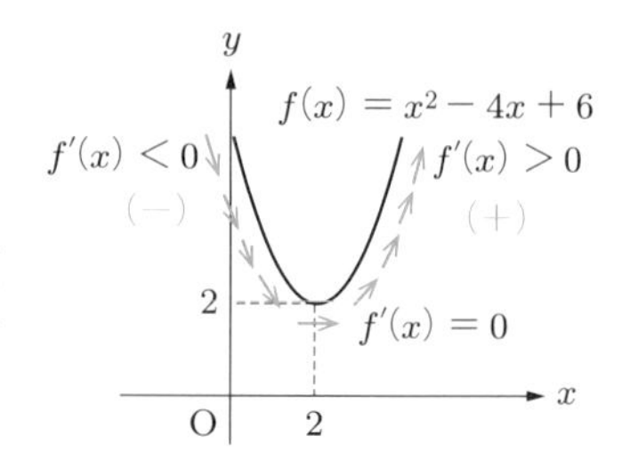

$y = x^2 - 4x + 6$ の増減表

x	$\cdots$	2	$\cdots$
$f'(x)$	$-$	0	$+$
$f(x)$	↘	2	↗

右図の $f(x) = x^2 - 4x + 6$ の場合，$f'(x) = 2x - 4$ より，$f'(x) = 0$ となるのは $x = 2$ のときである．そして，区間 $(-\infty, 2)$ では微分係数が負であり，x が大きくなるにつれて $f(x)$ は減少しており，グラフは右下がり ↘ である．また，区間 $(2, \infty)$ では微分係数が正であり，x が大きくなるにつれて $f(x)$ は増加しており，グラフは右上がり ↗ である．

練習問題 11.6　次の各関数 $f(x)$ について，増減表を作りなさい．

(a) $f(x) = -x^2 + 6x - 5$　　　(b) $f(x) = x^3 - 9x^2 + 15x + 3$

■11.3.3 関数の極大・極小

関数の増加や減少の様子から，局所的な最大値と最小値の有無を調べることができる．局所的な最大値と最小値は，それぞれ，**極大値** (local maximum value) と**極小値** (local minimum value) とよばれる．

関数の極大と極小

関数 $y = f(x)$ が，右図のように $x = a$ を境に増加から減少（微分係数 $f'(x)$ が正 (+) から負 (−)）に変わるとき，$f(a)$ は $x = a$ の近辺でもっとも大きな値である．そこで，$f(x)$ は $x = a$ で**極大** (relative maximum) であるといい，$f(a)$ を**極大値**という．

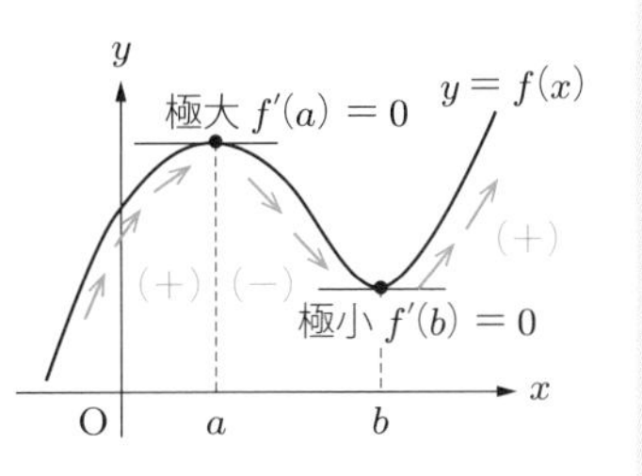

一方，右図の $x = b$ の近辺のように，減少から増加（微分係数 $f'(x)$ が負 (−) から正 (+)）に変わるとき，$f(b)$ は $x = b$ の近辺でもっとも小さな値になり，$f(x)$ は $x = b$ で**極小** (relative minimum) であるといい，$f(b)$ を**極小値**という．極大値と極小値をまとめて**極値** (extremum) という．

導関数の符号と極値

$f(a)$ が極値であるならば，$f'(a) = 0$ である．しかしながら，$f'(a) = 0$ であったとしても，常に $f(a)$ が極値であるとは限らない．たとえば，右図の $y = x^3$ の場合，$f'(0) = 0$ であるが，$f(x) = x^3$ は常に増加するため $f(0)$ は極値ではない．一般的に，$f(x)$ において，$f'(a) = 0$ となる $x = a$ の前後の $f'(x)$ の符号が次のように変化するときに限り極値となる．

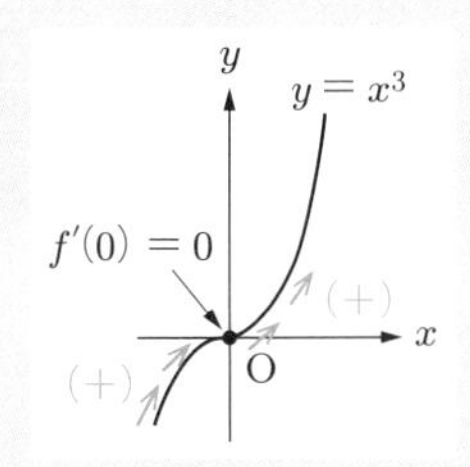

正 (↗) **から負** (↘) に変わる，ならば，$f(a)$ は**極大値**

負 (↘) **から正** (↗) に変わる，ならば，$f(a)$ は**極小値**

■11.3.4 関数の最大値・最小値

x の動く区間を定めることで，関数の値の**最大値** (maximum)・**最小値** (minimum) を調べることができる．

関数の最大値・最小値

下図 (a) のように区間を $[0, c]$ とした場合，$f(x)$ の**最大値**と**最小値**はそれぞれ，**極大値**と**極小値**にあたる．一方，同図 (b) のように区間が $[d, e]$ である場合には，最大値と最小値はそれぞれ，$f(e)$ と $f(d)$ である．

このように，極値が最大値，あるいは最小値になるとは限らない．

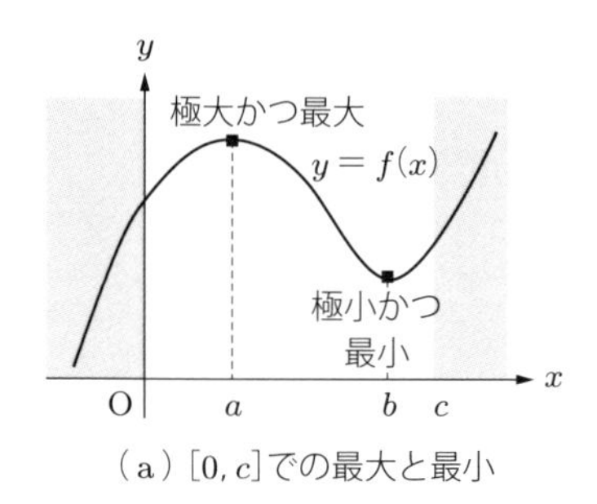

（a）$[0, c]$での最大と最小

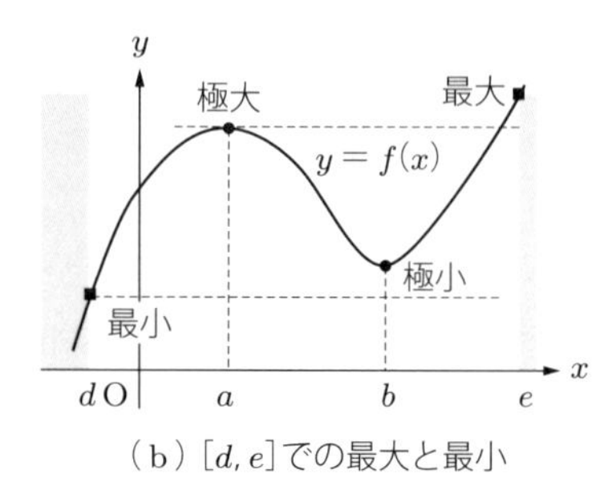

（b）$[d, e]$での最大と最小

関数の最大値と最小値の求め方

ある区間 $[a, b]$ での関数 $f(x)$ の**最大値**と**最小値**は，次のようにして求められる．

①区間 $[a, b]$ における極値を求める．

②区間の両端 a, b について，$f(a)$ と $f(b)$ を求める．

③極値と $f(a)$, $f(b)$ の大小を比較する．もっとも大きい値が最大値，もっとも小さい値が最小値である．

例 11.7　最大値と最小値

$f(x) = -x^2 + 4x - 9$ の区間 $[0, 3]$ での最大値と最小値は，次のとおりである．

①区間 $[0, 3]$ における極値を求める．

$f'(x) = -2x + 4 = 0$ より，$x = 2$ のときに極値であり，

$f(2) = -(2 \cdot 2)^2 + 4 \cdot 2 - 9 = -5$ である．

②区間の両端 $0, 3$ について，$f(0)$ と $f(3)$ を求める．

$f(0) = -9, \quad f(3) = -(3 \cdot 3)^2 + 4 \cdot 3 - 9 = -6$

③極値 $f(2)$ と $f(0)$, $f(3)$ の大小を比較する．

$f(0) < f(3) < f(2)$ より，区間 $[0, 3]$ の最小値は $f(0) = -9$，最大値は $f(2) = -5$ である．

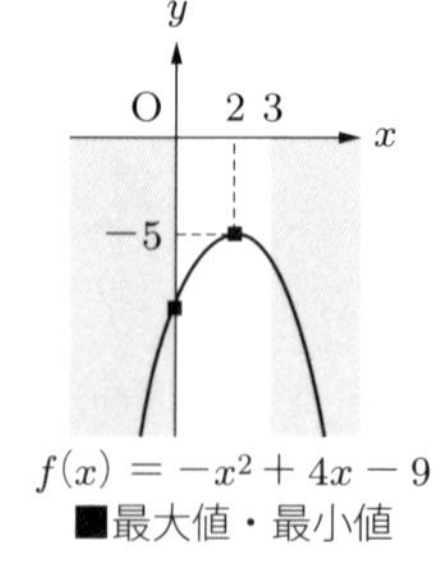

$f(x) = -x^2 + 4x - 9$
■最大値・最小値

練習問題 11.7　次の各関数について，定められた区間での最大値と最小値を求めなさい．

(a) $f(x) = -x^2 + 6x - 5 \quad [-4, 5]$　　(b) $f(x) = x^3 - 9x^2 + 15x + 3 \quad [0, 3]$

11.4　関数の積と商の微分法

11.2 節で述べた微分の基本公式は，たとえば，$(x-1)(x+4)$ を微分するのに x^2+3x-4 と多項式に展開してからでなければ適用できない．一方，$(x-1)(x+4)$ は，$f(x) = x - 1$ と $g(x) = x + 4$ との積 $f(x)g(x) = (x-1)(x+4)$ ととらえることができる．このような複数個の関数の積（あるいは商）に対しては，次の公式が適用できる．

関数の積と商の微分公式

関数 $f(x)$ と $g(x)$ がともに微分可能なとき，これらの**積**および**商**の微分は，それぞれ次式で求められる．

積　$$\{f(x)g(x)\}' = f'(x)g(x) + f(x)g'(x)$$

商　$$\left\{\frac{f(x)}{g(x)}\right\}' = \frac{f'(x)g(x) - f(x)g'(x)}{\{g(x)\}^2}$$

例 11.8　積の微分公式

関数 $(2x^2 + 2x - 1)(x - 5)$ を積の微分公式を用いて微分すると，次のようになる．

$$\begin{aligned}\{(2x^2+2x-1)(x-5)\}' &= (2x^2+2x-1)'(x-5) + (2x^2+2x-1)(x-5)' \\ &= (4x+2)(x-5) + (2x^2+2x-1)\cdot 1 \\ &= 6x^2 - 16x - 11\end{aligned}$$

練習問題 11.8　次の各関数を積の公式を用いて微分しなさい．

(a) $(x-1)(x+4)$　　(b) $x^4(2x-5)$

例 11.9　商の微分公式

$f_1(x) = \dfrac{x}{2x-5}$ と $f_2(x) = \dfrac{x^2}{2x-5}$ の微分は，それぞれ次のようになる．

$$f_1'(x) = \frac{(x)'(2x-5) - x(2x-5)'}{(2x-5)^2} = \frac{-5}{(2x-5)^2}$$

$$f_2'(x) = \frac{(x^2)'(2x-5) - x^2(2x-5)'}{(2x-5)^2} = \frac{2x(2x-5) - x^2 \cdot 2}{(2x-5)^2} = \frac{2x^2 - 10x}{(2x-5)^2}$$

練習問題 11.9　次の各関数を微分しなさい．

(a) $\dfrac{x}{x-1}$　　(b) $\dfrac{x-1}{x^2}$

11.5 合成関数と逆関数の微分法

合成関数の微分公式

$y = f(u)$ と $u = g(x)$ がともに，微分可能であるとき，合成関数 $y = f(g(x))$（➡ 3.4 節）の微分は次のようにして行われる．

$$\frac{dy}{dx} = \frac{dy}{du} \cdot \frac{du}{dx} = \frac{d}{du}f(u) \cdot \frac{d}{dx}g(x)$$

あるいは　$\{f(g(x))\}' = f'(g(x)) \cdot g'(x)$

例 11.10　合成関数の微分公式

$y = (x+2)^4$ の微分は，$u = x + 2$ とおくと，$y = u^4$ より，次式で求められる．

$$\frac{dy}{dx} = \frac{d}{du}u^4 \cdot \frac{d}{dx}(x+2) = 4u^3 \cdot 1 = 4(x+2)^3$$

また，$y = (2x^3 - x^2 + 18)^2$ は，$u = 2x^3 - x^2 + 18$ とし，$y = u^2$ より，次式で求められる．

$$\begin{aligned}\frac{dy}{dx} &= \frac{d}{du}u^2 \cdot \frac{d}{dx}(2x^3 - x^2 + 18) = 2u \cdot (6x^2 - 2x) \\ &= 24x^5 - 20x^4 + 4x^3 + 216x^2 - 72x\end{aligned}$$

練習問題 11.10　次の各関数の導関数を求めなさい．

(a) $\dfrac{1}{(2x^3 - x^2 + 18)^2}$　　(b) $\sqrt{2x^3 - x^2 + 18}$

逆関数の微分公式

関数 $y = f(x)$ の逆関数（➡ 3.3 節）$x = f^{-1}(y)$ が存在するとき，導関数は次式で求められる．

$$\frac{dy}{dx} \neq 0 \text{ のとき} \qquad \frac{dx}{dy} = \frac{1}{\dfrac{dy}{dx}}$$

例 11.11　逆関数の微分公式

$y = \sqrt{x-3}$ の導関数は，次のようにして逆関数 $x = y^2 + 3$ の導関数を求めることで得られる．

$$\frac{dx}{dy} = 2y \text{ より，}\quad \frac{dy}{dx} = \frac{1}{\dfrac{dx}{dy}} = \frac{1}{2y} = \frac{1}{2\sqrt{x-3}}$$

練習問題 11.11　関数 $\sqrt[3]{x+27}$ を逆関数の微分公式を用いて微分しなさい．

11.6　さまざまな関数の微分法

各種関数の導関数

(i)　**三角関数**　$(\sin x)' = \cos x$,　$(\cos x)' = -\sin x$,　$(\tan x)' = \dfrac{1}{\cos^2 x}$

(ii)　**対数関数**　$(\log_a x)' = \dfrac{1}{x}\log_a e$

底の変換公式 $\log_a b = \dfrac{\log_c b}{\log_c a}$ より，さらに，次式が成り立つ（底が e の場合は単に $\log x$ と記す）．

$$(\log_a x)' = \frac{1}{x}\log_a e = \frac{1}{x}\frac{\log e}{\log a} = \frac{1}{x\log a}$$

(iii)　**指数関数**　$(a^x)' = a^x \log a$，なお，$a = e$ のときには，$(e^x)' = e^x$.

例 11.12　三角関数の微分

$(\sin^2 x)'$ は，積の微分公式を用いれば，次のようになる．

$$\begin{aligned}(\sin^2 x)' &= \{(\sin x)(\sin x)\}' = (\sin x)'(\sin x) + (\sin x)(\sin x)' \\ &= (\cos x \sin x) + (\sin x \cos x) = 2\sin x \cos x\end{aligned}$$

また，$\{\sin(2x+1)\}'$ は，$u = 2x+1$ とおいて合成関数の公式を用いれば，次のようになる．

$$\begin{aligned}\{\sin(2x+1)\}' &= \frac{d}{du}\sin u \cdot \frac{d}{dx}(2x+1) \\ &= \cos(u)\cdot 2 = 2\cos(2x+1)\end{aligned}$$

練習問題 11.12　次の各関数の導関数を求めなさい．

(a) $7\sin x$　　(b) $\cos^2 x$　　(c) $\tan(4x+1)$

11.13　対数関数の微分

$\log 4x$，$(\log x)^2$ の導関数はそれぞれ次のようになる．

$$(\log 4x)' = \frac{1}{4x} \cdot (4x)' = \frac{1}{x}$$

$$\{(\log x)^2\}' = 2\log x \cdot (\log x)' = \frac{2\log x}{x}$$

練習問題 11.13　次の各関数を微分しなさい．

(a) $\log 2x$　　(b) $(\log x)^4$

11.14　指数関数の微分

e^{4x}，xe^x の導関数は，それぞれ次のようになる．

$$(e^{4x})' = e^{4x} \cdot (4x)' = 4e^{4x}$$

$$(xe^x)' = x'e^x + x(e^x)' = e^x + xe^x = e^x(1+x)$$

練習問題 11.14　次の各関数を微分しなさい．

(a) $4e^x$　　(b) e^{-4x}

Column　自然現象・社会現象の微分によるモデル化

自然現象や社会現象は，時間の経過とともに変化する観測値（位置，気温，価格，消費量など）の瞬間的な変化の割合をもとに明らかにすることができる．たとえば，物体の位置の瞬間的な変化率（微分係数）から物体の速度が定まり，さらに，その速度の瞬間的な変化率から加速度が定まる．この瞬間的な変化率は，次表のように，電磁気学や経済学の分野においても導入されている．

力学	位置 x	速度 $v = \dfrac{dx}{dt}$	t ：時間，加速度 $a = \dfrac{dv}{dt}$
電気	電荷 q	電流 $i = \dfrac{dq}{dt}$	t ：時間
経済	費用 C	限界費用 $MC = \dfrac{dC}{dx}$	x ：生産量

ここで，位置 x，電荷 q，費用 C は独立変数にあたり，これらの過去から現在までの瞬間的な変化率が観測できれば，それらをもとにして，従属変数の変化の様子が予測できるようになる．たとえば，物体の位置の瞬間的な変化率（速度 v）が一定であれば，t 秒後の位置が vt と予測される．同様に，生産量 x をわずかに変えたときに費用 C がどのように変化するのがわかっていれば，増産（あるいは減産）が費用に与える影響を予測できる．

章末問題

11.1 次の関数の導関数を求めなさい．

(a) $(3x^2-1)(2x^2-x+2)$ (b) $\dfrac{(x-1)(x+2)}{x^2}$ (c) $\sin(3x-2)$

(d) $\sin^5 x$ (e) $x^3 \log x$ (f) $x^2 e^{2x}$

11.2 3 次関数 $f(x)=ax^3+bx^2+cx+d$（a,b,c,d は定数）について，次を求めなさい．

(a) $f(1)$，$f(3)$

(b) $f'(x)$，$f'(2)$，$f'(4)$

(c) $f(1)=-\dfrac{2}{3}$，$f(3)=0$，$f'(2)=0$，$f'(4)=0$ であるときの a,b,c,d

11.3 $f(x)$ の導関数 $f'(x)$ が右図の放物線であるとき，次を求めなさい．

(a) $x=0$ と $x=1$ それぞれにおける $f(x)$ の接線の傾き

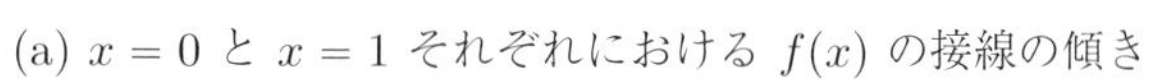

(b) $f(x)$ が極値となるすべての x

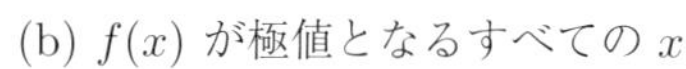

(c) x の区間が $\left[-\dfrac{1}{2}, \dfrac{5}{2}\right]$ であるとき，$f(x)$ の最大値と最小値がそれぞれ 2 と $\dfrac{2}{3}$ であるような $f(x)$

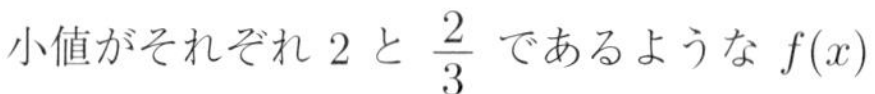

11.4 次の関数の増減表を求めなさい．

(a) $f(x)=\dfrac{x^2+1}{x}$ (b) $f(x)=xe^x$

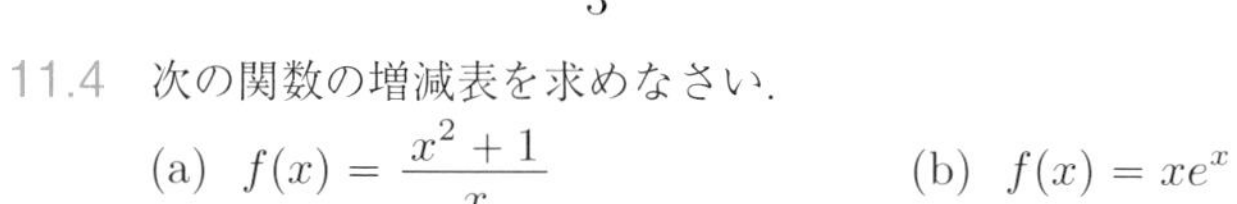

12 積分法

12.1 不定積分

たとえば，関数 x^2，x^2+2, x^2-1 などはいずれも，微分することで $2x$ となる．このとき，x^2，x^2+2, x^2-1 のことを，$2x$ の**原始関数** (primitive function) または**不定積分** (indefinite integral) という．$2x$ の原始関数は，定数の差を除くと一意（この例では x^2）に定まる．一般的には，原始関数は次のように定められる．

導関数と不定積分

ある区間 I で定義された関数 $f(x)$ に対して，同じ区間で定義された関数 $F(x)$ が，$F'(x)=f(x)$ を満たすとき，この $F(x)$ を「$f(x)$ の**原始関数** または**不定積分**」といい，次式で表す．

被積分関数 $f(x)$ → $\int$ → 原始関数 $F(x)+C$ 積分定数

$$\int f(x)\,dx = F(x) + C$$

ここで，記号 $\int$ をインテグラルとよび，定数 C を**積分定数**とよぶ．なお，関数 $f(x)$ の不定積分を求めることを，$f(x)$ を**積分する**といい，このときの $f(x)$ を**被積分関数**という．

例 12.1　x^n の不定積分

x^n の微分公式 $(x^{n+1})'=(n+1)x^n$ より，x^n の積分は次のようになる．

$$\int x^n\,dx = \frac{1}{n+1}x^{x+1} + C$$

ここで，n は，$n=-1$ を除いた任意の実数である．これにより，x^3，$\dfrac{1}{x^3}$，$\sqrt[3]{x}$ の積分は，それぞれ次のようになる．

$$\int x^3\,dx = \frac{1}{3+1}x^{3+1} + C = \frac{1}{4}x^4 + C$$

$$\int \frac{1}{x^3}\,dx = \frac{1}{-3+1}x^{-3+1} + C = -\frac{1}{2}x^{-2} + C = -\frac{1}{2x^2} + C$$

$$\int \sqrt[3]{x}\,dx = \frac{1}{1/3+1}x^{\frac{1}{3}+1} + C = \frac{3}{4}x^{\frac{4}{3}} + C = \frac{3}{4}(\sqrt[3]{x})^4 + C$$

練習問題 12.1　次の各式の不定積分を求めなさい．

(a) $\displaystyle\int x\,dx$　　(b) $\displaystyle\int \frac{1}{x^2}\,dx$　　(c) $\displaystyle\int x\sqrt{x}\,dx$

不定積分の基本公式

(i)　定数倍　$kf(x)$　（ただし，k は定数）

$$\int kf(x)\,dx = k\int f(x)\,dx$$

(ii)　関数の和　$kf(x) \pm lg(x)$　（ただし，k, l は定数）

$$\int \{kf(x) \pm lg(x)\}\,dx = k\int f(x)\,dx \pm l\int g(x)\,dx \quad \text{（複号同順）}$$

(iii)　べき関数　x^n

$n \neq -1$ のとき　$\displaystyle\int x^n\,dx = \frac{1}{n+1}x^{n+1} + C$

$n = -1$ のとき　$\displaystyle\int x^n\,dx = \int \frac{dx}{x} = \log_e |x| + C$

(iv)　三角関数　$\sin x,\ \cos x,\ \tan x$

$$\int \sin x\,dx = -\cos x + C, \quad \int \cos x\,dx = \sin x + C,$$

$$\int \frac{dx}{\cos^2 x} = \tan x + C$$

(v)　指数関数　$e^x,\ a^x$

$$\int e^x\,dx = e^x + C, \quad \int a^x\,dx = \frac{a^x}{\log_e a} + C$$

例 12.2　不定積分の基本公式

$$\int (3x^2+4x+6)\,dx = 3\int x^2\,dx + 4\int x\,dx + 6\int dx = x^3 + 2x^2 + 6x + C$$

$$\int (5\sin x + 6\cos x)\,dx = 5\int \sin x\,dx + 6\int \cos x\,dx = -5\cos x + 6\sin x + C$$

$$\int (e^x + 2^x)\,dx = \int e^x\,dx + \int 2^x\,dx = e^x + \frac{2^x}{\log_e 2} + C$$

練習問題 12.2 次の各式の不定積分を求めなさい．

(a) $\displaystyle\int (3x-5)\,dx$ (b) $\displaystyle\int (-\sin x+\cos x)\,dx$ (c) $\displaystyle\int (3e^x-x^3)\,dx$

12.2 置換積分法

前章の合成関数の微分法（ 11.5 節）で，合成関数 $f(g(x))$ を微分すると $\{f(g(x))\}'=f'(g(x))\cdot g'(x)$ であることが示された．このことを利用した次の**置換積分法** (integration by substitution) を用いれば，計算しやすくなることもある．

置換積分法

関数 $f(x)$ の独立変数 x が，微分可能な関数 $g(t)$ を用いて $x=g(t)$ と表されるとき，y は t の関数 $y=f(g(t))$ となる．このとき，不定積分 $\displaystyle\int f(x)\,dx$ は，次の**置換積分法**の公式で与えられる．

$$\int f(x)\,dx=\int f(g(t))g'(t)\,dt \quad \left(\text{ただし } x=g(t),\ \frac{dx}{dt}=g'(t)\right)$$

この公式は，$\displaystyle\int f(x)\,dx$ における $f(x)$ と dx を，それぞれ $f(x)=f(g(t))$ と $dx=g'(t)\,dt$ に置き換えて得られたものである．

例 12.3 置換積分

$f(x)=(2x+5)^2$ の不定積分は，$t=2x+5$ としたとき，$x=\dfrac{t-5}{2}$ であり，$f(x)=(2x+5)^2=t^2$，$\dfrac{dx}{dt}=\dfrac{1}{2}$ より $dx=\dfrac{1}{2}dt$ なので，次式で求められる．

$$\begin{aligned}\int (2x+5)^2\,dx&=\int t^2\cdot\frac{1}{2}dt=\frac{1}{2}\int t^2\,dt=\frac{1}{2}\cdot\frac{1}{3}t^3+C\\&=\frac{1}{6}(2x+5)^3+C\end{aligned}$$

また，関数 $f(x)=x\sqrt{1-x}$ の不定積分は，$t=\sqrt{1-x}$ とおくと $x=1-t^2$，$\dfrac{dx}{dt}=-2t$ より $dx=-2t\,dt$ となることから，

$$\begin{aligned}\int x\sqrt{1-x}\,dx&=\int (1-t^2)t(-2t)\,dt=2\int (t^4-t^2)\,dt=2\left(\frac{t^5}{5}-\frac{t^3}{3}\right)+C\\&=\frac{2}{15}t^3(3t^2-5)+C=-\frac{2}{15}(\sqrt{1-x})^3(3x+2)+C\end{aligned}$$

練習問題 12.3 次の不定積分を求めなさい．

(a) $\displaystyle\int (5x+1)^3\,dx$ (b) $\displaystyle\int \sqrt{4x+3}\,dx$ (c) $\displaystyle\int \sin(-3x+2)\,dx$

12.3 部分積分法

関数の積の微分は $\{f(x)g(x)\}' = f'(x)g(x) + f(x)g'(x)$ であった．これより $f(x)g'(x) = \{f(x)g(x)\}' - f'(x)g(x)$ が得られる．この式をもとに不定積分を求める方法が，次の**部分積分法** (integration by parts) である．

部分積分法

二つの関数 $f(x), g(x)$ について，$f(x)g'(x)$ の不定積分は，次の**部分積分法**の公式で求められる．

$$\int f(x)g'(x)\,dx = f(x)g(x) - \int f'(x)g(x)\,dx$$

この部分積分は，$f(x)g'(x)$ の不定積分を，$f(x)g(x)$ から $f'(x)g(x)$ の不定積分を引いて求める方法であり，$f'(x)g(x)$ の不定積分の計算が容易になるように，（与えられた関数の積 $f(x)g'(x)$ から）$f(x)$ と $g(x)$ を選ぶとよい．

例 12.4 部分積分法

$x\cos x$ の不定積分は，一方の関数 $\cos x$ を $(\sin x)'$ とみなせば，次式で求められる．

$$\begin{aligned}\int x\cos x\,dx &= \int x(\sin x)'\,dx = x\sin x - \int (x)'\sin x\,dx \\ &= x\sin x - \int \sin x\,dx = x\sin x + \cos x + C\end{aligned}$$

$\log_e x$ の不定積分は，$\log_e x = (x)'\log_e x$ とすることで，次式で求められる．

$$\begin{aligned}\int \log_e x\,dx &= \int (x)'\log_e x\,dx = x\log_e x - \int x\cdot\frac{1}{x}\,dx \\ &= x\log_e x - \int 1\,dx = x\log_e x - x + C\end{aligned}$$

練習問題 12.4 次の不定積分を求めなさい．

(a) $\displaystyle\int x\sin x\,dx$ (b) $\displaystyle\int x\log x\,dx$ (c) $\displaystyle\int xe^x\,dx$

12.4　さまざまな関数の積分法

不定積分の公式や置換積分法などが利用できるように被積分関数 $f(x)$ を変形することで，さまざまな関数の不定積分が求められる．

例 12.5　さまざまな関数の積分法

(1) 分数関数 $\dfrac{2x^2+5x+4}{x+1}$ の不定積分

$$\int \frac{2x^2+5x+4}{x+1}\,dx = \int \frac{(2x+3)(x+1)+1}{x+1}\,dx = \int (2x+3)\,dx + \int \frac{1}{x+1}\,dx = x^2+3x+\log_e|x+1|+C$$

(2) 分数関数 $\dfrac{1}{x^2+x}$ の不定積分

$$\int \frac{1}{x^2+x}\,dx = \int \left(\frac{1}{x}-\frac{1}{x+1}\right)dx = \log_e|x| - \log_e|x+1| + C = \log_e\left|\frac{x}{x+1}\right| + C$$

(3) 三角関数 $\cos^2 x$ の不定積分

$$\int \cos^2 x\,dx = \int \frac{1+\cos 2x}{2}\,dx = \frac{x}{2}+\frac{\sin 2x}{4}+C$$

(4) 三角関数 $\sin x\cos x$ の不定積分

2 倍角の公式 $\sin x\cos x = \dfrac{1}{2}\sin 2x$ を用いる．

$$\int \sin x\cos x\,dx = \int \frac{1}{2}\sin 2x\,dx = -\frac{1}{4}\cos 2x + C$$

練習問題 12.5　次の各式の不定積分を求めなさい．

(a) $\displaystyle\int \frac{2x+3}{x-1}\,dx$　(b) $\displaystyle\int \frac{x-3}{x^2-1}\,dx$　(c) $\displaystyle\int \sin^2 x\,dx$

12.5　定積分

■12.5.1　原始関数と定積分

ある区間 $[a,b]$ で常に $f(x) \geqq 0$ であるとき，関数 $f(x)$ の原始関数 $F(x)$ について，$F(a) - F(b)$ は，右図のように $y = f(x)$ のグラフと x 軸，および 2 直線 $x = a$, $x = b$ で囲まれた部分の面積 S に等しい．これを，$f(x)$ の a から b までの**定積分** (definite integral) という．

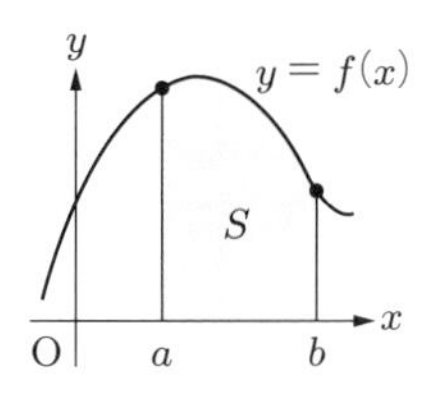

定積分

$f(x)$ の a から b までの**定積分** $F(b) - F(a)$ を記号 $\Big[F(x)\Big]_a^b$ とし，次式で表す．

$$\int_a^b f(x)\,dx = \Big[F(x)\Big]_a^b = F(b) - F(a)$$

定積分 $\displaystyle\int_a^b f(x)\,dx$ の値を求めることを，関数 $f(x)$ を a から b まで積分するという．a を積分の**下端** (lower limit)，b を**上端** (upper limit) といい，区間 $[a, b]$ を**積分区間** (integral interval) という．

例 12.6 定積分

区間 $[0, 2]$ における x^2 の定積分は次のとおりである．

$$\int x^2\,dx = \frac{1}{3}x^3 + C \text{ より，} \int_0^2 x^2\,dx = \left[\frac{1}{3}x^3\right]_0^2 = \frac{1}{3}\cdot 2^3 - 0 = \frac{8}{3}$$

また，区間 $[1, 2]$ における e^x の定積分は次のとおりである．

$$\int e^x\,dx = e^x + C \text{ より，} \int_1^2 e^x\,dx = \Big[e^x\Big]_1^2 = e^2 - e^1 = e(e-1)$$

一般に，定積分の値はどのような積分定数 C を選んでも結果は同じなので，定積分の計算は，上の例のように，積分定数 C を省いて行う．

定積分の性質

定積分については，以下の性質が成り立つ．ここで，k, l は定数である．

(i) $\displaystyle\int_a^b kf(x)\,dx = k\int_a^b f(x)\,dx$

(ii) $\displaystyle\int_a^b \{f(x) + g(x)\}\,dx = \int_a^b f(x)\,dx + \int_a^b g(x)\,dx$

(iii) $\displaystyle\int_a^b \{kf(x) + lg(x)\}\,dx = k\int_a^b f(x)\,dx + l\int_a^b g(x)\,dx$

(iv) $\displaystyle\int_b^a f(x)\,dx = -\int_a^b f(x)\,dx$

(v) $\displaystyle\int_a^b f(x)\,dx = \int_a^c f(x)\,dx + \int_c^b f(x)\,dx = S_1 + S_2$　（下図左参照）

(vi) $\displaystyle\int_a^b \{f(x) - g(x)\}\,dx = \int_a^b f(x)\,dx - \int_a^b g(x)\,dx = S_3$　（下図右参照）

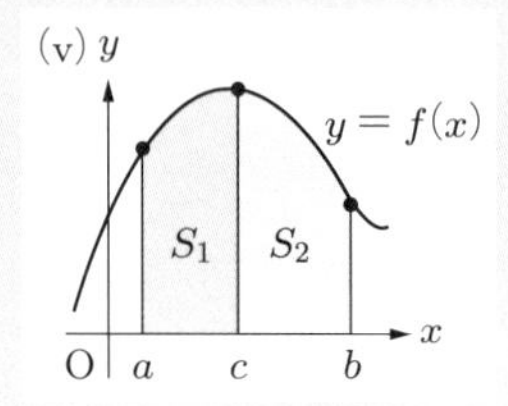

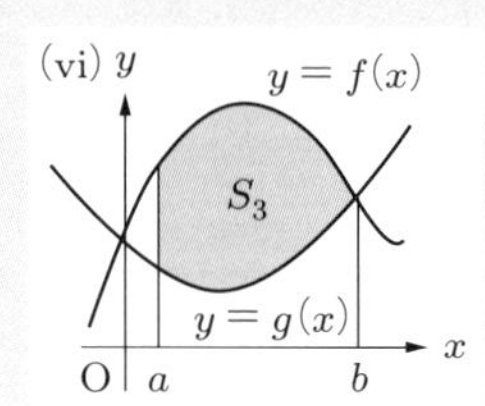

例 12.7　定積分の性質

区間 $[1,2]$ における x^2+2x+1 の定積分 $\displaystyle\int_1^2 (x^2+2x+1)\,dx$ は，次のように求められる．

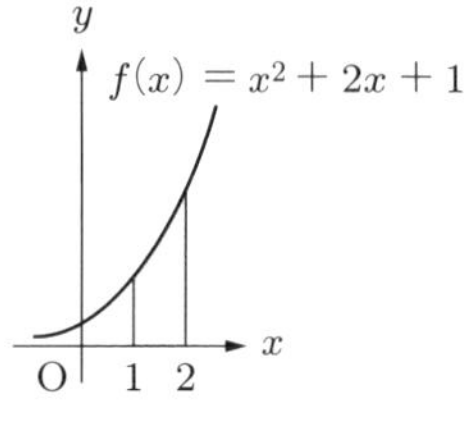

$$\int_1^2 (x^2+2x+1)\,dx = \left[\frac{1}{3}x^3 + x^2 + x\right]_1^2$$
$$= \left(\frac{8}{3} + 4 + 2\right) - \left(\frac{1}{3} + 1 + 1\right)$$
$$= \frac{19}{3}$$

区間 $[-2,2]$ における $|x|$ の定積分は，右図のように，区間 $[-2,0]$ と $[0,2]$ に分けて，次式で求められる．

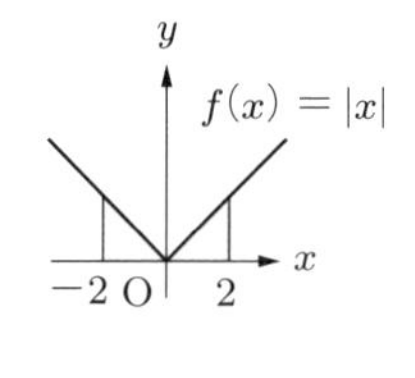

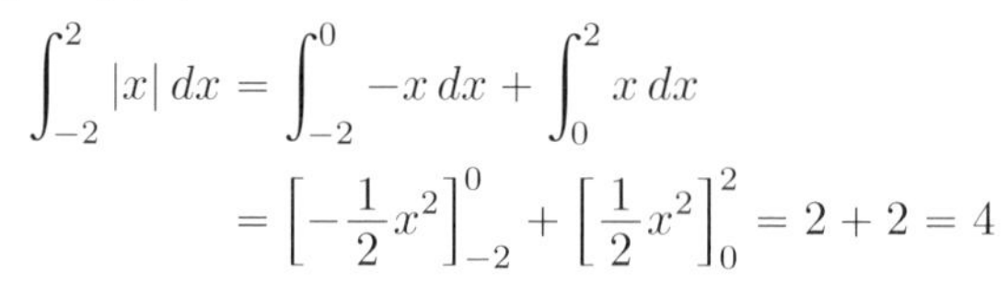

$$\int_{-2}^2 |x|\,dx = \int_{-2}^0 -x\,dx + \int_0^2 x\,dx$$
$$= \left[-\frac{1}{2}x^2\right]_{-2}^0 + \left[\frac{1}{2}x^2\right]_0^2 = 2 + 2 = 4$$

練習問題 12.6　次の定積分を求めなさい．

(a) $\displaystyle\int_0^1 (3x^2+2x+1)\,dx$　　(b) $\displaystyle\int_3^4 \frac{1}{x}\,dx$　　(c) $\displaystyle\int_0^3 |\,x(x-2)\,|\,dx$

12.5.2 置換積分法

定積分の置換積分法

関数 $f(x)$ の独立変数 x が，微分可能な t の関数 $g(t)$ を用いて $x = g(t)$ と表されるとき，$f(x)$ の不定積分は置換積分法より，$\int f(x)\,dx = \int f(g(t))g'(t)\,dt$ で求められた．このとき，x が a から b まで動けば，t は p から q まで動くものとする．すなわち，$a = g(p)$，$b = g(q)$ であって，$f(x)$ の不定積分の一つが $F(x)$ であれば，次式が成り立つ．

$$\int_p^q f(g(t))g'(t)\,dt = \Big[F(g(t))\Big]_p^q = F(g(q)) - F(g(p)) = F(b) - F(a)$$
$$= \Big[F(x)\Big]_a^b = \int_a^b f(x)\,dx$$

したがって，右表のように積分区間を置き換えた $f(x)$ の定積分の置換積分法は，次式となる．

$$\int_a^b f(x)\,dx = \int_p^q f(g(t))g'(t)\,dt$$

積分区間の置換

x	$a \to b$
t	$p \to q$

例 12.8 定積分の置換積分法

積分区間 $[0, 1]$ に対する $\sqrt{1-x^2}$ の定積分は次のようにして求められる．$x = \sin t$ とおくと $\dfrac{dx}{dt} = \cos t$ となる．また，x が 0 から 1 まで変化するとき，t は 0 から $\dfrac{\pi}{2}$ まで変化することから，面積 S は次式で求められる．

$$\begin{aligned} S &= \int_0^1 \sqrt{1-x^2}\,dx \\ &= \int_0^{\frac{\pi}{2}} (\sqrt{1-\sin^2 t}\cdot\cos t)\,dt = \int_0^{\frac{\pi}{2}} \cos^2 t\,dt \\ &= \int_0^{\frac{\pi}{2}} \frac{1+\cos 2t}{2}\,dt = \left[\frac{t}{2} + \frac{\sin 2t}{4}\right]_0^{\frac{\pi}{2}} \\ &= \frac{\pi}{4} \end{aligned}$$

このことは，次図のように原点を中心とした半径 1 の円の $\dfrac{1}{4}$ の面積 S を，$x = \sin t$ とした置換積分法によって求めたことになる．

積分区間の置換

x	$0 \to 1$
t	$0 \to \frac{\pi}{2}$

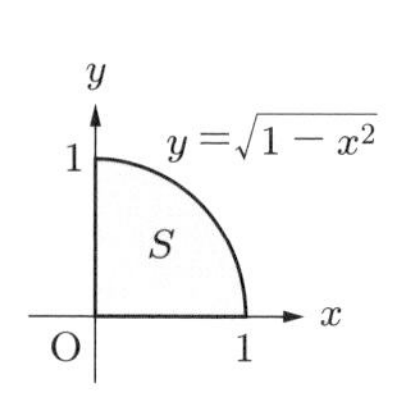

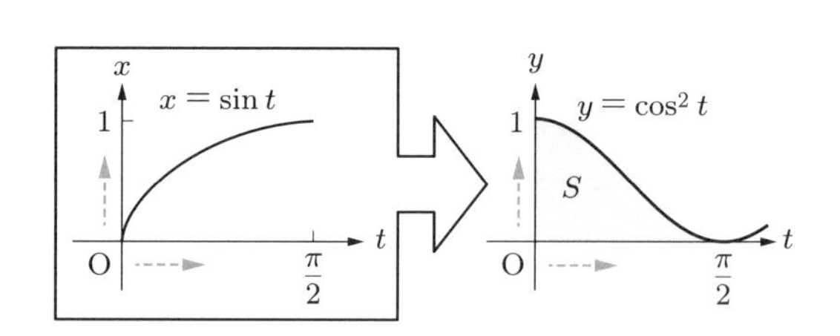

この例のように，定積分の置換積分法は不定積分の手順と同じであるが，変数の積分区間を変える必要がある．

練習問題 12.7　次の定積分を求めなさい．

(a) $\displaystyle\int_0^1 (3-x)^3\,dx$　　(b) $\displaystyle\int_0^{\frac{\pi}{2}} \sin x\cos^2 x\,dx$

12.5.3　定積分の部分積分法

定積分の部分積分法

不定積分の部分積分法の公式 $\displaystyle\int f(x)g'(x)\,dx = f(x)g(x) - \int f'(x)g(x)\,dx$ より，定積分の場合について次のことが成り立つ．

$$\int_a^b f(x)g'(x)\,dx = \Big[f(x)g(x)\Big]_a^b - \int_a^b f'(x)g(x)\,dx$$

例 12.9　定積分の部分積分法

(1) $x\sin x$ の定積分

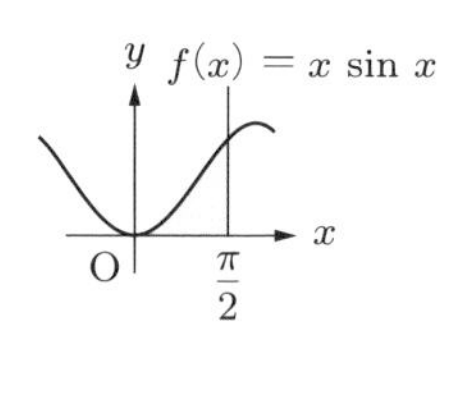

$$\int_0^{\frac{\pi}{2}} x\sin x\,dx = \int_0^{\frac{\pi}{2}} x(-\cos x)'\,dx$$
$$= \Big[-x\cos x\Big]_0^{\frac{\pi}{2}} - \int_0^{\frac{\pi}{2}} (x)'(-\cos x)\,dx$$
$$= 0 + \int_0^{\frac{\pi}{2}} \cos x\,dx = \Big[\sin x\Big]_0^{\frac{\pi}{2}} = 1$$

(2) $\log_e x$ の定積分

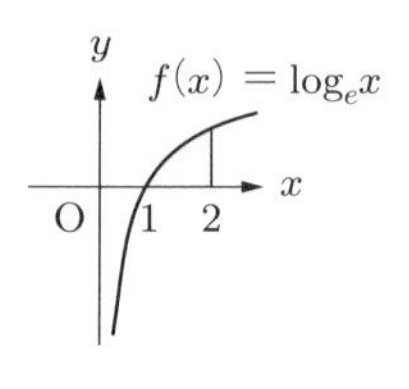

$$\int_1^2 \log_e x\,dx = \int_1^2 (x)'\log_e x\,dx$$
$$= \Big[x\log_e x\Big]_1^2 - \int_1^2 x\cdot\frac{1}{x}\,dx$$

$$= 2\log_e 2 - \Big[x\Big]_1^2 = 2\log_e 2 - 1$$

練習問題 12.8　次の定積分を求めなさい．

(a) $\displaystyle\int_0^{\pi} x\sin x\,dx$　　(b) $\displaystyle\int_0^1 xe^x\,dx$　　(c) $\displaystyle\int_1^e x\log x\,dx$

12.6　微分と定積分の関係

微分と定積分の関係

ある区間 I において連続な関数 $f(x)$ について，微分と定積分との間には次の関係が成り立つ．ここで，下端 a は I の定点，上端 x は I を動く点とする．

$$\frac{d}{dx}\int_a^x f(t)\,dt = f(x)$$

この関係式は，右図のように，定点 a から点 x までの $f(x)$ のグラフが囲む面積が変化する様子を表した $F(x) = \displaystyle\int_a^x f(t)\,dt$ を微分すると，関数 $f(x)$ が得られることを表す．ここで，$F(x)$ は原始関数であり，$F(x)$ の導関数が $f(x)$ にあたる（➡ 12.1 節）．

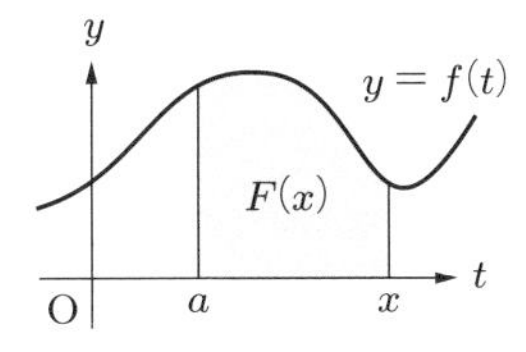

例 12.10　微分と定積分の関係

次図左の曲線 $f(t) = 2t + 1$ と直線 $y = 0$，$t = 0$，$t = x$ で囲まれた台形の面積は，「(上底＋下底)×高さ÷2」より，次式で求められる．

$$\{1 + (2x + 1)\} \times x \times \frac{1}{2} = x^2 + x \quad \cdots ①$$

この式を，x を独立変数とする関数 $F(x)$ としたとき，式①は，関数 $f(t)$ を区間 $[0, x]$ について定積分した次式にほかならない．

$$F(x) = \int_0^x f(t)dt = \int_0^x (2t + 1)dt = \Big[t^2 + t\Big]_0^x = x^2 + x$$

この関数 $F(x)$ のグラフを描いたのが次図右である．

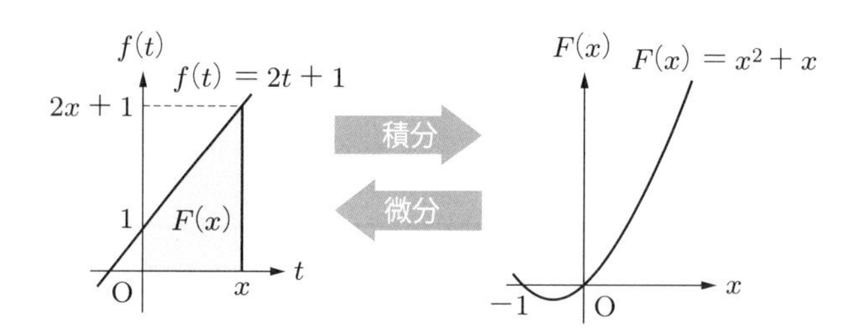

さらに，$F(x)$ の導関数は次式となる．

$$\frac{d}{dx}F(x) = (x^2 + x)' = 2x + 1$$

すなわち，次式が成り立つ．

$$\frac{d}{dx}\int_0^x (2t + 1)dt = 2x + 1$$

練習問題 12.9　$\dfrac{d}{dx}\displaystyle\int_0^x e^{5t}\,dt$ を求めなさい．

Column　積分による未来予測

時刻 t での位置の変化量を表す関数 $x(t)$ を微分すると速度を表す関数 $v(t)$ が得られ，さらに $v(t)$ を微分すると加速度を表す関数 $a(t)$ が得られる．そのため，微分と積分の関係から，たとえば，下図のように，等加速度 $a(t) = 2$ の場合，$a(t)$ を積分することで $v(t)$ が，さらに $v(t)$ を積分すれば $x(t)$ が得られる．すなわち，物体の加速度や速度を表す関数についての積分によって，その物体の位置が求められる．また，「位置，速度，加速度」のいずれか一つがわかれば，微積分によってほかの二つが求められる．このように微積分を活用して，彗星や惑星の軌道計算，航空機や車の自動運転などが行われている．

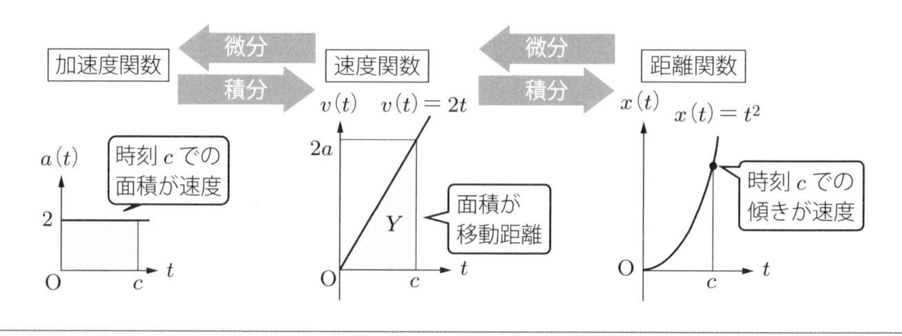

章末問題

12.1 次の不定積分を求めなさい.

(a) $\displaystyle\int x^4\,dx$ (b) $\displaystyle\int \frac{1}{\sqrt{x}}\,dx$ (c) $\displaystyle\int x(x+1)(x-1)\,dx$

(d) $\displaystyle\int (2+\tan x)\cos x\,dx$ (e) $\displaystyle\int e^{2x+5}\,dx$ (f) $\displaystyle\int x^2\sin x\,dx$

12.2 次の定積分を求めなさい.

(a) $\displaystyle\int_1^3 \sqrt{x}\,dx$ (b) $\displaystyle\int_0^{\frac{\pi}{2}} \sin x\,dx$ (c) $\displaystyle\int_0^{\frac{\pi}{2}} x\cos x\,dx$

12.3 二つの曲線 $f(x)=x+2$ と $g(x)=x^2$ で囲まれた領域の面積を求めなさい.

12.4 $\displaystyle\int_0^x f(t)\,dt = e^{x^2}+C$ を満たす関数 $f(x)$ と定数 C を求めなさい.

13 方程式・不等式と応用

13.1 方程式と解

13.1.1 方程式とグラフ

未知数 x を含む多項式 $x-1$, x^2+3x+4 などについて，$x-1=0$, $x^2+3x+4=0$ を方程式という．一般的には，未知数とみなす文字 x が含まれた多項式を $P(x)$ と表すとき，$P(x)=0$ を**方程式** (equation) とよぶ．そして，方程式を満たす未知数 x の値（解）をみいだすことを，その方程式を解くという．$P(x)$ が x の n 次式であれば $P(x)=0$ を $\boldsymbol{n}$ **次方程式**という．$x-1=0$ と $x^2+3x+4=0$ はそれぞれ，1 次方程式，2 次方程式である．

方程式とグラフ

方程式 $P(x)=0$ の未知数 x を関数の独立変数とみなすと，右図のように関数 $y=P(x)$ としてのグラフを描くことができる．このとき，$P(x)=0$ を満たす実数解 x は，$y=P(x)$ のグラフと x 軸（$y=0$ に相当）の交点にあたる．

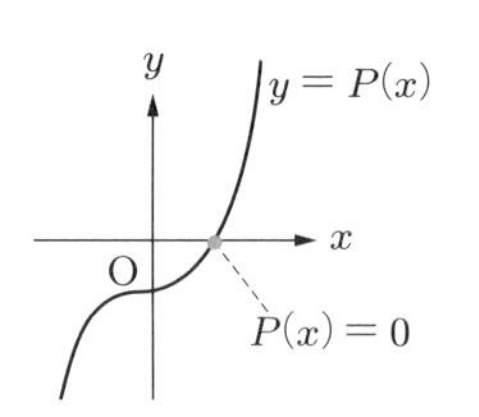

例 13.1 方程式のグラフと実数解

下図は，1 次方程式 $ax+b=0$，2 次方程式 $ax^2+bx+c=0$，3 次方程式 $ax^2+bx^2+cx+d=0$ から得られたグラフの例である ($a \neq 0$)．同図では，各方程式の実数解は，それぞれ，1, 2, 3 個である．一般的には，定数 a, b, c, d によって解の個数は異なり，2 次方程式では 2 個以下，3 次方程式では 3 個以下である．た

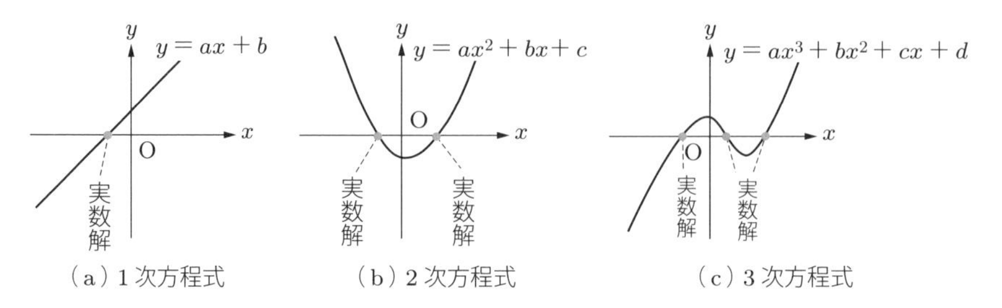

（a）1 次方程式　（b）2 次方程式　（c）3 次方程式

とえば，$x^2=0$ の解は 1 個である．

2 次方程式とグラフ

2 次方程式 $ax^2+bx+c=0$ $(a \neq 0)$ の解は公式より，$x=\dfrac{-b \pm \sqrt{b^2-4ac}}{2a}$ によって求められる．このとき，$D=b^2-4ac$ は**判別式** (descriminant) とよばれ，D の正負により解の個数が次のように判別される．

$$\begin{cases} D>0 & \text{異なる二つの実数解} \\ D=0 & \text{一つの実数解（重解）（下図参照）} \\ D<0 & \text{実数解なし（虚数解が二つ）（下図参照）} \end{cases}$$

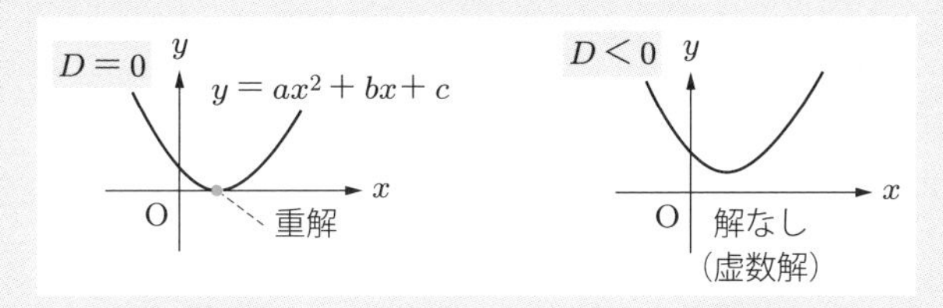

■13.1.2 n 次方程式の解の個数

例 13.1 で示したように，2 次方程式の実数解は 2 個以下，3 次方程式の実数解は 3 個以下である．このことが成り立つのは，未知数 x の定義域を実数全体とした場合であり，定義域を第 1 章で学んだ複素数まで拡張すると，次のことが成り立つ．

n 次方程式の解の個数（定義域が複素数の場合）

n 次式 $P(x)$ からなる n 次方程式 $P(x)=0$ の解は，定義域を複素数としたときにはちょうど n 個ある（重解も別々に数える）．それらの解は，n 次式 $P(x)$ を次式のように因数分解したときの $\alpha_1,\ \alpha_2, \ldots, \alpha_n$ である．

$$P(x)=a(x-\alpha_1)(x-\alpha_2)\cdots(x-\alpha_n)$$

因数定理

多項式 $P(x)$ が $(x-\alpha)$ で割り切れることと，$x=\alpha$ としたときの多項式の値が $P(x)=0$ であることとは，同値（必要十分条件）である．このことから，多項式 $P(x)$ を，$(x-\alpha)$ を因数の一つとして，因数分解することができる．

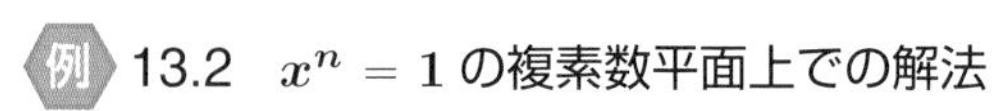

例 13.2　$x^n = 1$ の複素数平面上での解法

3 次方程式 $x^3 = 1$ は，$P(x) = x^3 - 1$ としたとき $P(1) = 0$ であることから，因数定理より $(x-1)$ で割り切れて，$P(x) = (x-1)(x^2+x+1)$ とすることができる．そのため，$x^3 = 1$ の解は，$x - 1 = 0,\ x^2 + x + 1 = 0$ をそれぞれ解いて，次の三つとなる．

$$x = 1,\ \text{または},\ x = \frac{-1 \pm \sqrt{3}i}{2}$$

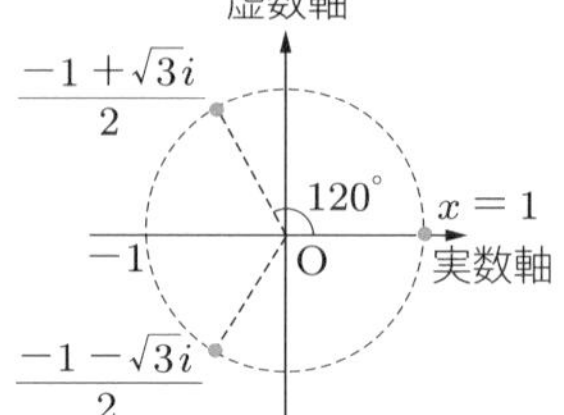

これらの三つの解を複素数平面†上に描くと，右図のように，単位円を三等分する点に解が存在する．一般的に，$x^n = 1\ (n \in \mathbb{N})$ の場合には，単位円を n 等分する点に解が存在する．

練習問題 13.1　次の各方程式を解きなさい．

(a) $x^2 - 1 = 0$　　(b) $x^3 + 1 = 0$　　(c) $x^4 = 1$　　(d) $x^4 = -4$

13.2　連立方程式の解法

共通の未知数を複数個含む方程式の組を**連立方程式** (simultaneous equations) とよび，これらすべての方程式を同時に満たす未知数の値の組を連立方程式の解という．ここでは，未知数が 2 個の連立方程式について，消去法，代入法，行列を用いた解法を示す．なお，1 次式からなる連立方程式を連立 1 次方程式とよぶ．

■13.2.1　消去法

消去法 (elimination method) は，未知数 x, y のうち，どちらかの係数をそろえて，2 式を加減算して未知数を一つ消すことで解を求める方法である．

例 13.3　連立 1 次方程式の解法（消去法）

次の連立 1 次方程式の解は，消去法によって以下のようにして求められる．

$$3x + 4y = 1 \quad \cdots ①$$
$$2x + 5y = 2 \quad \cdots ②$$

まず，各式の y の係数を 20 にそろえて，y を消すために，「式① ×5− 式② ×4」とする．

† 横軸を実数，縦軸を虚数として，複素数を表す平面．

$$\begin{array}{rrcr} & 15x + 20y & = & 5 \\ -) & 8x + 20y & = & 8 \\ \hline & 7x & = & -3 \end{array}$$

これにより，$x = -\dfrac{3}{7}$ が得られ，式①に代入することで $y = \dfrac{4}{7}$ が求められる．

連立 1 次方程式とグラフ

例 13.3 の各方程式のグラフを描くと右図となる．このときの 2 本の直線の交点が連立方程式の解にあたる．一般的にも連立方程式の解は，各方程式をグラフで描いたときの交点にあたる．

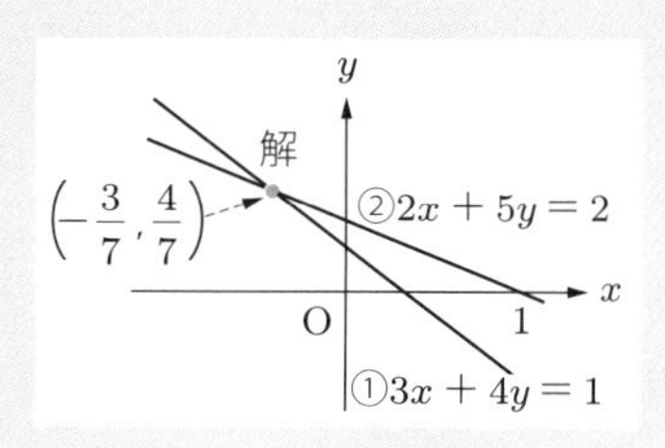

練習問題 13.2　次の各連立 1 次方程式を消去法を用いて解きなさい．

(a) $\begin{cases} 2x + 4y = 10 \\ x + y = 4 \end{cases}$　　(b) $\begin{cases} 4x + 3y = 5 \\ 3x - 4y = 10 \end{cases}$

■13.2.2 代入法

代入法 (substitution method) は，一方の式を「$x = \ldots$」の形に変形し，もう一方の式の x にこの式の右辺を代入することで，未知数を減らして解を求める方法である．

例 13.4 連立 1 次方程式の解法（代入法）

例 13.3 の連立 1 次方程式を代入法で解けば，次のようになる．式②より，$x = -\dfrac{5}{2}y + 1$ とし，これを式①に代入すれば，$3\left(-\dfrac{5}{2}y + 1\right) + 4y = 1$ を得る．これを y について解けば，$y = \dfrac{4}{7}$ が求められる．そして，$x = -\dfrac{5}{2}y + 1 = -\dfrac{5}{2} \cdot \dfrac{4}{7} + 1 = -\dfrac{3}{7}$ が求められる．

練習問題 13.3　次の各連立 1 次方程式を代入法を用いて解きなさい．

(a) $\begin{cases} 2x + 4y = 10 \\ x + y = 4 \end{cases}$　　(b) $\begin{cases} 4x + 3y = 5 \\ 3x - 4y = 10 \end{cases}$

13.2.3　行列による方法

未知数が 2 個の連立 1 次方程式 $\begin{cases} ax + by = e \\ cx + dy = f \end{cases}$ は，行列（➡ 10.8 節）$\begin{pmatrix} a & b \\ c & d \end{pmatrix}\begin{pmatrix} x \\ y \end{pmatrix} = \begin{pmatrix} e \\ f \end{pmatrix}$ の形式で表すことができ，次のような行列の演算により解が求められる．

例 13.5　連立 1 次方程式の解法（行列による方法）

例 13.3 の連立 1 次方程式は，行列を用いれば，

$$\begin{pmatrix} 3 & 4 \\ 2 & 5 \end{pmatrix}\begin{pmatrix} x \\ y \end{pmatrix} = \begin{pmatrix} 1 \\ 2 \end{pmatrix} \quad \cdots ③$$

と表される．このとき，$\begin{pmatrix} 3 & 4 \\ 2 & 5 \end{pmatrix}$ の逆行列（➡ 10.10 節）は存在し，$\dfrac{1}{7}\begin{pmatrix} 5 & -4 \\ -2 & 3 \end{pmatrix}$ であり，この逆行列を式③の両辺に左側からかければ，次式のように変形される．

$$\begin{pmatrix} 3 & 4 \\ 2 & 5 \end{pmatrix}^{-1}\begin{pmatrix} 3 & 4 \\ 2 & 5 \end{pmatrix}\begin{pmatrix} x \\ y \end{pmatrix} = \begin{pmatrix} 3 & 4 \\ 2 & 5 \end{pmatrix}^{-1}\begin{pmatrix} 1 \\ 2 \end{pmatrix}$$

$$\begin{pmatrix} x \\ y \end{pmatrix} = \frac{1}{7}\begin{pmatrix} 5 & -4 \\ -2 & 3 \end{pmatrix}\begin{pmatrix} 1 \\ 2 \end{pmatrix} = \frac{1}{7}\begin{pmatrix} -3 \\ 4 \end{pmatrix} \quad \cdots ④$$

よって，$x = -\dfrac{3}{7}$，$y = \dfrac{4}{7}$ が求められる．

連立 1 次方程式と行列

n 個の未知数を含む連立 1 次方程式を行列で表した場合，$\boldsymbol{AX} = \boldsymbol{B}$（例 13.5 の式③参照）の $\boldsymbol{A}$ は次数 n の正方行列となる．このとき，$\boldsymbol{A}$ が逆行列をもつならば，解 $\boldsymbol{X}$ は，$\boldsymbol{X} = \boldsymbol{A}^{-1}\boldsymbol{B}$（例 13.5 の式④参照）で求められる．

なお，一般的には，未知数と方程式の数との関係より，未知数が n 個の場合，n 個の独立な方程式†があれば，解が一意に求められる．

練習問題 13.4　次の各連立 1 次方程式を行列を用いて解きなさい．

(a) $\begin{cases} 2x + 4y = 10 \\ x + y = 4 \end{cases}$　(b) $\begin{cases} 4x + 3y = 5 \\ 3x - 4y = 10 \end{cases}$　(c) $\begin{cases} -x + 3y = 0 \\ 3x - y = \dfrac{8}{3} \end{cases}$

† 詳細は省略するが，10.3 節におけるベクトルの独立と同様の概念．

13.3　不等式

■13.3.1　不等式の性質

自然数，整数，有理数を含む実数の大小関係は，不等号 $>, <, \geqq, \leqq$ を用いて表すことができる．なお，$ax+b \geqq 0$ のように1次式からなる不等式を1次不等式とよぶ．

不等式の基本性質

実数 a, b, c について次の性質が成り立つ．

(i)　$a<b,\ b<c \implies a<c$

(ii)　$a<b \implies a+c<b+c,\quad a-c<b-c$

(iii)　$a<b,\ c>0 \implies ac<bc,\quad \dfrac{a}{c}<\dfrac{b}{c}$

(iv)　$a<b,\ c<0 \implies ac>bc,\quad \dfrac{a}{c}>\dfrac{b}{c}$

未知数 x を含む不等式 (inequality, inequality expression) において，この不等式を満たす x のとり得る値の範囲を求めることを，不等式を解くという．

例 13.6　1次不等式の解法

1次不等式 $2x+4<4x-2$ の解は，次のように不等式の基本性質を用いながら，x のとり得る値の範囲を明確にすることで得られる．

$$2x+4<4x-2 \quad （両辺から 4 を引く）$$
$$2x<4x-6 \quad （両辺から 4x を引く）$$
$$-2x<-6 \quad （両辺を負の数 -2 で割る）$$
$$x>3$$

練習問題 13.5　次の各不等式を解きなさい．

(a) $4x-6<2x$　　(b) $x+2 \geqq 3$　　(c) $2(x+3)>3x+4$

■13.3.2　連立不等式

二つ以上の不等式を組み合わせたものを**連立不等式** (simultaneous inequality) といい，これらすべての不等式を満たす未知数の範囲を**連立不等式の解**という．

例 13.7　連立不等式

次の二つの不等式をともに満たす x の範囲を考える．

$$\begin{cases} x + 2 \geqq 3 \\ 2(x+3) > 3x + 4 \end{cases}$$

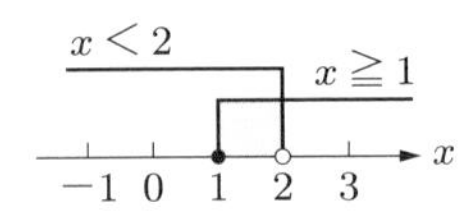

それぞれの不等式を解くと $x \geqq 1$ と $x < 2$ が得られる．したがって，連立不等式の解は，右図のようにこれらの共通の範囲の $1 \leqq x < 2$ である．

練習問題 13.6　次の各連立不等式を解きなさい．

(a) $\begin{cases} x + 2 \geqq 2x - 4 \\ 2(x+3) > x + 4 \end{cases}$　　(b) $\begin{cases} x - 4 < 4x - 1 \\ 2(x+2) < x + 6 \end{cases}$

■13.3.3　2 次不等式

2 次不等式 $ax^2 + bx + c \geqq 0$ の場合は，曲線 $y = ax^2 + bx + c$ が x 軸より上に描かれる x の範囲が解となる．それは，下図のように判別式 D により場合分けされる†．判別式 $D > 0$ の場合は，x 軸と曲線との交点の x 座標を α, β とすると，「$x \leqq \alpha$ または $\beta \leqq x$」が解となる．それ以外の場合 $D \leqq 0$ では，「すべての実数」が解となる．

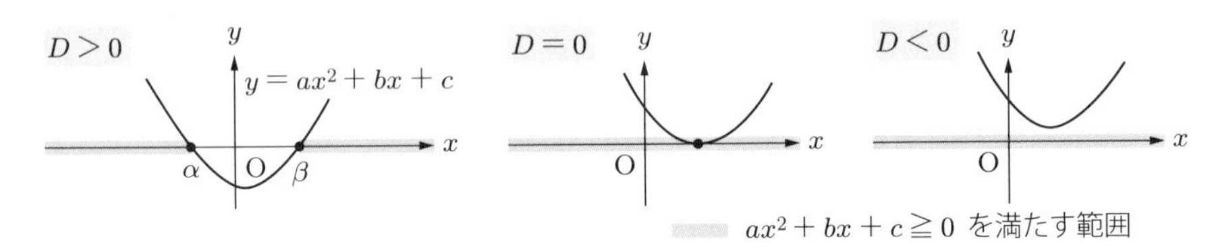

例 13.8　2 次不等式の解法

2 次不等式 $x^2 - 2x - 8 \geqq 0$ の場合，x^2 の係数は正であるため，曲線は下に凸であり，曲線 $y = x^2 - 2x - 8$ と x 軸との交点の座標は，$x^2 - 2x - 8 = (x+2)(x-4) = 0$ より $x = -2, 4$ である．したがって，不等式の解は曲線が x 軸よりも上（x 軸も含む）にある右図の水色の範囲「$x \leqq -2$ または $4 \leqq x$」である．

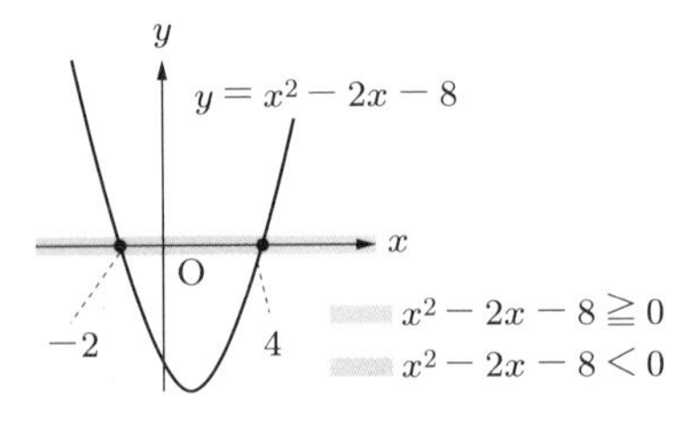

† 簡単化のために $a > 0$ の場合のみを示すが，$a < 0$ の場合には x 軸を対称軸として上下を反転させ，上に凸とすればよい．

これに対し，$x^2 - 2x - 8 < 0$ の解，すなわち，曲線が x 軸よりも下（x 軸を含まない）にある範囲は前図の灰色の「$-2 < x < 4$」である．

練習問題 13.7 次の 2 次不等式を解きなさい．

(a) $x^2 - 7x + 12 > 0$ (b) $2x^2 - 8x + 8 > 0$ (c) $x^2 - 7x + 12 < 0$

13.3.4 絶対値を含む方程式・不等式

実数の絶対値については，次のことがいえる（このほかに付録 B の公式も参照のこと）．

実数の絶対値の性質

a, b は実数とする．

(i) $a \geqq 0$ のとき，$|a| = a$，$a < 0$ のとき，$|a| = -a$

(ii) $|a| \geqq 0$，$|a|^2 = a^2$，$|a| = |-a|$

$|a| \geqq a$（等号が成り立つのは，$a \geqq 0$ の場合に限る）

(iii) $|ab| = |a||b|$，$\sqrt{a^2} = |a|$

絶対値を含む方程式・不等式

絶対値の性質より，実数 $a > 0$ のとき，方程式と不等式の解は次のようになる．

(i) 方程式 $|x| = a$ 解は $x = \pm a$

(ii) 不等式 $|x| < a$ 解は $-a < x < a$

(iii) 不等式 $|x| > a$ 解は $x < -a, a < x$

例 13.9 絶対値を含む方程式・不等式

$|x - 5| = 6$ のグラフは右図のとおりである．このとき，$|x - 5| = 6$ の解は，$x - 5 = \pm 6$ より，$x = 11, -1$ である．また，$|x - 5| < 6$ の解は，$-6 < x - 5 < 6$ より，$-1 < x < 11$ となる．

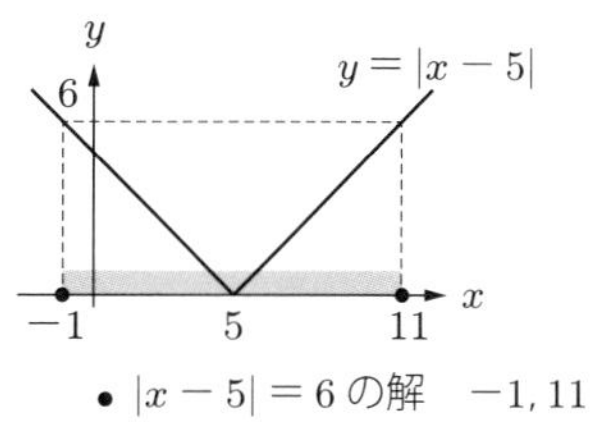

練習問題 13.8　次の方程式・不等式を解きなさい．

(a) $|x+3|=4$　(b) $|2x+6|<10$　(c) $|2x+6|>10$

13.4　2次関数の最小値と最大値

未知数 x が動く範囲での関数 $f(x)$ の最小値や最大値を求める方法の一つが，f の導関数を利用することである（➡ 11.3.4 項）．とくに f が2次関数の場合には，ほかの方法も用いられる．ここでは，$f(x)=x^2+2x-3$ を例に取り上げながら，最小値を求めるいくつかの方法について述べる．

例 13.10　グラフを描く方法

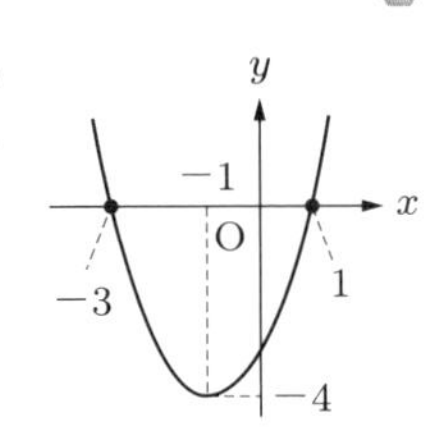

$f(x)=0$，すなわち，$x^2+2x-3=0$ を満たす解は $x=1,-3$ であり，2次の項の係数は正なので，この関数のグラフは，右図のように下に凸となる．このとき，関数が最小値をとるときの x は，-3 と 1 の真ん中にあたる -1 であり，最小値は $f(-1)=-4$ である．

練習問題 13.9　次の値を，グラフ（頂点）を用いて求めなさい．

(a) $f(x)=3x^2-9x+5$ の最小値

(b) $f(x)=-x^2+2x-3$ の最大値

例 13.11　平方完成による方法

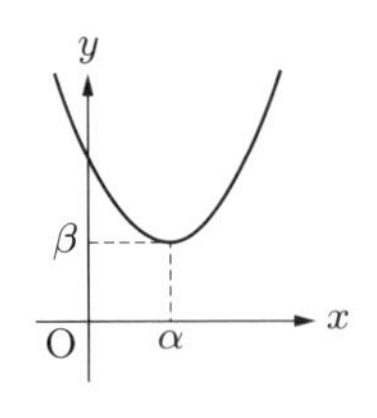

2次式を $a(x-\alpha)^2+\beta$ の形式に変形できると，$a>0$ かつ $x=\alpha$ のときに最小値 β になることがわかる．このような変形を**平方完成**という．

例 13.10 の関数の場合，平方完成すると $x^2+2x-3=(x+1)^2-4$ が得られ，$x=-1$ のとき，最小値 -4 となる．

練習問題 13.10　次の値を，平方完成を用いて求めなさい．

(a) $f(x)=3x^2-9x+5$ の最小値

(b) $f(x)=-x^2+2x-3$ の最大値

例 13.12　導関数による方法

$f(x)=x^2+2x-3$ の導関数 $f'(x)$ は，次式となる．

$$f'(x)=\frac{dy}{dx}=2x+2$$

このとき，2 次関数の頂点の x 座標は $f'(x)=0$ を満たす $x=-1$ であるから下に凸の 2 次関数の最小値は，$f(-1)=-4$ となる．

練習問題 13.11 次の値を，例 13.12 のように導関数を用いて求めなさい．

(a) $f(x)=3x^2-9x+5$ の最小値

(b) $f(x)=-x^2+2x-3$ の最大値

13.5 さまざまな方程式・不等式

これまでに学んできた三角関数，指数や対数などを含む方程式は，次のようにして解くことができる．

例 13.13 三角関数の方程式

定義域を $0 \leqq x < 2\pi$ とする関数 $f(x)=\cos x$ についての方程式 $f(x)=\dfrac{1}{2}$ の解は，右図から $x=\dfrac{\pi}{3}$, $\dfrac{5\pi}{3}$ である．なお，x の定義域を実数とした場合，解は $\dfrac{\pi}{3}+2n\pi$, $\dfrac{5\pi}{3}+2n\pi$ である（n は整数）．

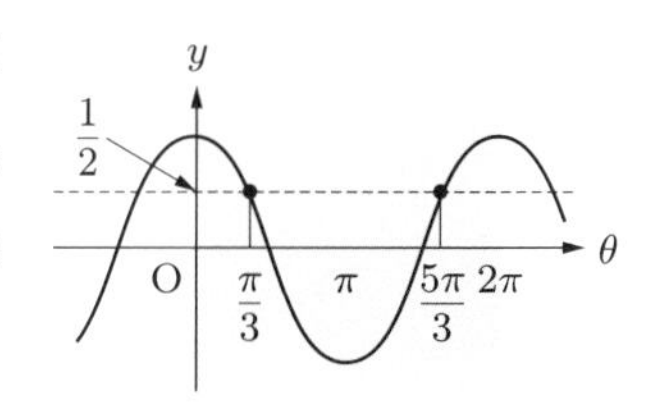

練習問題 13.12 次の各方程式を解きなさい．いずれも，定義域は $0 \leqq x < 2\pi$ とする．

(a) $\sin x=\dfrac{1}{2}$　(b) $\sin 2x=-\dfrac{1}{\sqrt{2}}$　(c) $3-4\cos^2 x=0$

例 13.14 指数方程式

方程式 $2^x=6$ は，$\log_a a=1$ という関係を利用するために，次のように両辺の対数をとることで，解くことができる．

$$\log_2 2^x=\log_2 6 \text{ より，} x=\log_2 6$$

練習問題 13.13 方程式 $2^{3x-4}=32$ を解きなさい．

例 13.15 対数方程式

方程式 $\log_2(3x-4)=5$ は，指数による式へ変形することで，解くことができる．すなわち，方程式を $3x-4=2^5$ と変形して，$3x=36$ より，$x=12$ となる．

練習問題 13.14　方程式 $\log_{10} x + \log_{10}(x+3) = 1$ を解きなさい．

例 13.16　対数 ―不等式―

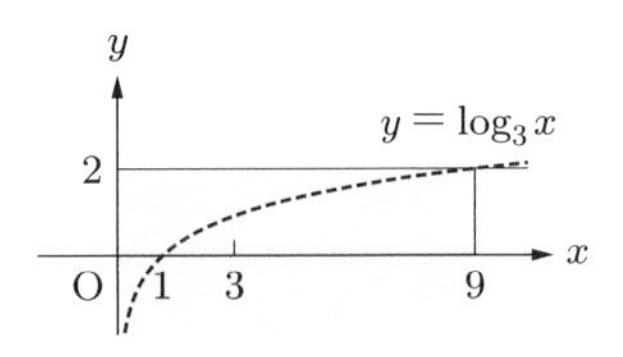

不等式 $\log_3 x < 2$ の解は，左辺の底が 1 より大きいことから，次のようにして求められる．真数条件から $x > 0$ であること，$\log_3 x < 2$ を指数による式に変形すれば $x < 3^2 = 9$ であることから，解は $0 < x < 9$ となる．このときの $y = \log_3 x$ のグラフは右図の破線であり，$y = 2$ を超えない定義域の範囲が $0 < x < 9$ である．

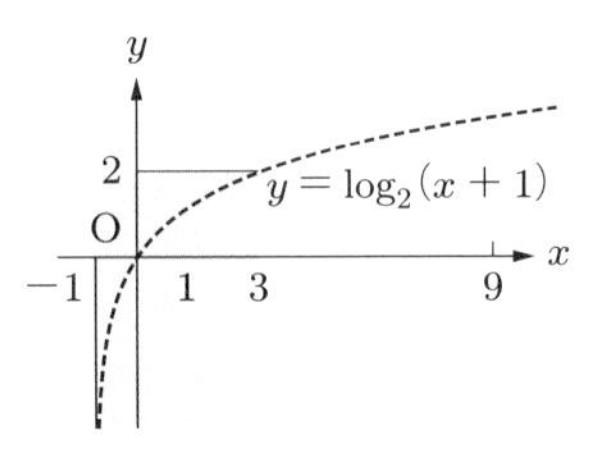

また，$\log_2(x+1) < 2$ についても同様にして，真数条件から $x + 1 > 0$ であること，$\log_2(x+1) < 2$ を指数式に変換して $x + 1 < 2^2$ より $x < 3$ であることから，解は $-1 < x < 3$ である．この場合の $y = \log_2(x+1)$ のグラフは右図の破線であり，$y = 2$ を超えない定義域の範囲が $-1 < x < 3$ である．

なお，$\log_a x$ において，$0 < a < 1$ であるときは，x の値が増加すると $\log_a x$ は減少することに注意が必要である（➡ 3.8 節）．

練習問題 13.15　次の各不等式を解きなさい．

(a) $\log_2 x < -4$　　　　(b) $\log_{\frac{1}{3}}(x+1) < 2$

13.6　最適化

最適化 (optimize) とは，いくつかの未知数からなる関数の値が最大（あるいは最小）になるときの未知数をみいだすことをいう．このときの未知数の値を**最適解** (optimized solution) という．このときの関数は，**目的関数** (objective function) あるいは**評価関数** (evaluation function) とよばれ，売上高や材料費，人件費，移動時間，配達費用，積載量などを表す．最適化にかかわる問題の多くには，未知数がとり得る値について条件（**制約条件** (constraint condition) とよぶ）が与えられている．そのため，最適化問題は，「目的関数を最大（最小）にする制約条件を満たす解をみいだす問題」である．

最適化問題の目的関数や制約条件にはさまざまな種類があるが，ここでは，目的関数が 1 次式や 2 次式で，制約条件が不等式からなる場合を対象として，その解法について述べる．

例 13.17 売上高の最大化

チーズサンドとチーズトーストを製造している食品工場での，最適な生産計画を求める問題を考える．なお，価格は税込みとする．

この工場では，「チーズ 1 枚とパン 2 枚を使って 1 個のチーズサンド（120 円）」と「チーズ 2 枚とパン 1 枚を使って 1 個のチーズトースト（80 円）」を作っている．チーズとパンをそれぞれ 300 枚仕入れたとき，チーズサンドとチーズトーストをそれぞれ何個製造して完売したときに，売上高が最大になるのかを考える．いま，チーズサンドとチーズトーストの製造個数をそれぞれ x, y とすれば，目的関数と制約条件は次のようになる．このとき，制約条件を満たす x, y の組のうち，目的関数が最大となるものが最適解となる．

目的関数： $120x + 80y \quad \rightarrow$ 最大化

制約条件： $x + 2y \leqq 300,\ 2x + y \leqq 300,\ x \geqq 0,\ y \geqq 0,\ x, y \in \mathbb{N}$

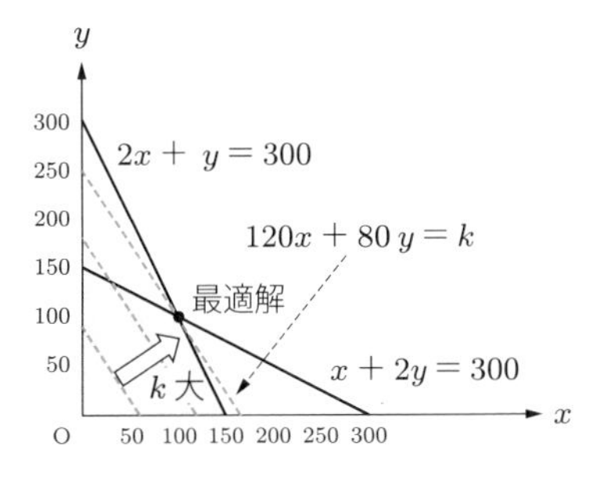

このような問題の解法の一つが，制約条件に含まれる連立不等式を，右図のように xy 平面のグラフとして描く方法である†．図中で水色の領域が制約条件が満たされている範囲である．そして，最適解は領域内（境界線も含む）で，売上高 $120x + 80y$（図中 k とおく）を最大とする点 (x, y) である．k の値によって直線は動き，$120x + 80y = k \iff y = -\dfrac{3}{2}x + \dfrac{k}{80}$ の y 切片が最大のとき k が最大となる．すなわち，図より，$x + 2y = 300$ と $2x + y = 300$ の交点である $x = \dfrac{300}{3} = 100$，$y = 100$ で，$120x + 80y$ は最大となる．以上のことから，チーズサンドとチーズトーストをともに 100 個製造し，完売になったときの売上高が最大となる．

練習問題 13.16 例 13.17 において，材料にハムも加えることにし，ハムチーズサンドを作るのにチーズ 1 枚，パン 2 枚，ハム 1 枚を使い，ハムチーズトーストを作るのにチーズ 2 枚，パン 1 枚，ハム 1 枚を使う．これにともない，ハムチーズサンドを 150 円，

† 未知数が 2 個なので平面座標に表すことができる．

チーズトーストを100円で売ることにする．なお，チーズとパンはともに500枚，ハムは300枚あるとする．このとき，売上額が最大となるハムチーズサンド，ハムチーズトーストの数をそれぞれ答えなさい．

例 13.18　共同作業の最適化

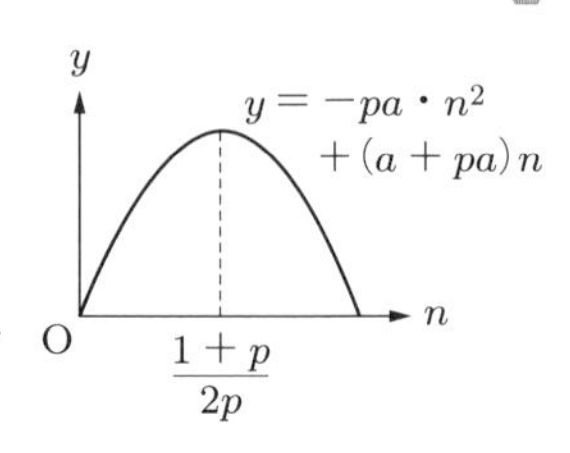

複数人がチームとして共同作業を行う場合，何人で行うのが最適なのかを考える．1人あたりの仕事量を a とし，共同作業において2人の間で連絡・調整に要する仕事量 W_c が，誰と誰とであっても2人分合わせて $2pa$ かかるとする（$0 < p < 1$）．n 人の場合，W_c の総和は，2人の組み合わせを考慮して $2pa \cdot {}_n\mathrm{C}_2$ となる．

このとき，n 人のチーム全体の能力 y を，チーム全体の仕事量 an から連絡・調整に要する仕事量 W_c の総和を引いた値とすると，y は次式で求められる．

$$y = an - 2pa \cdot {}_n\mathrm{C}_2 = -pa \cdot n^2 + (a+pa)n$$

この y は n を独立変数とする目的関数であり，y を最大とする n の値が最適解となる．この場合の制約条件は $n \in \mathbb{N}$ である．上図のように，y は n を変数とする上に凸の2次関数であることから，$y' = 0$ のときの n，すなわち $y' = \dfrac{dy}{dn} = -2pan + a + pa = 0$ より，$n = \dfrac{1+p}{2p}$ のときに y が最大値となる．たとえば，$p = 0.2$ であれば $n = 3$ となり，チームの能力が最大となるのは3人のときである．

練習問題 13.17　ある店舗で，価格 p 円の商品を販売するとき，需要は1日あたり $500 - \dfrac{1}{2}p$ 個となり，その商品の製造コストは1個あたり，300円であるとする．1日あたり，需要数分の生産をするとき，1日あたりの利益を最大にする価格 p を求めなさい．〔ヒント：利益は「収入 − 費用（製造コスト）」，収入は「需要数 $\times p$」，費用は「$300 \times$ 需要数」〕

例 13.19　物体の最高高度

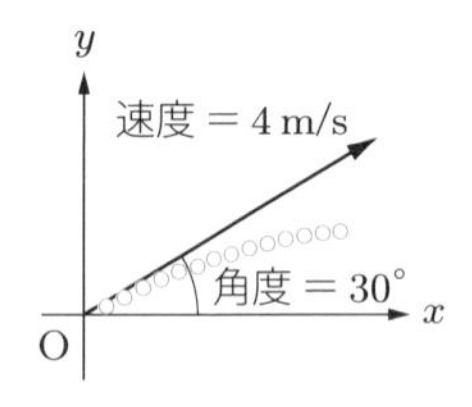

空気抵抗を無視するとき，速度 v_0 [m/s]，角度 $\theta°$ で投げた物体の t 秒後の高度 y は，次式で求められる．ここで，g [m/s^2] は重力加速度である．

$$y = v_0 \sin\theta \times t - \frac{1}{2}gt^2$$

このとき，右図のように速度 4 m/s，角度 30° で物体Aを投げたときの物体Aの t 秒後の高度 y は次式となる．

$$y = 4\sin(30^\circ)t - \frac{1}{2}gt^2 = 2t - \frac{1}{2}gt^2$$

このとき，物体 A がもっとも高く上がったとき，すなわち，最高高度は y が最大のときである．y は t を独立変数とする上に凸の 2 次関数であることから，$y' = \dfrac{dy}{dt} = 2 - gt = 0$ より，$t = \dfrac{2}{g}$ のときに y が最大値（最高高度）になる．そのときの物体 A の高度は，$y = 2 \cdot \dfrac{2}{g} - \dfrac{1}{2}g \cdot \left(\dfrac{2}{g}\right)^2 = \dfrac{4}{g} - \dfrac{2}{g} = \dfrac{2}{g}$ である．

練習問題 13.18　例 13.19 において，速度 10 m/s，水平からの角度 60° で放り投げた物体 A と，速度 12 m/s，角度 45° で放り投げた物体 B とでは，どちらの物体がより高く上がるのかを答えなさい．

章末問題

13.1　次の連立方程式を，消去法，代入法，行列による方法のそれぞれで解きなさい．

$$\begin{cases} -x + 3y = 0 & \cdots① \\ 3x - y = \dfrac{8}{3} & \cdots② \end{cases}$$

13.2　次の不等式・連立不等式を解きなさい．

(a) $\dfrac{x+2}{3} \leqq 2x - 4$　　(b) $\begin{cases} 3x + 3 < 4x - 5 \\ 11x + 3 < x + 2 \end{cases}$　　(c) $x^2 + 2x + 2 > 0$

(d) $x^2 + 2x + 4 < 0$　　(e) $|-x + 5| > 8$

13.3　ある工場では，2 種類の製品 A, B を生産している．各製品を生産するためには 2 種類の工程での作業が，それぞれ右表の時間だけ必要である．なお，工程ごとに 1 日の総作業時間の最大値 [h] が決められている．また，同表には，製品 A, B，それぞれの 1 kg あたりの利益が示されている．

	A	B	総時間
工程 1 [h]	4	3	24 h/日
工程 2 [h]	2	1	10 h/日
利益 [円/kg]	28	16	

このとき，1 日あたりに得られる利益 [円/kg] を最大にする製品 A と製品 B の生産量 [kg] をそれぞれ求めなさい．

13.4　右図の電気回路において，電源 E[V] の内部抵抗が R_E[Ω] であるとき，負荷抵抗 R_L における消費電力 P を最大にしたい．そのための R_L を求めなさい．なお，P は次式で求められる．

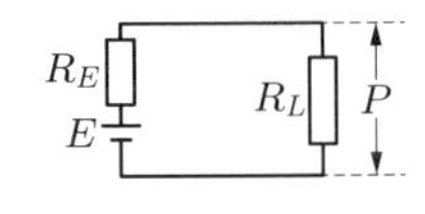

$$P = \left(\frac{E}{R_E + R_L}\right)^2 R_L$$

13.5　金属板を右図のように両側から幅 a（定数）で，角度 θ 折り曲げて雨水を流すための樋（とい）を作りたい．できるだけ多くの水量が流せるように断面積を最大にする θ を求めなさい．

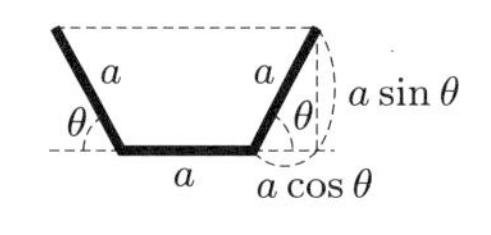

解　答

第 1 章

練習問題

1.1　自然数は「2020」，整数は「2020, −9」，有理数は $\sqrt{15}$ を除いたすべて．実数はすべて．

1.2　(a) $0, 7, 14, 21, 28$ など　(b) $1, 2, 5, 7, 10, 14, 35, 70$　(c) 100 に近い奇数の中で素数を探すと，97.

1.3　(a) 2^3　(b) $2^2 \times 13$　(c) $2^2 \times 3^2 \times 5$　(d) $2^2 \times 5 \times 101$

1.4　(a) $42 = 2 \times 3 \times 7$，$28 = 2^2 \times 7$ より，14　(b) $120 = 2^3 \times 3 \times 5$，$196 = 2^2 \times 7^2$，$108 = 2^2 \times 3^3$ より，4　(c) $15 = 3 \times 5$，$24 = 2^3 \times 3$ より，$2^3 \times 3 \times 5 = 120$.
(d) $8 = 2^3$，$9 = 3^2$，$14 = 2 \times 7$ より，$2^3 \times 3^2 \times 7 = 504$.

1.5　(a) 9　(b) $\sqrt{\dfrac{27}{100}} = \dfrac{3\sqrt{3}}{10}$　(c) 2　(d) $2\sqrt{2} - 6\sqrt{2} + 3\sqrt{2} = -\sqrt{2}$
(e) $\sqrt{(3+1) + 2\sqrt{3}} = \sqrt{(\sqrt{3}+1)^2} = \sqrt{3} + 1$
(f) $\sqrt{(5+2) - 2\sqrt{10}} = \sqrt{(\sqrt{5}-\sqrt{2})^2} = \sqrt{5} - \sqrt{2}$

1.6　(a) $\dfrac{1 \cdot \sqrt{2}}{\sqrt{2}\sqrt{2}} = \dfrac{\sqrt{2}}{2}$　(b) $\dfrac{1 \cdot \sqrt{28}}{\sqrt{28}\sqrt{28}} = \dfrac{2\sqrt{7}}{28} = \dfrac{\sqrt{7}}{14}$
(c) $\dfrac{\sqrt{2}+1}{(\sqrt{2}-1)(\sqrt{2}+1)} = \sqrt{2} + 1$　(d) $\dfrac{4(\sqrt{5}-2)}{(\sqrt{5}+2)(\sqrt{5}-2)} = 4(\sqrt{5}-2)$

1.7　(a) $-10i$　(b) 34　(c) $9 - 30i - 25 = -16 - 30i$　(d) $i^2 \cdot i^2 = (-1) \cdot (-1) = 1$
(e) $\dfrac{(2-3i)(2-3i)}{(2+3i)(2-3i)} = \dfrac{(4-9) - 12i}{4+9} = \dfrac{-5-12i}{13}$

1.8　(a) $\pm 3\sqrt{3}i$　(b) $\pm \dfrac{5}{4}i$　(c) $\dfrac{-3 \pm \sqrt{3}i}{2}$　(d) $\dfrac{5 \pm \sqrt{31}i}{4}$

1.9　(a) $(3x^2 - 2x^2 + 10x^2) + (-5x + 4x) = 11x^2 - x$，次数は 2
(b) $-4x^4 + x^3 - 3x^2 - 2x + 10$，次数は 4

1.10　(a) $(3a - 2c)x^2 + (-5by + 4d)x + 15$　(b) $3x^4y^3 - 2x^3y + 10x^2y^4 - 5xy^2 + 4$
(c) $10x^2y^4 + 3x^4y^3 - 5xy^2 - 2x^3y + 4$

1.11　(a) $x^2 + x - 1$　(b) $x^2 - 9$　(c) $x^3 - x^2 - x - 15$
(d) $2x(3x^2 + 5x + 9)$ より，$6x^3 + 10x^2 + 18x$.

1.12　(a) $x^2 + 6x + 9$　(b) $x^2 - 2\sqrt{5}x + 5$　(c) $x^3 - x^2 + \dfrac{x}{3} - \dfrac{1}{27}$
(d) $x^2 + y^2 + z^2 + 2xy + 2xz + 2yz$

1.13　(a) $(x+5)^2$　(b) $\left(x - \dfrac{1}{2}\right)^2$　(c) $2(x+1)^2$　(d) $(2x+y)^2$

1.14　(a) $2^3 + 2^2 + 2^1 + 2^0 = 15$　(b) $2^5 + 2^3 + 2^1 = 42$　(c) $2^5 + 2^4 + 2^3 + 2^0 = 57$
(d) $2^6 + 2^5 + 2^2 = 100$

1.15 (a) $8+1=2^3+2^0$ より，$1001_{(2)}$． (b) $16+8+1=2^4+2^3+2^0$ より，$11001_{(2)}$．
(c) $128+64+4=2^7+2^6+2^2$ より，$11000100_{(2)}$．
(d) $256+32+8+4=2^8+2^5+2^3+2^2$ より，$100101100_{(2)}$．（例 1.12 の方法でもよい）
1.16 (a) $2^1+2^0+2^{-1}+2^{-2}+2^{-3}=2+1+0.5+0.25+0.125=3.875$
(b) $2^2+2^0+2^{-1}+2^{-3}=4+1+0.5+0.125=5.625$
(c) $2^3+2^2+2^1+2^{-2}=8+4+2+0.25=14.25$ (d) $2^3+2^{-2}+2^{-3}=8+0.25+0.125=8.375$
1.17 (a) $212_{(3)}$, $113_{(4)}$, $43_{(5)}$ (b) $1011_{(3)}$, $133_{(4)}$, $111_{(5)}$
(c) $12100_{(3)}$, $2100_{(4)}$, $1034_{(5)}$

章末問題

1.1 自然数は「$1, 2$」，整数は「$-1, 0$」，有理数は「$\frac{1}{2}, \frac{1}{3}$」など，無理数は「$\sqrt{2}, \sqrt{3}$」など．
1.2 (a) $x^2-xy+\frac{y^2}{4}+\frac{4x}{3}-\frac{2y}{3}+\frac{4}{9}$ (b) $x\sqrt{x}+y\sqrt{y}$
(c) $(9-4\sqrt{5})x^2+2xy+(9+4\sqrt{5})y^2$ (d) $8\sqrt{2}+13i$
1.3 (a) $(x-3)(x-4)$ (b) $(x+5)^2$ (c) $2(x-2)(x+5)$ (d) $(2x+y)(2x-y)$
1.4 大きい順に並べると，$\sqrt{5+2\sqrt{6}}=\sqrt{(\sqrt{2}+\sqrt{3})^2}=\sqrt{2}+\sqrt{3}=3.146$，$\frac{6}{\sqrt{18}}=\frac{6}{3\sqrt{2}}=\sqrt{2}=1.414$，$\frac{1}{\sqrt{6}-\sqrt{3}}=\frac{\sqrt{6}+\sqrt{3}}{3}=1.394$，$1.2$，$\sqrt{6}-\sqrt{2}=1.035$．
1.5 10 進法に変換すると，$51, 58, 54$．よって，$231_{(5)}>312_{(4)}>123_{(6)}$．
1.6 10 進法における 3 桁の最大値は 999．よって，999 を表示できる 7 進法の桁数を求めればよい．7 進法で 3 桁の最大値は，$6\times7^2+6\times7^1+6\times7^0=294+42+6=342$．7 進法で 4 桁の最大値は，$6\times7^3+6\times7^2+6\times7^1+6\times7^0=2058+342=2400$．よって，4 桁．

第2章

練習問題

2.1 (a) $C=\{x \mid x$ は U の要素で 4 の倍数$\}$，$D=\{x \mid x$ は U の要素で素数$\}$
(b) $\{1,4,6,8\}$ (c) $\{\ \}$ または $\varnothing$
2.2 (a) $\{1,2,3,5,6,7,9\}$ (b) $\{2,6\}$ (c) $\varnothing, \{4\}, \{8\}, \{4,8\}$
2.3 (a) $A\cap\overline{B}$, $\overline{A\cup B}\cup(A\cap B)$ (b)

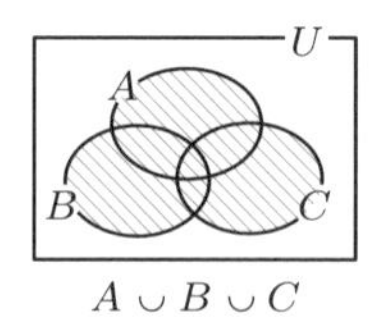

$A\cup B\cup C$

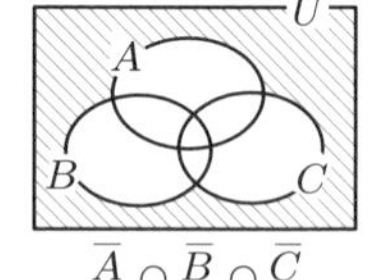

$\overline{A}\cap\overline{B}\cap\overline{C}$

2.4 (a) 7 (b) $G=\{2,3,5,7\}$ より，4． (c) $E\cap F\cap G=\varnothing$ なので，0．
(d) $E\cup F\cup G=\{2,3,4,5,6,7,8,9,10\}$ なので，9．
2.5 (a) $A\cap B=\{6\}$ より，$\overline{A\cap B}=\{1,2,3,4,5,7,8,9\}$． (b) $C=\{2,3,5,7\}$ と $A\cup C=\{2,3,4,5,6,7,8\}$ より，$n(U)-n(A\cup C)=2$． (c) $(A\cap C)\cup(B\cap C)=(A\cup B)\cap C$ より，$\{2,3\}$．

2.6　(a) u　(b) p, v　(c) $x = -2,\ y = -1$ など　(d) なし

2.7　(a) 成り立たない．反例 $x = 2, 6$　(b) 成り立たない．反例 $x = 2$

2.8　(a) $(x \neq 0) \vee (y \neq 0)$　(b) $(x < 1) \wedge (y < 1)$　(c) (x は奇数) $\vee$ (y は偶数)

2.9　(a) 真，逆は偽（反例：$x = -1$）　(b) 真，逆も真　(c) 真，逆は偽（反例：$x = 1, y = 1$）

章末問題

2.1　$x^2 + 11x - 12 = (x + 12)(x - 1) = 0$ より，解は -12 と 1 であることから，
(a) $\{1\}$　(b) $\{-12,\ 1\}$

2.2　(a) $\{1, 2, 3, 5, 6, 7, 9\}$　(b) $\{1, 2, 5, 7\}$
(c) $\{\varnothing, \{3\}, \{6\}, \{9\}, \{3, 6\}, \{3, 9\}, \{6, 9\}, \{3, 6, 9\}\}$　(d) $\varnothing$　(e) $\{3, 6, 9\}$

2.3　$n(\overline{A} \cup \overline{B}) = n(U) - n(A \cap B)$ と $n(A \cup B) = n(A) + n(B) - n(A \cap B)$ より，
$n(\overline{A} \cup \overline{B}) = n(U) + n(A \cup B) - n(A) - n(B)$

2.4　(a)　偽（反例：$x = 1, y = 3$），逆も偽（反例：$x = 1, y = -1$）
(b)　偽（反例：$x = 2$），逆も偽（反例：$x = 9$）

2.5　(a)　$q \Longrightarrow p$　(b)　$p \Longrightarrow q$　(c)　$p \Longleftrightarrow q$

第3章

練習問題

3.1　定義域の各要素について関数の値を求めると，$f(-2) = 0$，$f(-1) = -2$，$f(0) = -2$，$f(1) = 0$，$f(2) = 4$ であることから，値域は $\{-2, 0, 4\}$.

3.2

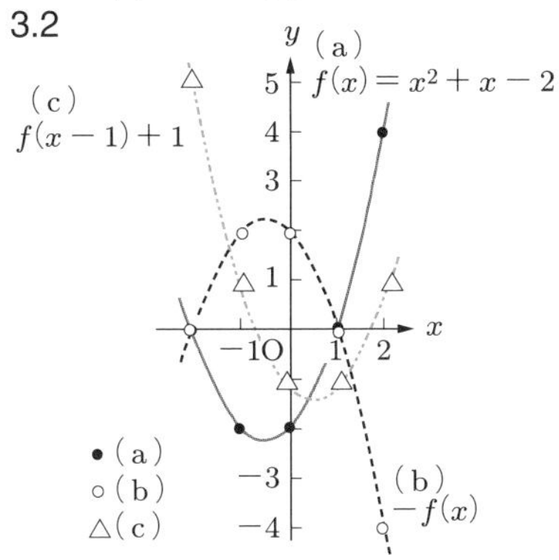

3.3　(a) 1 対 1 であり，逆関数は $f^{-1}(x) = \dfrac{1}{2}x + \dfrac{1}{2}$　(b) $f(1) = f(-1) = 0$ なので，実数全体では 1 対 1 ではない．　(c) 1 対 1 であり，逆関数は $f^{-1}(x) = \dfrac{1}{x}$　$(x \neq 0)$.

3.4　(a) $f(g(x)) = 2x^2 + 1$　(b) $f(h(x)) = \dfrac{2}{x} - 1$　(c) $h(g(x)) = \dfrac{1}{x^2 + 1}$

3.5　(a) 32　(b) 1　(c) 49　(d) 2

3.6　(a) 2　(b) $\sqrt[3]{27} = 3$　(c) $(\sqrt[4]{2^4})^2 (= 2^2) = 4$

3.7　(a) $(2^6)^{\frac{1}{4}} = 2^{\frac{3}{2}} = 2\sqrt{2}$　(b) $(5^3)^{\frac{2}{3}} = 25$　(c) $(3^2)^{-\frac{3}{2}} = 3^{-3} = \dfrac{1}{27}$
(d) $(5^2)^{\frac{1}{4}}(5^3)^{\frac{1}{6}} = 5^{\frac{1}{2}}5^{\frac{1}{2}} = 5$

3.8 (a) $5^{\frac{2}{3}}, 5^{\frac{3}{5}}, 5^{\frac{4}{4}}$ より，$5^{\frac{3}{5}} < 5^{\frac{2}{3}} < 5^{\frac{4}{4}}$ であり，$\sqrt[5]{125} < \sqrt[3]{25} < \sqrt[4]{625}$.
(b) $2^{\frac{1}{3}}, 2^{\frac{2}{7}}, 2^{\frac{8}{21}}$ より，$2^{\frac{2}{7}} < 2^{\frac{1}{3}} < 2^{\frac{8}{21}}$ であり，$\sqrt[7]{4} < \sqrt[3]{2} < \sqrt[21]{256}$.
3.9 (a) $-3 = \log_6 \dfrac{1}{216}$ (b) $-5 = \log_{\frac{1}{2}} 32$ (c) $5 = 25^{\frac{1}{2}}$ (d) $\dfrac{1}{4} = 8^{-\frac{2}{3}}$
3.10 (a) $\log_2 16 = \log_2 2^4 = 4$ (b) $\log_2 64 = \log_2 2^6 = 6$ (c) $\log_{\frac{1}{2}} \dfrac{1}{4} = \log_{\frac{1}{2}} \left(\dfrac{1}{2}\right)^2 = 2$
3.11 (a) $\log_{10} 10^4 = 4$ (b) $\log_{10} 10^{\frac{3}{2}} = \dfrac{3}{2}$ (c) $\log_6(4 \times 9) = \log_6 6^2 = 2$
3.12 (a) $\log_4 32 = \dfrac{\log_2 32}{\log_2 4} = \dfrac{5}{2}$ (b) $\log_2 10 = \dfrac{\log_{10} 10}{\log_{10} 2} = \dfrac{1}{0.3} = \dfrac{10}{3}$
(c) $\log_3 100 = \dfrac{\log_{10} 100}{\log_{10} 3} = \dfrac{2}{0.5} = 4$
3.13 底が 1 未満の場合には，真数の大きい順に並べればよく，$\log_{0.9} 3.16 < \log_{0.9} \pi < \log_{0.9} 3.1$ となる.

章末問題
3.1 (a) $x^2 + 2x + 1 = (x+1)^2$ より，$g(x) = f_2(f_1(x))$. (b) $(x+1) - 1 = x$ より，$h(x) = f_3(f_1(x))$. または，$h(x) = f_1(f_3(x))$. (c) $(2^{\frac{x}{2}})^2 = 2^x$ より $k(x) = f_2(f_4(x))$.
3.2 (a) $a^{24}b^8$ (b) 3 (c) $a^{-\frac{7}{12}}$ (d) $\log_{\frac{1}{2}} 4 = \log_{\frac{1}{2}} \left(\dfrac{1}{2}\right)^{-2} = -2$
(e) $\log_2 \dfrac{2000}{250} = \log_2 8 = 3$
3.3 (a) $3^{-\frac{1}{2}}, 3^{-\frac{2}{3}}, 3^{-\frac{3}{4}}$ であり，$3^{-\frac{3}{4}} < 3^{-\frac{2}{3}} < 3^{-\frac{1}{2}}$ より，$\sqrt[4]{\dfrac{1}{27}} < \sqrt[3]{\dfrac{1}{9}} < \sqrt{\dfrac{1}{3}}$
(b) $\log_4 7 = \dfrac{\log_2 7}{\log_2 4} = \dfrac{\log_2 7}{2} = \log_2 \sqrt{7}$ であり，同じ底のもとで $\sqrt{7} < 3$ であるため，$\log_4 7 < \log_2 3$.
(c) $\log_9 5 = \dfrac{\log_3 5}{\log_3 9} = \dfrac{\log_3 5}{2} = \log_3 \sqrt{5}$, $\dfrac{1}{2} = \log_3 3^{\frac{1}{2}} = \log_3 \sqrt{3}$ であり，同じ底のもとで $\sqrt{3} < 2 < \sqrt{5}$ であるため，$\dfrac{1}{2} < \log_3 2 < \log_9 5$.
3.4 (a) $x \leqq 0$ のもとで $y = x^2 + 2$ を x について解けば，$x = -\sqrt{y-2}$ を得る．したがって，$f(x)$ の逆関数は $f^{-1}(x) = -\sqrt{x-2}$ である（定義域 $x \geqq 2$）.
(b) $x < 1$ のもとで $y = \dfrac{1}{1-x}$ を x について解けば，$x = -\dfrac{1}{y} + 1$ を得る．したがって，$f(x)$ の逆関数は $f^{-1}(x) = -\dfrac{1}{x} + 1$ である（定義域 $x > 0$）.

第 4 章

練習問題

4.1 (a) $\dfrac{\pi}{180} \times 45 = \dfrac{\pi}{4}$ (b) $\dfrac{\pi}{180} \times 27 = \dfrac{3}{20}\pi$ (c) $\dfrac{180}{\pi} \times \dfrac{5}{6}\pi = 150^\circ$
(d) $\dfrac{180}{\pi} \times \dfrac{\pi}{12} = 15^\circ$

4.2 $-\frac{5}{6}\pi + 4\pi$. $\frac{\pi}{4} + 3 \times 2\pi$ より，$\frac{25}{4}\pi$.

4.3 （ア）$\frac{1}{\sqrt{2}}$　（イ）$\frac{\sqrt{3}}{2}$　（ウ）$\frac{1}{2}$

4.4 (a) $\sin\frac{3}{4}\pi = \sin\left(\frac{\pi}{4} + \frac{\pi}{2}\right) = \cos\frac{\pi}{4} = \frac{1}{\sqrt{2}}$

(b) $\cos\left(-\frac{7}{6}\pi\right) = \cos\frac{7}{6}\pi = \cos\left(\frac{\pi}{6} + \pi\right) = -\cos\frac{\pi}{6} = -\frac{\sqrt{3}}{2}$

(c) $\tan\frac{2}{3}\pi = \tan\left(\frac{\pi}{6} + \frac{\pi}{2}\right) = -\frac{1}{\tan(\pi/6)} = -\sqrt{3}$

4.5 $\cos 75^\circ = \cos(45^\circ + 30^\circ) = \cos 45^\circ \cos 30^\circ - \sin 45^\circ \sin 30^\circ = \frac{\sqrt{6} - \sqrt{2}}{4}$

$\cos 15^\circ = \cos(45^\circ - 30^\circ) = \cos 45^\circ \cos 30^\circ + \sin 45^\circ \sin 30^\circ = \frac{\sqrt{6} + \sqrt{2}}{4}$

$\cos 105^\circ = \cos(45^\circ + 60^\circ) = \cos 45^\circ \cos 60^\circ - \sin 45^\circ \sin 60^\circ = \frac{\sqrt{2} - \sqrt{6}}{4}$

4.6 $\cos 2\theta = 2\cos^2\theta - 1 = -\frac{7}{25}$. 一方，$\cos^2\frac{\theta}{2} = \frac{1 + \cos\theta}{2} = \frac{4}{5}$. また，$0 \leqq \frac{\theta}{2} < \frac{\pi}{4}$ より，$\cos\frac{\theta}{2} > 0$. よって，$\cos\frac{\theta}{2} = \sqrt{\frac{4}{5}} = \frac{2\sqrt{5}}{5}$.

4.7 (a) $r = \sqrt{(\sqrt{3})^2 + 3^2} = 2\sqrt{3}, \sin\alpha = \frac{\sqrt{3}}{2}$ より $\alpha = \frac{\pi}{3}$ なので, $2\sqrt{3}\sin\left(\theta + \frac{\pi}{3}\right)$.

(b) $r = \sqrt{(\sqrt{2})^2 + (\sqrt{6})^2} = 2\sqrt{2}, \sin\alpha = -\frac{\sqrt{3}}{2}$ より $\alpha = -\frac{\pi}{3}$ なので, $2\sqrt{2}\sin\left(\theta - \frac{\pi}{3}\right)$.

4.8 (a) $b^2 = 6^2 + 4^2 - 2 \cdot 4 \cdot 6\cos\frac{2}{3}\pi$ より，$b^2 = 36 + 16 + 24 = 76$ なので，$b = 2\sqrt{19}$.

(b) $\cos C = \frac{8^2 + 5^2 - 7^2}{2 \cdot 8 \cdot 5} = \frac{40}{80} = \frac{1}{2}$ より，$C = \frac{1}{3}\pi$.

4.9 (a) $\frac{\pi}{6}$　(b) $-\frac{\pi}{2}$　(c) $\frac{\pi}{3}$　(d) $-\frac{\pi}{6}$

章末問題

4.1 $\tan\theta$ の値は順に，$\frac{1}{\sqrt{3}}, 1, \sqrt{3}$.

4.2 $a = 1, b = \sqrt{3}$

4.3 $A = \pi - B - C = \frac{5}{12}\pi = 75^\circ$. 正弦定理より，$\frac{b}{\sin B} = \frac{c}{\sin C} = \frac{4}{\sin 75^\circ}$ であり，例 4.4 より $\sin 75^\circ = \frac{\sqrt{6} + \sqrt{2}}{4}$ である．よって，$b = 2\sqrt{2}(\sqrt{6} - \sqrt{2})$，$c = 2\sqrt{3}(\sqrt{6} - \sqrt{2})$.

4.4 加法定理より，$\sin\alpha\cos\beta = \frac{1}{2}\{\sin(\alpha + \beta) + \sin(\alpha - \beta)\}$.

第5章

練習問題

5.1 $7 \times 6 \times 5 \times 4 \times 3 \times 2 \times 1 = 5040$

5.2 (a) $4 \times 3 \times 2 \times 1$　(b) $7 \times 6 \times 5$　(c) $n \times (n-1) \times \cdots \times 4$　(d) $3 \times 2 \times 1$

5.3 (a) ${}_{20}\mathrm{P}_5$ (b) ${}_{35}\mathrm{P}_3$

5.4 (a) $10^5 = 100000$ (b) $2^3 = 8$ 通り

5.5 (a) $(6-1)! = 5 \times 4 \times 3 \times 2 \times 1 = 120$

(b) 5 人のうちの特別な 2 人を 1 組の要素とすれば，四つの要素の円順列の総数は $(4-1)! = 3!$ となる．特別な 2 人の並び方が 2 通りなので，$3! \times 2 = 12$ 通り．

5.6 (a) ${}_{15}\mathrm{C}_2$ (b) ${}_{10}\mathrm{C}_2 \times {}_8\mathrm{C}_2$

5.7 重複組合せ ${}_4\mathrm{H}_8$ より，${}_4\mathrm{H}_8 = {}_{11}\mathrm{C}_8 = \dfrac{11!}{8!3!} = 165$ 通り．

5.8 (a) $x^4 + 4x^3y + 6x^2y^2 + 4xy^3 + y^4$

(b) ${}_6\mathrm{C}_3x^3y^3$ より，${}_6\mathrm{C}_3 = \dfrac{6!}{3!(6-3)!} = \dfrac{5!}{3!} = 5 \times 4 = 20$

5.9 (a) $\{2,4,6\}$ (b) $\{1,5\}$ (c) $\{1,2,4,5\}$

5.10 (a) $\dfrac{13}{52} = \dfrac{1}{4}$ (b) $\dfrac{26}{52} = \dfrac{1}{2}$ (c) $\dfrac{4}{52} = \dfrac{1}{13}$ (d) $\dfrac{1}{52}$

5.11 (a) 例 5.13 とあわせて，1 個目が白である事象を C，2 個目が赤である事象を B とするとき，$P(C) = \dfrac{6}{10} = \dfrac{3}{5}$，$P(B|C) = \dfrac{4}{9}$．よって，$P(C \cap B) = P(C)P(B|C) = \dfrac{3}{5} \cdot \dfrac{4}{9} = \dfrac{4}{15}$．(b) 1 個目が赤である事象を A，2 個目が白である事象を D とするとき，$P(A) = \dfrac{4}{10} = \dfrac{2}{5}$，$P(D|A) = \dfrac{6}{9} = \dfrac{2}{3}$．よって，$P(A \cap D) = P(A)P(D|A) = \dfrac{2}{5}\dfrac{2}{3} = \dfrac{4}{15}$．

5.12 事象 B と C については，出た目が 3 の倍数である確率 $P(B) = \dfrac{6}{20} = \dfrac{3}{10}$ と，出た目が 5 の倍数であるときに 3 の倍数である確率 $P(B|C) = \dfrac{n(\{15\})}{n(\{5,10,15\})} = \dfrac{1}{3}$ は異なるため，両者は独立ではない．

5.13 (a) $20 \times \dfrac{1}{6} + 50 \times \dfrac{1}{6} + 100 \times \dfrac{1}{6} + 100 \times \dfrac{1}{6} + 150 \times \dfrac{1}{6} + 150 \times \dfrac{1}{6} = \dfrac{570}{6} = 95$

(b) $0 \times \dfrac{{}_3\mathrm{C}_0}{2^3} + 2 \times \dfrac{{}_3\mathrm{C}_1}{2^3} + 4 \times \dfrac{{}_3\mathrm{C}_2}{2^3} + 6 \times \dfrac{{}_3\mathrm{C}_3}{2^3} = \dfrac{6+12+6}{8} = 3$

章末問題

5.1 (a) $15^2 = 225$ (b) $\dfrac{4!}{4(4-4)!} = 3! = 6$ (c) ${}_7\mathrm{C}_2 = 21$

5.2 (a) $A = \{2,4,6\}$, $B = \{1,3,5\}$, $A \cup B = U$ より $P(A \cup B) = 1$． (b) $B = \{1,3,5\}$, $C = \{2,3,5\}$, $B \cap C = \{3,5\}$ より $P(B \cap C) = \dfrac{2}{6} = \dfrac{1}{3}$． (c) $A \cup C = \{2,3,4,5,6\}$, $\overline{A \cup C} = \overline{A} \cap \overline{C} = \{1\}$ より $P(\overline{A \cup C}) = \dfrac{1}{6}$．

5.3 (a) 求める事象を A，全事象を U とおくと，$n(U) = {}_{10}\mathrm{C}_3 = 120$，$n(A) = {}_4\mathrm{C}_1 \times {}_6\mathrm{C}_2 = 4 \times 15 = 60$ より $P(A) = \dfrac{60}{120} = \dfrac{1}{2}$．

(b) 求める事象を B とおくと，$n(B) = {}_4\mathrm{C}_2 \times {}_6\mathrm{C}_1 = 6 \times 6 = 36$ であり，$n(U)$ は (a) と同じなので，$P(B) = \dfrac{36}{120} = \dfrac{3}{10}$．

5.4 残り 1 枚のポイントを x とする．$1 + 1 + x + 5 = 2.5 \times 4$ より，$x = 3$．

第6章

練習問題

6.1 (a) $2, 6, 10, 14$ (b) -7

6.2 (a) 初項 0，公差 2 より $0 + 2(n-1) = 2n - 2$． (b) 初項 10，公差 -3 より $10 - 3(n-1) = 13 - 3n$．

6.3 (a) 初項 $\frac{1}{2}$，公比 2 より $\frac{1}{2} \cdot 2^{n-1} = 2^{n-2}$． (b) 初項 32，公比 $-\frac{1}{2}$ より $32\left(-\frac{1}{2}\right)^{n-1}$． (c) $\frac{1}{64}(-4)^{n-1}$

6.4 (a) $1^2 + 2^2 + 3^2 + 4^2 + 5^2$ より，$\displaystyle\sum_{k=1}^{5} k^2$．

(b) $\displaystyle\sum_{k=1}^{n}(2k-1) = 2\sum_{k=1}^{n} k - \sum_{k=1}^{n} 1 = 2 \cdot \frac{1}{2}n(n+1) - n = n^2$

6.5 $S_{10} = \frac{1}{2} \cdot 10 \cdot \{2 \cdot 1 + (10-1) \cdot 2\} = 100$

6.6 $S_5 = \dfrac{2(2^5 - 1)}{2 - 1} = 2(2^5 - 1) = 62$

6.7 $n = 1$ のとき，$S_1 = \frac{1}{2} \cdot 1 \cdot 8 = 4$ より，初項 $a_1 = 4$． $n > 1$ のとき，$S_n - S_{n-1} = \frac{1}{2}n(5n+3) - \frac{1}{2}(n-1)\{5(n-1)+3\} = \frac{1}{2}(10n-2) = 5n - 1$ より，一般項は $a_n = 5n - 1$． よって，$n \geqq 1$ において $a_n = 5n - 1$ である．

6.8 (a) 階差数列は $2, 4, 6, 8, 10, \ldots$ であり，一般項 a_n は $a_n = 4 + (2 + 4 + 6 + 8 + 10 + \cdots + 2n) = 4 + n(n-1)$．

(b) 数列は $-5, -2, 4, 13, 25, \ldots$ であり，一般項は $-5 + \dfrac{3n(n-1)}{2}$．

6.9 初項 7，公差 -2 より，$a_1 = 7$， $a_{n+1} = a_n - 2$．

6.10 初項 16，公比 $\frac{1}{4}$ より，$a_1 = 16$， $a_{n+1} = \frac{1}{4} \cdot a_n$．

章末問題

6.1 (a) 分母が公差 2 より，$\dfrac{1}{2n-1}$． (b) 公比 -2 より，$(-2)^n$．

(c) 分母は公差 2，分母は項数の 2 乗より，$\dfrac{n^2}{2n-1}$． (d) 初項 $\frac{1}{2}$，公比 $\frac{1}{2}$ より，$\frac{1}{2} \cdot \left(\frac{1}{2}\right)^{n-1}$．

6.2 公差 1 の等差数列の総和の公式 $\frac{1}{2}n(n+1) = 5050$ より，$n = 100$．

6.3 (a) 1, 3, 7, 15, 31 (b) 64, 96, 144, 216, 324

6.4 (a) の場合は小数点以下切り捨てで $100000 \times 1.01^{10} = 110462$ 円である．一方，(b) の場合は同様に，$10000\dfrac{1.01^{10} - 1}{1.01 - 1} = 104622$ 円である．よって，(a) が高額となる．

第7章

練習問題

7.1　(a) 正の無限大に発散する　(b) 負の無限大に発散する
(c) 極限値 0 に収束する　(d) 振動する

7.2　(a) $\displaystyle\lim_{n\to\infty}\frac{2+3/n}{4-5/n}=\frac{1}{2}$　(b) $\displaystyle\lim_{n\to\infty}\frac{1/n}{3+1/n^2}=0$　(c) $\displaystyle\lim_{n\to\infty}n(2n+4)=\infty$

(d) $\displaystyle\lim_{n\to\infty}\frac{(\sqrt{n+3}-\sqrt{n})(\sqrt{n+3}+\sqrt{n})}{\sqrt{n+3}+\sqrt{3}}=\frac{3/n}{\sqrt{1+3/n}+1}=0$

7.3　(a) 公比 $\left|\dfrac{1}{5}\right|<1$ より，0 に収束．　(b) 公比 $-\dfrac{4}{3}<-1$ より，極限なし．
(c) $\sqrt{3}>1$ より，∞．

7.4　(a) $\displaystyle\lim_{n\to\infty}\frac{1}{6}n(n+1)(2n+1)=\infty$ より，発散する．　(b) $\displaystyle\lim_{n\to\infty}\sqrt{n+1}-1=\infty$ より，発散する．　(c) $\displaystyle\lim_{n\to\infty}\frac{1}{3}\left\{\left(\frac{1}{3}-\cancel{\frac{1}{6}}\right)+\left(\cancel{\frac{1}{6}}-\cancel{\frac{1}{4}}\right)+\cdots+\left(\cancel{\frac{1}{3n}}-\frac{1}{3n+3}\right)\right\}=$ $\displaystyle\lim_{n\to\infty}\frac{1}{3}\left(\frac{1}{3}-\frac{1}{3n+3}\right)=\frac{1}{9}$ より，$\dfrac{1}{9}$ に収束する．

7.5　(a) 初項 2，公比 $\dfrac{2}{3}<1$ より，$\dfrac{2}{1-2/3}=6$ に収束する．
(b) 初項 5，公比 $\left|-\dfrac{1}{2}\right|<1$ より，$\dfrac{5}{1+1/2}=\dfrac{10}{3}$ に収束する．
(c) 初項 2，公比は $\sqrt{2}\geqq 1$ より，発散．

7.6　(a) 5　(b) 5　(c) $\sqrt{3}$　(d) 2

7.7　(a) $\dfrac{x^2-4}{x-2}=x+2$ より，極限値は 4．　(b) $\dfrac{x^3-2x^2+x}{x-1}=\dfrac{x(x-1)^2}{\cancel{(x-1)}}=x(x-1)$ より，極限値は 0．　(c) $\dfrac{x-2}{\sqrt{2x}-2}=\dfrac{(x-2)(\sqrt{2x}+2)}{(\sqrt{2x}-2)(\sqrt{2x}+2)}=\dfrac{\cancel{(x-2)}(\sqrt{2x}+2)}{2\cancel{(x-2)}}=$ $\dfrac{\sqrt{2x}+2}{2}$ より，極限値は 2．

7.8　(a) ∞　(b) ∞　(c) 6

7.9　(a) $-\infty,\infty$　(b) ∞,∞　(c) $x>0$ の範囲では $\displaystyle\lim_{x\to+0}\frac{x}{x}=1$，$x<0$ の範囲では $\displaystyle\lim_{x\to-0}-\frac{x}{x}=-1$（右図参照）

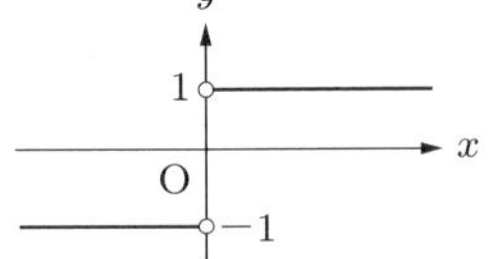

7.10　(a) ∞　(b) ∞　(c) 1　(d) 1

7.11　(a) $\sqrt{x}$ の定義域は $[0,\infty)$ であり，0 は定義域の左端である．この場合は右極限のみ考える．$\displaystyle\lim_{x\to+0}\sqrt{x}=\sqrt{0}=0$ であるから，$\sqrt{x}$ は $x=0$ で連続である．　(b) $\dfrac{1}{x}$ は $x=0$ では値をもたず，定義域は実数全体から 0 を除いた点の集合，すなわち $(-\infty,0)\cup(0,\infty)$ となる．　(c) 定義域 $(-\infty,0)\cup(0,\infty)$ の要素 a（0 以外の実数）で，$\displaystyle\lim_{x\to a}\frac{1}{x}=\frac{1}{a}$ であるので，$\dfrac{1}{x}$ は連続関数である．

7.12　(a) $f(x)=-x^2+7x+30$ において，$f(2)>10$，$f(-4)<0$ なので，開区間 $(-4,2)$ の範囲で少なくとも一つの解をもつ．　(b) 3^x-4x は連続関数であり，$x=1$ のと

きは -1, $x=2$ のときは 1 と異符号であるので，中間値の定理より，方程式 $3^x-4x=0$, すなわち $3^x=4x$ は開区間 $(1,2)$ の範囲，すなわち，$1<x<2$ の範囲で少なくとも一つの解をもつ． (c) $(x-1)\cos x+2\sin x$ は連続関数であり，$x=0$ のときは -1, $x=\dfrac{\pi}{2}$ のとき 2 と異符号であるので，中間値の定理より，方程式 $(x-1)\cos x+2\sin x=0$ は開区間 $\left(0,\dfrac{\pi}{2}\right)$ の範囲，すなわち，$0<x<\dfrac{\pi}{2}$ の範囲で少なくとも一つの解をもつ．

章末問題

7.1 (a) 2 (b) $\dfrac{1}{n^2}(1+2+\cdots+n)=\dfrac{1}{n^2}\left\{\dfrac{1}{2}n(n+1)\right\}=\dfrac{1}{2}+\dfrac{1}{2n}$ より，$\displaystyle\lim_{n\to\infty}\left(\frac{1}{2}+\frac{1}{2n}\right)=\frac{1}{2}$.

7.2 (a) $\displaystyle\lim_{n\to\infty}\frac{n(n+1)}{(n+2)(n+3)}=\lim_{n\to\infty}\frac{n^2+n}{n^2+5n+6}=\lim_{n\to\infty}\frac{1+1/n}{1+5/n+6/n^2}=1$

(b) $\displaystyle\lim_{n\to\infty}\sin\frac{\pi}{n}=0$

7.3 (a) $-\infty$ (b) $-\infty$

(c) $\sqrt{x+1}-\sqrt{x-1}=\dfrac{(\sqrt{x+1}-\sqrt{x-1})\cdot(\sqrt{x+1}+\sqrt{x-1})}{\sqrt{x+1}+\sqrt{x-1}}=\dfrac{2}{\sqrt{x+1}+\sqrt{x-1}}$

より，$\displaystyle\lim_{x\to\infty}\left(\frac{2}{\sqrt{x+1}+\sqrt{x-1}}\right)=\lim_{x\to\infty}\left(\frac{2/x}{\sqrt{1+1/x^2}+\sqrt{1-1/x^2}}\right)=0$

7.4 第 3 項は $1+1+\dfrac{1}{2}=2.5$, 第 4 項は $1+1+\dfrac{1}{2}+\dfrac{1}{6}=2.5+0.1667=2.6667$, 第 5 項は $1+1+\dfrac{1}{2}+\dfrac{1}{6}+\dfrac{1}{12}=2.5+0.1667+0.0417=2.7083$ である．このように，n が大きくなればなるほど近似値と e との差は小さくなる．

7.5 (a) -2 と 1 を除いた実数全体，すなわち，$(-\infty,-2)$, $(-2,1)$, $(1,\infty)$. (b) 実数の範囲では，分母は 0 にならないため，実数全体，すなわち，$(-\infty,\infty)$. (c) 0 を除いた実数全体，すなわち，$(-\infty,0)$, $(0,\infty)$.

第 8 章

練習問題

8.1 階級の幅を 3 とした場合，五つの階級 0〜3, 3〜6, 6〜9, 9〜12, 12〜15 に分けられ，そのときの度数分布表は右のとおり．

練習問題 8.1 の解答例

階級	階級値	度数	相対度数
0〜3	1.5	0	0.0
3〜6	4.5	3	0.3
6〜9	7.5	3	0.3
9〜12	10.5	2	0.2
12〜15	13.5	2	0.2

8.2　練習問題 8.1 の階級，度数をもとにヒストグラムを作成すると右図が得られる．

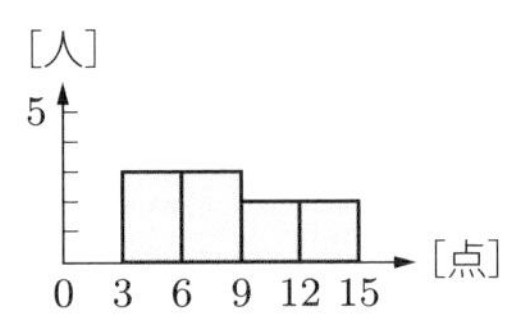

8.3　平均値 8.4，中央値 7.5，最頻値 4.5, 7.5

8.4　数学の得点の範囲は $14 - 0 = 14$ であり，国語の得点の範囲より広い．よって，国語と比べて数学の散らばりの度合が大きい．

8.5　数学：第 1 四分位数 $Q_1 = 5$，第 2 四分位数 $Q_2 = 9$，第 3 四分位数 $Q_3 = 11$．比較：第 1 四分位数と第 3 四分位数は同じだが，第 2 四分位数は数学のほうが大きいことから，数学のほうが，9 点以上 11 点以下の学生の割合は大きい（第 2 四分位数以上第 3 四分位数以下のデータが集中している）．

8.6　標準偏差 $= \sqrt{18} \fallingdotseq 4.24$，四分位偏差 $= 3$．四分位偏差は国語と同じであることから，全体の約半分の学生が含まれる範囲は両科目とも同じである．一方，標準偏差は国語よりも大きいことから，数学の得点のほうが散らばりが大きい．

8.7　箱ひげ図を右図に示す．四分位範囲は同じであるが，範囲（最大値と最小値の差）と第 2 四分位数は数学のほうが大きく，第 2 四分位数と第 3 四分位数の間は数学のほうが狭い．また，最大値は同じであるが，最小値は数学のほうが小さい．

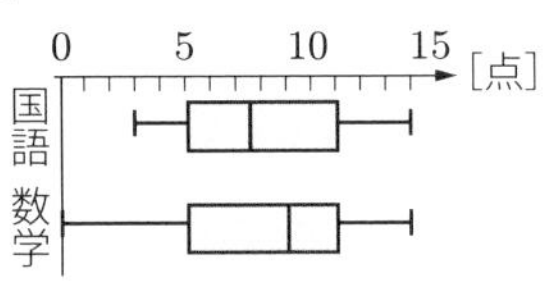

8.8　横軸に A 市の値，縦軸に B 市の値として点を描いていけば，右図が得られる．

8.9　$r = 0.29$，正の相関がある．

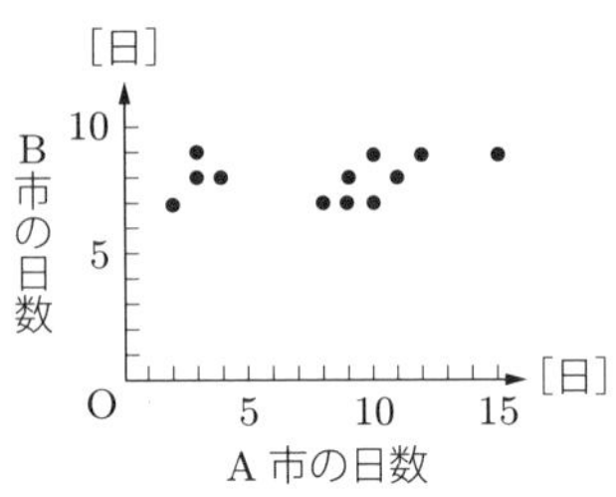

章末問題

8.1　(a) 各観点の階級の幅を 2 としたときの度数分布表は次のとおり．

階級（以上〜未満）	デザイン性 (D) 階級値	度数 [人]	相対度数	機能性 (F) 階級値	度数 [人]	相対度数	運転性 (C) 階級値	度数 [人]	相対度数
1〜3	2	1	0.1	2	2	0.2	2	3	0.3
3〜5	4	3	0.3	4	0	0.0	4	2	0.2
5〜7	6	4	0.4	6	3	0.3	6	4	0.4
7〜9	8	1	0.1	8	3	0.3	8	1	0.1
9〜11	10	1	0.1	10	2	0.2	10	0	0.0

D：最頻値 6，F：最頻値 6, 8，C：最頻値 6

(b) D：平均値 5，中央値 5．F：平均値 6，中央値 6.5．C：平均値 4，中央値 4．

(c) D：範囲 8，四分位範囲 2，四分位偏差 1．F：範囲 8，四分位範囲 2，四分位偏差 1．

C：範囲 6，四分位範囲 4，四分位偏差 2.

(d) 箱ひげ図は右図のとおり．

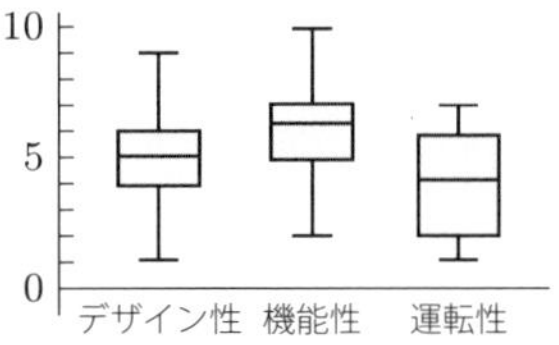

(e) D：分散 4.8，標準偏差 $\sqrt{4.8} \fallingdotseq 2.2$.

F：分散 6.2，標準偏差 $\sqrt{6.2} \fallingdotseq 2.5$.

C：分散 4.6，標準偏差 $\sqrt{4.6} \fallingdotseq 2.1$.

(f) D と F の相関係数：$\dfrac{35}{\sqrt{48}\sqrt{62}} = 0.6415\cdots \fallingdotseq 0.64$.

D と C の相関係数：$\dfrac{-3}{\sqrt{48}\sqrt{46}} = -0.0638\cdots \fallingdotseq -0.06$.

8.2 (a) データの大きさは 8 のため，中央値は，4 番目の値と 5 番目の値の平均値である．u が 1，2，3 番目のいずれかの値のとき，中央値は $\dfrac{60+64}{2} = 61$ となる．u が 61 の場合，4 番目の値となるため，これは成り立たない．同様に，u が 6，7，8 番目の値のとき，中央値は $\dfrac{64+67}{2} = 65.5$ となる．u は整数であることから，これも成り立たない．よって，u は 4 番目か 5 番目の値になければならない．u が 4 番目の値の場合，中央値は $\dfrac{u+64}{2}$ であり，題意からこれは u と等しい．よって $u = 64$ となる．5 番目の値の場合も同様に，$u = 64$ となる． (b) (a) から中央値が 65 になるのは，u が 4 番目か 5 番目の値のときである．よって，$\dfrac{u+64}{2} = 65$ より $u = 66$.

8.3 気温と売上との相関係数が正の値なのは，商品 A なので，気温が高いときには仕入れを増やすとよい．相関係数が 0.0 である商品 B は，気温に関係なく仕入れるとよい．

第 9 章

練習問題

9.1 Y のとり得る値は $0, 1, 2, 3$ であり，確率分布表は右表のとおり．

Y	0	1	2	3
P	$\frac{1}{8}$	$\frac{3}{8}$	$\frac{3}{8}$	$\frac{1}{8}$

9.2 ${}_5\mathrm{C}_r \cdot \left(\dfrac{1}{37}\right)^r \cdot \left(\dfrac{36}{37}\right)^{5-r}$

9.3 $E(X) = 0\cdot\dfrac{1}{16} + 1\cdot\dfrac{1}{4} + 2\cdot\dfrac{3}{8} + 3\cdot\dfrac{1}{4} + 4\cdot\dfrac{1}{16} = 2$. $V(X) = E(X^2) - E(X)^2 = \left(0^2\cdot\dfrac{1}{16} + 1^2\cdot\dfrac{1}{4} + 2^2\cdot\dfrac{3}{8} + 3^2\cdot\dfrac{1}{4} + 4^2\cdot\dfrac{1}{16}\right) - 2^2 = 1$. $\sigma(X) = \sqrt{V(X)} = 1$.

9.4 $E(X+Y+Z) = \dfrac{21}{2}$, $V(X+Y+Z) = \dfrac{91}{2}$, $E(XYZ) = \dfrac{343}{8}$

9.5 (a) 0.3413 (b) 0.4332 (c) $P(1.0 < Z \leqq 2.0) = P(0 \leqq Z \leqq 2.0) - P(0 \leqq Z \leqq 1.0) = 0.1359$ (d) $P\,(0 \leqq Z \leqq a)$ が 0.25 くらいのところに見当をつけて確認する．$a = 0.67$ のとき，$P(-0.67 \leqq Z \leqq 0.67) = 2P(0 \leqq Z \leqq 0.67) = 0.4972$ となり，0.5 との差は -0.0028 である．一方，$a = 0.68$ のとき，$P(-0.68 \leqq Z \leqq 0.68) = 2P(0 \leqq Z \leqq 0.68) = 0.5034$ となり，0.5 との差は 0.0034 である．よって，$a = 0.67$ が 0.5 に近い．

9.6 (b)，(d)

9.7 母平均 16.5，母標準偏差 $\sigma = \dfrac{1}{2}\sqrt{1 + 5^2 + 10^2 + 50^2 - 33^2} = \dfrac{\sqrt{1537}}{2}$

9.8 $E(\overline{X}) = m = 60.0$, $\sigma(\overline{X}) = \dfrac{\sigma}{\sqrt{n}} = \dfrac{6.0}{\sqrt{6400}} = \dfrac{3}{40}$

9.9 $n = 400$ のとき，$P\left(|Z| \leqq 5\dfrac{\sqrt{400}}{37}\right) = 2P(0.0 \leqq Z \leqq 2.70) = 0.9930$ となり，例 9.11 で求めた場合より 1.0 に近づいている．

9.10 $\overline{X} = 58.5, \sigma = 1.9, n = 16$ より，$[57.57, 59.43]$．

9.11 $R = \dfrac{1440}{4000} \fallingdotseq 0.38$, $R \pm 1.96\sqrt{\dfrac{R(1-R)}{n}} = 0.38 \pm 1.96\sqrt{\dfrac{0.38 \times 0.62}{4000}}$ より，$[0.35, 0.37]$．

9.12 表 9.2 の有意水準 $\alpha = 1\%$ の両側検定の場合，2.576 と比較して $Z < 2.576$ であるから，H_0 は棄却されず，有意水準 $\alpha = 1\%$ で「この飲料水の内容量は 500 ml ではない」とはいえない．

9.13 はずれくじの比率が 0.5 より大きいことが正しい（はずれくじが出やすい）かどうかを検証するために，はずれくじが出る比率 p について，帰無仮説 H_0 を「$p = 0.5$」とする．標本から算出された比率の値は $\dfrac{210}{400} = 0.525$ であり，$p_0 = 0.5$，$n = 400$ のときの検定統計量 T の値は，$T = \dfrac{0.525 - 0.5}{\sqrt{(0.5 \times 0.5)/400}} = 1.0$ である．表 9.2 より，有意水準 $\alpha = 5\%$ の場合の片側検定の棄却域は $T > 1.645$ になる．この場合，T は棄却域に含まれず H_0 は棄却されない．すなわち，「このくじは，はずれくじが出やすい」とは有意水準 $\alpha = 5\%$ ではいえない．

章末問題

9.1 (a)

X	-1	0	1
P	$\frac{4}{13}$	$\frac{4}{13}$	$\frac{5}{13}$

(b) 期待値 $E(X) = \dfrac{1}{13}$，分散 $V(X) = \dfrac{1508}{2197}$

(c) 期待値 $E(X+Y) = E(X) + E(Y) = \dfrac{2}{13}$，分散 $V(X+Y) = V(X) + V(Y) = \dfrac{3016}{2197}$

9.2 (a) $\mu = 170$, $\sigma = 5.5$ であることから，身長 181 cm は，$\mu + 2\sigma$ にあたる．右図のように，181 cm 以上の生徒である確率は，$(1 - 0.9545) \div 2 = 0.02275$ である（➡ 9.4.2 項の正規分布）．したがって，該当する生徒数は，全生徒数が 500 人なので，$500 \times 0.02275 = 11.375$ より，約 11 人である．

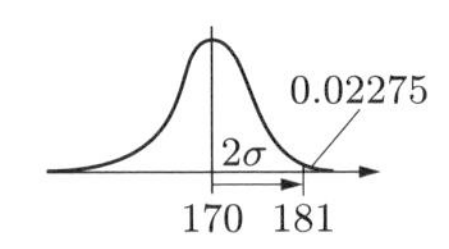

(b) 身長 164.5 cm は $\mu - \sigma$ にあたり，9.4.2 項の正規分布の図より，164.5 cm 未満の生徒である確率は $(1 - 0.6827) \div 2 = 0.15865$ である．164.5 cm 未満の生徒は $500 \times 0.15865 = 79.38$ 人おり，164.5 cm の生徒は約 80 番目にあたる．

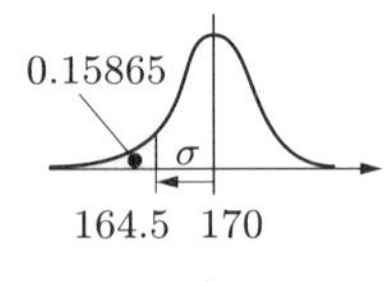

(c) 125 番目の生徒よりも身長の低い生徒は，全生徒に対して，$\dfrac{125}{500} = 0.25$ の割合になる．この割合は，右図の標準正規分布における 0.25 の面積にあたる．このときの Z は，標準正規分布表より -0.67 である．125 番目の生徒の身長 X は，$X = \sigma Z + \mu$ より，

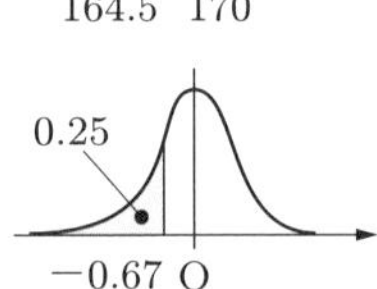

$X = 5.5 \times (-0.67) + 170 = 166.315$ であることから，約 166 cm となる．

9.3　(a) 確率 $p = \dfrac{4}{5}$ の二項分布にしたがうことから，${}_5C_3 \times \left(\dfrac{4}{5}\right)^3 \times \left(\dfrac{1}{5}\right)^{5-3} = 10 \times \dfrac{64}{125} \times \dfrac{1}{25} = \dfrac{128}{625}$ である．

(b) 期待値 $np = 1600\dfrac{4}{5} = 1280$，分散 $np(1-p) = 1600\dfrac{4}{5}\left(1-\dfrac{4}{5}\right) = 256$

(c) 標本比率を $R = \dfrac{4}{5} = 0.8$ としたとき，$\sqrt{\dfrac{R(1-R)}{1600}} = 0.01$ であることから，信頼度 95% の信頼区間は $[0.8 - 1.96 \times 0.01,\ 0.8 + 1.96 \times 0.01] = [0.7804,\ 0.8196]$ より，$[1248.64,\ 1311.36]$ が得られる．したがって，1249 人以上 1311 人以下である．

9.4　帰無仮説 H_0 を「この検査方法の精度は，96% である」とする．2400 人について調べた結果から，標本比率 $p_s = 0.94$ としたときの検定統計量 T は $T = \dfrac{0.94 - 0.96}{\sqrt{0.96(1-0.04)/2400}} = -5.0$ となる．有意水準 $\alpha = 5\%$ に対して，T と両側検定の値の関係は，$T < -1.960$ であるから，H_0 は棄却できる．よって，有意水準 $\alpha = 5\%$ の統計的検定では「この検査方法の精度は，96% である」とはいえない．

第 10 章

練習問題

10.1　単位ベクトル：$\overrightarrow{v_6}, \overrightarrow{v_7}$　逆ベクトル：$\overrightarrow{v_2} = -\overrightarrow{v_9}, \overrightarrow{v_1} = -\overrightarrow{v_7}$　相等ベクトル：$\overrightarrow{v_6} = \overrightarrow{v_7}$

10.2　(a) $\overrightarrow{\mathrm{BA}}$，$\overrightarrow{\mathrm{DC}}$　(b) $\overrightarrow{\mathrm{DA}} = \overrightarrow{\mathrm{DB}} + \overrightarrow{\mathrm{BA}}$，$\overrightarrow{\mathrm{DA}} = \overrightarrow{\mathrm{DC}} - \overrightarrow{b} = -\overrightarrow{a} - \overrightarrow{b}$

10.3　(a) $\dfrac{3}{2}$　(b) $-\dfrac{1}{2}$　(c) $l = 2$，$\overrightarrow{x} = \overrightarrow{v_6}$，$\overrightarrow{y} = \overrightarrow{v_7}$

10.4　(a) $\overrightarrow{a} + \overrightarrow{b}$　(b) $\overrightarrow{b} - \overrightarrow{a}$　(c) $2\overrightarrow{a} + \overrightarrow{b}$　(d) $-\overrightarrow{a} - 2\overrightarrow{b}$

10.5　(a) $\dfrac{1}{4}\begin{pmatrix}4\\1\end{pmatrix} + \dfrac{1}{2}\begin{pmatrix}1\\2\end{pmatrix} = \begin{pmatrix}\frac{3}{2}\\ \frac{5}{4}\end{pmatrix}$

(b) $\overrightarrow{\mathrm{BA}} = \overrightarrow{a} - \overrightarrow{b}$ より，$2\overrightarrow{\mathrm{OC}} + (\overrightarrow{a} - \overrightarrow{b}) = 2\begin{pmatrix}5\\3\end{pmatrix} + \begin{pmatrix}3\\-1\end{pmatrix} = \begin{pmatrix}13\\5\end{pmatrix}$.

(c) $\overrightarrow{\mathrm{OD}} = \begin{pmatrix}10\\6\end{pmatrix}$ より，$m\overrightarrow{a} + n\overrightarrow{b} = \begin{pmatrix}10\\6\end{pmatrix}$ を満たす m と n を求めればよく，「$4m + n = 10$ と $m + 2n = 6$」の連立方程式を解くと，$m = n = 2$ が得られ，$\overrightarrow{\mathrm{OD}} = 2\begin{pmatrix}4\\1\end{pmatrix} + 2\begin{pmatrix}1\\2\end{pmatrix} = 2\overrightarrow{a} + 2\overrightarrow{b} = 2(\overrightarrow{a} + \overrightarrow{b})$.

10.6　(a) $|\overrightarrow{v_1}||\overrightarrow{v_5}|\cos 45^\circ = 2 \cdot 3\sqrt{2} \cdot \dfrac{1}{\sqrt{2}} = 6$　(b) 0（$\overrightarrow{v_4}$ と $\overrightarrow{v_5}$ は垂直）

(c) $|\overrightarrow{v_3}||\overrightarrow{v_6}|\cos 60^\circ = 2 \cdot 4 \cdot \dfrac{1}{2} = 4$

10.7　(a) $\overrightarrow{a} \cdot \overrightarrow{c} = 2 \cdot 1 + 1 \cdot 2 = 4$，$|\overrightarrow{a}| = |\overrightarrow{c}| = \sqrt{5}$ より，$\cos\theta = \dfrac{4}{\sqrt{5} \cdot \sqrt{5}} = \dfrac{4}{5}$.

(b) $\overrightarrow{b} \cdot \overrightarrow{c} = 3$，$|\overrightarrow{b}| = \sqrt{5}$ より，$\cos\theta = \dfrac{3}{\sqrt{5}\sqrt{5}} = \dfrac{3}{5}$.

10.8　中点 M, N の位置ベクトル，それぞれについて，$\vec{m} = \dfrac{\vec{a}+\vec{b}}{2}$, $\vec{n} = \dfrac{\vec{a}+\vec{c}}{2}$.
また，$\overrightarrow{MN} = \vec{n} - \vec{m} = \dfrac{\vec{c}-\vec{b}}{2}$ より，$\overrightarrow{BC} = \vec{c} - \vec{b}$ との関係は，$2\overrightarrow{MN} = \overrightarrow{BC}$ であり，MN と BC は平行，すなわち MN // BC，かつ，$MN = \dfrac{1}{2}BC$ である．

10.9　点 P は，辺 OA, OB の中点を両端とする線分である．

10.10　(a) $\vec{b} = \vec{e_1} - \vec{e_2} + \vec{e_3}$　(b) $|\vec{b}| = \sqrt{3}$, $|\vec{c}| = \sqrt{6}$
(c) $\vec{a}\cdot\vec{c} = 1\cdot1+2\cdot2+0\cdot1 = 5$, $|\vec{a}| = \sqrt{5}$, $|\vec{c}| = \sqrt{6}$ より，なす角 θ の余弦は，$\cos\theta = \dfrac{5}{\sqrt{30}}$.

10.11　(a) $\begin{pmatrix}1 & 0\\0 & 1\end{pmatrix}$　(b) $\begin{pmatrix}1 & 2\\0 & -3\end{pmatrix}$　(c) $\begin{pmatrix}2 & -6\\3 & 4\end{pmatrix}$　(d) $\begin{pmatrix}1 & -6\\3 & 3\end{pmatrix}$

10.12　(a) $\begin{pmatrix}0 & 1\\0 & -3\end{pmatrix}$　(b) $\begin{pmatrix}-1 & 1\\2 & -2\end{pmatrix}$　(c) $\boldsymbol{O}$　(d) $\boldsymbol{C}$　(e) $\boldsymbol{C}$

10.13　(a) $\begin{pmatrix}1 & 1\\0 & -1\end{pmatrix}$　(b) $\Delta = 0\cdot2+(-1)\cdot0 = 0$ より，逆行列なし．
(c) $\dfrac{1}{2}\begin{pmatrix}2 & -4\\-1 & 3\end{pmatrix}$　(d) $\dfrac{1}{26}\begin{pmatrix}4 & 6\\-3 & 2\end{pmatrix}$

章末問題

10.1　(a) $\vec{b}, \vec{a}+\vec{b}$　(b) $\overrightarrow{AG}, \overrightarrow{BC}, \overrightarrow{FE}, \overrightarrow{GD}$　(c) $\overrightarrow{AE}, \overrightarrow{BD}$　(d) $\vec{a}+2\vec{b}, 2\vec{a}+2\vec{b}$

10.2　条件より，実数 $m \neq 0$ に対して $\vec{a}+t\vec{b} = m\vec{c}$ となる必要があるため，$2-t=5m$, $2+8t=-4m$ の連立方程式を解くと，$t = -\dfrac{1}{2}, m = \dfrac{1}{2}$ となる．

10.3　$m = 2$, $n = -1$

10.4　(a) $(1,3)$, $(3,3)$　(b) $(4,6)$　(c) $\vec{b} - \vec{a}$　(d) $\left(\dfrac{\sqrt{5}}{5}, -\dfrac{2\sqrt{5}}{5}\right)$

10.5　(a) $\boldsymbol{A}^2 = \begin{pmatrix}1 & 1\\0 & 2\end{pmatrix}$, $\boldsymbol{A}^3 = \begin{pmatrix}1 & 1\\0 & 3\end{pmatrix}$, $\boldsymbol{A}^4 = \begin{pmatrix}1 & 1\\0 & 4\end{pmatrix}$ である．
(b) $\boldsymbol{Y}^2 = \begin{pmatrix}a^2+bc & ab\\ac & bc\end{pmatrix} = \begin{pmatrix}1 & 0\\0 & 1\end{pmatrix}$ より，連立方程式 $a^2+bc=1$, $ab=0$, $ac=0$, $bc=1$ を解けば，$a=0$, $b=c=1$ を得る．

第 11 章

練習問題

11.1　(a) $-\dfrac{1}{2}$　(b) 3　(c) 6　(d) 3

11.2　(a) $-\dfrac{1}{2}$　(b) 3　(c) 5

11.3　(a) $-\dfrac{1}{2}$　(b) $2x-1$　(c) $-\dfrac{1}{x^2}$

11.4　(a) $(x^2+x-2)' = 2x+1$　(b) $3x^2-4x+1$

(c) $(x^{\frac{1}{3}}+x^{-\frac{1}{2}})'=\frac{1}{3}x^{-\frac{2}{3}}-\frac{1}{2}x^{-\frac{3}{2}}=\frac{1}{3}\left(\frac{1}{\sqrt[3]{x}}\right)^2-\frac{1}{2}\left(\frac{1}{\sqrt{x}}\right)^3=\frac{1}{3\sqrt[3]{x^2}}-\frac{1}{2x\sqrt{x}}$

11.5 (a) $y-1=(x-1)$ より $y=x$　(b) $y-(-1)=0\cdot(x-1)$ より $y=-1$
(c) $y-1=-(x-1)$ より $y=-x+2$

11.6 (a) $f'(x)=-2x+6$ より，下表のようになる．

x	$\cdots$	3	$\cdots$
$f'(x)$	+	0	−
$f(x)$	↗	4	↘

(b) $f'(x)=3(x-1)(x-5)$ より，下表のようになる．

x	$\cdots$	1	$\cdots$	5	$\cdots$
$f'(x)$	+	0	−	0	+
$f(x)$	↗	10	↘	−22	↗

11.7 (a) 極値 $f(3)=4$，区間の両端での値 $f(-4)=-45$，$f(5)=0$ より，最大値は $x=3$ のとき 4，最小値は $x=-4$ のとき -45．
(b) 極値 $f(1)=10$，区間の両端での値 $f(0)=3$，$f(3)=-6$ より，最大値は $x=1$ のとき 10，最小値は $x=3$ のとき -6．

11.8 (a) $\{(x-1)(x+4)\}'=(x+4)+(x-1)=2x+3$
(b) $\{x^4(2x-5)\}'=4x^3(2x-5)+2x^4=10x^4-20x^3$

11.9 (a) $-\frac{1}{(x-1)^2}$　(b) $\frac{-x+2}{x^3}$

11.10 (a) $A=2x^3-x^2+18$ とおき，$(A^{-2})'(2x^3-x^2+18)'$ より，$-\frac{2(6x^2-2x)}{(2x^3-x^2+18)^3}$．
(b) $A=2x^3-x^2+18$ とおき，$(A^{\frac{1}{2}})'(2x^3-x^2+18)'$ より，$\frac{3x^2-x}{\sqrt{2x^3-x^2+18}}$．

11.11 $y=(x+27)^{\frac{1}{3}}$ とおくと，$x=y^3-27$ より，$\frac{dx}{dy}=3y^2$ なので，$\frac{dy}{dx}=\frac{1}{3y^2}=\frac{1}{3(\sqrt[3]{x+27})^2}$．

11.12 (a) $7\cos x$　(b) $-2\cos x\sin x$　(c) $\frac{4}{\cos^2(4x+1)}$

11.13 (a) $\frac{1}{x}$　(b) $\frac{4(\log x)^3}{x}$

11.14 (a) $4e^x$　(b) $-4e^{-4x}$

章末問題

11.1 (a) $24x^3-9x^2+8x+1$　(b) $\frac{4-x}{x^3}$　(c) $3\cos(3x-2)$　(d) $5\cos x\sin^4 x$
(e) $x^2(3\log x+1)$　(f) $2xe^{2x}(1+x)$

11.2 (a) $f(1)=a+b+c+d$，$f(3)=27a+9b+3c+d$
(b) $f'(x)=3ax^2+2bx+c$，$f'(2)=12a+4b+c$，$f'(4)=48a+8b+c$
(c) $a+b+c+d=-\frac{2}{3}$，$27a+9b+3c+d=0$，$12a+4b+c=0, 48a+8b+c=0$ を連立させて解くと，$a=\frac{1}{3}$，$b=-3$，$c=8$，$d=-6$ である．

11.3 (a) $x=0$ での傾きは 0，$x=1$ での傾きは -1　(b) $x=0$ と $x=2$
(c) $f'(x)$ は 2 次関数であるため，$f(x)$ は 3 次関数 $f(x)=ax^3+bx^2+cx+d$ である．

$f'(x) = 3ax^2 + 2bx + c$, $f'(0) = 0$, $f'(1) = -1$, $f'(2) = 0$ より，$a = \dfrac{1}{3}$, $b = -1$, $c = 0$ を得る．そして，$f(x) = \dfrac{1}{3}x^3 - x^2 + d$ の区間 $\left[-\dfrac{1}{2}, \dfrac{5}{2}\right]$ の増減表は次表となる．

x	$-\frac{1}{2}$	$\cdots$	0	$\cdots$	2	$\cdots$	$\frac{5}{2}$
$f'(x)$	$+$	$+$	0	$-$	0	$+$	$+$
$f(x)$	$-\frac{7}{24}+d$	↗	d	↘	$-\frac{4}{3}+d$	↗	$-\frac{25}{24}+d$

この表より，最大値 2 は $x = 0$ のとき，最小値 $\dfrac{2}{3}$ は $x = 2$ のときにとることがわかり，$d = 2$ を得る．したがって，$f(x) = \dfrac{1}{3}x^3 - x^2 + 2$ である．

11.4 (a) $f'(x) = 1 - \dfrac{1}{x^2} = 0$ より，極値は $x = -1, 1$ のときの $f(-1) = -2, f(1) = 2$ である．関数の定義域は $x = 0$ を除いた実数全体であり，増減表は次表のとおりである．
(b) $f'(x) = e^x + xe^x = 0$ より，極値は $x = -1$ のときの $f(-1) = -e^{-1}$ であり，増減表は次表のとおりである．

	(a)							(b)		
x	$\cdots$	-1	$\cdots$	0	$\cdots$	1	$\cdots$	$\cdots$	-1	$\cdots$
$f'(x)$	$+$	0	$-$	／	$-$	0	$+$	$-$	0	$+$
$f(x)$	↗	-2	↘	／	↘	2	↗	↘	$-e^{-1}$	↗

第 12 章

練習問題

12.1 (a) $\dfrac{1}{2}x^2 + C$ (b) $-\dfrac{1}{x} + C$ (c) $\dfrac{2}{5}(\sqrt{x})^5 + C$

12.2 (a) $\dfrac{3}{2}x^2 - 5x + C$ (b) $\cos x + \sin x + C$ (c) $3e^x - \dfrac{1}{4}x^4 + C$

12.3 (a) $t = 5x + 1$ とおくと，$dx = \dfrac{1}{5}dt$ より，$\dfrac{1}{20}(5x+1)^4 + C$. (b) $t = 4x + 3$ とおくと，$dx = \dfrac{1}{4}dt$ より，$\dfrac{1}{6}(4x+3)^{\frac{3}{2}} + C$. (c) $t = -3x + 2$ とおき，$dx = -\dfrac{1}{3}dt$ より，$\dfrac{1}{3}\cos(-3x+2) + C$.

12.4 (a) $x \sin x = x(\cos x)'$ として，$-x\cos x + \sin x + C$. (b) $x \log x = \left(\dfrac{1}{2}x^2\right)' \log x$ として，$\dfrac{1}{4}x^2(2\log x - 1) + C$. (c) $xe^x = x(e^x)'$ として，$e^x(x-1) + C$.

12.5 (a) $\dfrac{2x+3}{x-1} = 2 + \dfrac{5}{x-1}$ より，$2x + 5\log|x-1| + C$.
(b) $\dfrac{x-3}{x^2-1} = \dfrac{2}{x+1} - \dfrac{1}{x-1}$ より，$2\log|x+1| - \log|x-1| + C = \log\dfrac{(x+1)^2}{|x-1|} + C$.
(c) $\sin^2 x = \dfrac{1 - \cos 2x}{2}$ より，$\dfrac{1}{2}x - \dfrac{1}{4}\sin 2x + C$.

12.6 (a) $\displaystyle\int_0^1 (3x^2+2x+1)\,dx = \Big[x^3+x^2+x\Big]_0^1 = 3$ (b) $\displaystyle\int_3^4 \frac{1}{x}\,dx = [\log_e|x|]_3^4 = \log_e\frac{4}{3}$

(c) 右図のように $[0,2]$ と $[2,3]$ に分けて計算する．$\displaystyle\int_0^3 |x(x-2)|\,dx = \int_0^2(-x^2+2x)\,dx + \int_2^3(x^2-2x)\,dx = \left[-\frac{1}{3}x^3+x^2\right]_0^2 + \left[\frac{1}{3}x^3-x^2\right]_2^3 = \frac{8}{3}$

12.7 (a) $x=3-t$ とおくと，$dx=-dt$ となり，x が 0 から 1 まで変化するとき t は 3 から 2 へ変化する．よって，$\displaystyle\int_3^2 t^3(-dt) = -\frac{1}{4}\Big[t^4\Big]_3^2 = \frac{65}{4}$.

x	$0 \to 1$
t	$3 \to 2$

(b) $\cos x = t$ とおくと，$-\sin x\,dx = dt$ となり，$x=\dfrac{\pi}{2}$ のとき $t=0$，$x=0$ のとき $t=1$ なので，$\displaystyle -\int_1^0 t^2dt = -\left[\frac{t^2}{3}\right]_1^0 = \frac{1}{3}$.

x	$0 \to \dfrac{\pi}{2}$
t	$1 \to 0$

12.8 (a) $\displaystyle\int_0^\pi x\sin x\,dx = \int_0^\pi x(-\cos x)'\,dx = \Big[-x\cos x\Big]_0^\pi - \int_0^\pi (x)'(-\cos x)\,dx = \pi + \int_0^\pi \cos x\,dx = \pi + \Big[\sin x\Big]_0^\pi = \pi$ (b) $\displaystyle\int_0^1 xe^x\,dx = \int_0^1 x(e^x)'\,dx = \Big[xe^x\Big]_0^1 - \int_0^1 (x)'e^x\,dx = e - \int_0^1 e^x\,dx = e - \Big[e^x\Big]_0^1 = 1$ (c) $\displaystyle\int_1^e x\log x\,dx = \int_1^e \log x\cdot\left(\frac{1}{2}x^2\right)'dx = \left[\log x\cdot\frac{1}{2}x^2\right]_1^e - \int_1^e \frac{1}{x}\cdot\frac{1}{2}x^2\,dx = \frac{1}{2}e^2 - \int_1^e \frac{1}{2}x\,dx = \frac{1}{2}e^2 - \left[\frac{1}{4}x^2\right]_1^e = \frac{1}{2}e^2 - \left(\frac{1}{4}e^2-\frac{1}{4}\right) = \frac{1}{4}(e^2+1)$

12.9 $\displaystyle\int_0^x e^{5t}\,dt = \frac{1}{5}\left[e^{5t}\right]_0^x = \frac{1}{5}e^{5x}$ より，$\displaystyle\frac{d}{dx}\int_0^x e^{5t}\,dt = \left(\frac{1}{5}e^{5x}\right)' = e^{5x}$.

章末問題

12.1 (a) $\dfrac{1}{5}x^5+C$ (b) $2\sqrt{x}+C$ (c) $\dfrac{1}{4}x^4-\dfrac{1}{2}x^2+C$

(d) $(2+\tan x)\cos x = 2\cos x+\sin x$ より，$2\sin x-\cos x+C$. (e) $\dfrac{1}{2}e^{2x+5}+C$

(f) $-x^2\cos x+2(x\sin x+\cos x)+C$

12.2 (a) $\dfrac{6\sqrt{3}-2}{3}$ (b) 1 (c) $\dfrac{\pi}{2}-1$

12.3 $f(x)$ と $g(x)$ の交点の x 座標は，$x+2=x^2$ を解くと，-1 と 2 である．区間 $[-1,2]$ では $f(x) \geqq g(x)$ であることから，$\displaystyle\int_{-1}^2\{(x+2)-x^2\}dx = \left[\frac{1}{2}x^2+2x-\frac{1}{3}x^3\right]_{-1}^2 = \frac{9}{2}$.

12.4 両辺を x で微分して，$f(x)=2xe^{x^2}$，$x=0$ のときは左辺は 0 であるため，$C=-1$.

第13章

練習問題

13.1 (a) $(x+1)(x-1)=0$ より，$x=\pm 1$． (b) $x^3+1=(x+1)(x^2-x+1)=0$ より，$x=-1, \dfrac{1\pm\sqrt{3}i}{2}$． (c) $(x+1)(x-1)(x^2+1)=0$ より，$x=\pm 1, \pm i$．
(d) $x^4+4=(x^2+2)^2-(2x)^2=(x^2+2x+2)(x^2-2x+2)$ と変形できるため，$x^2-2x+2=0$ と $x^2+2x+2=0$ をそれぞれ解き，$x=1\pm i, -1\pm i$．

13.2 (a) $x=3,\ y=1$ (b) $x=2,\ y=-1$

13.3 (a) $x=3,\ y=1$ (b) $x=2,\ y=-1$

13.4 (a) $\begin{pmatrix} 2 & 4 \\ 1 & 1 \end{pmatrix}\begin{pmatrix} x \\ y \end{pmatrix}=\begin{pmatrix} 10 \\ 4 \end{pmatrix}$ より，$\begin{pmatrix} x \\ y \end{pmatrix}=-\frac{1}{2}\begin{pmatrix} 1 & -4 \\ -1 & 2 \end{pmatrix}\begin{pmatrix} 10 \\ 4 \end{pmatrix}=\begin{pmatrix} 3 \\ 1 \end{pmatrix}$．
(b) $\begin{pmatrix} 4 & 3 \\ 3 & -4 \end{pmatrix}\begin{pmatrix} x \\ y \end{pmatrix}=\begin{pmatrix} 5 \\ 10 \end{pmatrix}$ より，$\begin{pmatrix} x \\ y \end{pmatrix}=-\dfrac{1}{25}\begin{pmatrix} -4 & -3 \\ -3 & 4 \end{pmatrix}\begin{pmatrix} 5 \\ 10 \end{pmatrix}=\begin{pmatrix} 2 \\ -1 \end{pmatrix}$．
(c) $\begin{pmatrix} -1 & 3 \\ 3 & -1 \end{pmatrix}\begin{pmatrix} x \\ y \end{pmatrix}=\begin{pmatrix} 0 \\ \frac{8}{3} \end{pmatrix}$ より，$\begin{pmatrix} x \\ y \end{pmatrix}=-\dfrac{1}{8}\begin{pmatrix} -1 & -3 \\ -3 & -1 \end{pmatrix}\begin{pmatrix} 0 \\ \frac{8}{3} \end{pmatrix}=\begin{pmatrix} 1 \\ \frac{1}{3} \end{pmatrix}$．

13.5 (a) $x<3$ (b) $x\geqq 1$ (c) $x<2$

13.6 (a) $-2<x\leqq 6$ (b) $-1<x<2$

13.7 (a) $x^2-7x+12=0$ の解が $x=3,4$ で，グラフは下に凸なので，$x<3, 4<x$．
(b) $2x^2-8x+8=0$ は重解 $x=2$ をもつため，2 以外のすべての実数．
(c) $x^2-7x+12=0$ の解 $x=3,4$ より $3<x<4$．

13.8 (a) $x=1,-7$ (b) $-8<x<2$ (c) $2x+6<-10$ より $x<-8$，または，$10<2x+6$ より $2<x$．

13.9 (a) $y=3x^2-9x+5$ は下に凸で，頂点の座標は $\left(\dfrac{3}{2}, -\dfrac{7}{4}\right)$．よって，最小値は $-\dfrac{7}{4}$．
(b) $y=-x^2+2x-3$ は上に凸で，頂点の座標は $(1,-2)$．よって，最大値は -2．

13.10 (a) $y=3x^2-9x+5$ と考え，平方完成を行えば，$y=3\left(x-\dfrac{3}{2}\right)^2-\dfrac{7}{4}$．よって，最小値は $-\dfrac{7}{4}$．
(b) $y=-x^2+2x-3$ と考え，平方完成を行えば，$y=-(x-1)^2-2$．よって，a の最大値は -2．

13.11 (a) $y=3x^2-9x+5$ と考えれば，$y'=6x-9$．よって，$x=\dfrac{3}{2}$ のとき，y は最小値 $-\dfrac{7}{4}$ をとる．
(b) 同様に $y'=-2x+2$ より，$x=1$ のとき，最大値 -2 をとる．

13.12 (a) $\dfrac{1}{6}\pi,\ \dfrac{5}{6}\pi$
(b) $\sin\theta=-\dfrac{1}{\sqrt{2}}$ を満たす $\theta\ (=2x)$ は $\dfrac{5}{4}\pi,\ \dfrac{7}{4}\pi,\ \dfrac{9}{4}\pi,\ \dfrac{11}{4}\pi$ なので，x は，$\dfrac{5}{8}\pi,\ \dfrac{7}{8}\pi,\ \dfrac{9}{8}\pi,\ \dfrac{11}{8}\pi$．

(c) $\cos x = \pm\dfrac{\sqrt{3}}{2}$ より，$\dfrac{\pi}{6}$，$\dfrac{5}{6}\pi$，$\dfrac{7}{6}\pi$，$\dfrac{11}{6}\pi$.

13.13 両辺の対数をとれば，$\log_2 2^{3x-4} = \log_2 32$ なので，$3x-4=5$ より，$x=3$.

13.14 $\log_{10} x + \log_{10}(x+3) = 1$ を $\log_{10} x(x+3) = 1$ とし，指数による式に変形すれば，$x(x+3) = 10^1$ が得られ，$x^2+3x=10$ より，$x=-5, 2$. 真数条件より $x>0$ であるため $x=2$.

13.15 (a) $\log_2 x < -4$ を $x < 2^{-4}$ と変形して，$x < \dfrac{1}{16}$. よって，$0 < x < \dfrac{1}{16}$.

(b) 底が 1 より小さいため，$x+1 > \left(\dfrac{1}{3}\right)^2$ より，$x > -\dfrac{8}{9}$.

13.16 目的関数を「$150x+100y \to$ 最大化」，制約条件を「$x+2y \leqq 500$，$2x+y \leqq 500$，$x+y \leqq 300$，$x \geqq 0$，$y \geqq 0$，$x, y \in \mathbb{N}$」とし，例 13.17 と同様のやり方により，最適解として，$x=200$（ハムチーズサンド），$y=100$（ハムチーズトースト）を得る.

13.17 1 日あたりの収入は $\left(500-\dfrac{1}{2}p\right)p$，費用は $300 \times \left(500-\dfrac{1}{2}p\right)$ である．したがって，利益 b は，$b = \left(500-\dfrac{1}{2}p\right)p - 300\times\left(500-\dfrac{1}{2}p\right) = -\dfrac{1}{2}p^2 + 650p - 150000$ である．b は p についての 2 次関数なので，その最大値は，$\dfrac{db}{dp}=0$ より，$p=650$ 円が得られる.

13.18 例 13.19 と同様に求めれば，物体 A の高度 y_A は $t = \dfrac{5\sqrt{3}}{g}$ のとき，最大値の $\dfrac{37.5}{g}$ となる．また，物体 B の高度 y_B は $t = \dfrac{6\sqrt{2}}{g}$ のとき，最大値の $\dfrac{36}{g}$ となる．よって，物体 A のほうが高くなる.

章末問題

13.1 消去法：x を消去するために，$3 \times$ 式① + 式② を求めれば，$8y = \dfrac{8}{3}$ より $y = \dfrac{1}{3}$ が得られ，さらに，式①より $x=1$ が得られる.

代入法：$x=3y$ を式②に代入すれば，$9y - y = \dfrac{8}{3}$ より $y=\dfrac{1}{3}$ であり，これを式①に代入して，$x=1$ が得られる.

行列による方法：連立方程式は，$\begin{pmatrix} -1 & 3 \\ 3 & -1 \end{pmatrix}\begin{pmatrix} x \\ y \end{pmatrix} = \begin{pmatrix} 0 \\ \frac{8}{3} \end{pmatrix}$ と表される．$\begin{pmatrix} -1 & 3 \\ 3 & -1 \end{pmatrix}$ の逆行列は $\dfrac{1}{8}\begin{pmatrix} 1 & 3 \\ 3 & 1 \end{pmatrix}$ であることから，$\begin{pmatrix} x \\ y \end{pmatrix} = \dfrac{1}{8}\begin{pmatrix} 1 & 3 \\ 3 & 1 \end{pmatrix}\begin{pmatrix} 0 \\ \frac{8}{3} \end{pmatrix} = \begin{pmatrix} 1 \\ \frac{1}{3} \end{pmatrix}$ が得られる.

13.2 (a) $x \geqq \dfrac{14}{5}$

(b) 1 番目の不等式の解が $x>8$，2 番目の不等式の解が $x < -\dfrac{1}{10}$ となり，両方を同時に満たす x はないため，解なし.

(c) $x^2+2x+2=0$ は実数解をもたず，グラフは下に凸なので，実数全体.

(d) $x^2+2x+4=0$ は実数解をもたず，グラフは下に凸なので，解なし.

(e) $x<-3$, $13<x$

13.3 製品 A と製品 B の生産量を，それぞれ，x_1 と x_2 で表す．制約条件は「$4x_1+3x_2 \leqq 24$, $2x_1+x_2 \leqq 10$, $x_1 \geqq 0$, $x_2 \geqq 0$」の連立方程式で表される．このとき，可能領域は右図となり，目的関数の値を z とすれば，目的関数を表す式は $x_2=-\dfrac{7}{4}x_1+\dfrac{1}{16}z$ と変形される $\left(-\dfrac{7}{4}\right.$ は等高線の傾き，$\dfrac{1}{16}z$ は x_2 軸（縦軸）の切片$\left.\right)$．この等高線が可能領域内（境界線上でもよい）にあって，$\dfrac{1}{16}z$ が最大になるとき，目的関数の値 z もまた最大値になる．それは，この直線が点 Q $(3,4)$ を通るときであり，最適解は $x_1=3, x_2=4$，そのときに目的関数の値（利益）は最大で 1 日あたり 148 円/kg となる．

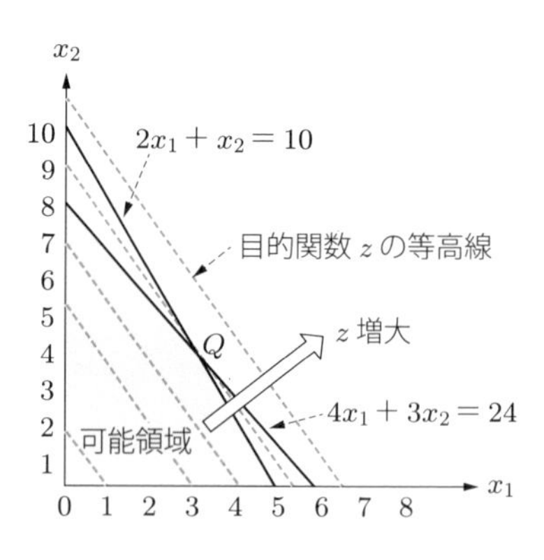

13.4 $P=\left(\dfrac{E}{R_E+R_L}\right)^2 R_L$ を独立変数 R_L の関数とみなし，P を最大とする R_L を求めるために R_L について微分し，

$$\frac{dP}{dR_L}=\frac{d}{dR_L}\left(\frac{E^2R_L}{(R_E+R_L)^2}\right)=\frac{E^2(R_E+R_L)^2-E^2R_L\cdot 2(R_E+R_L)}{(R_E+R_L)^4}$$

を得る．この式が 0 となるときの R_L は，$(R_E+R_L)^2-2R_L(R_E+R_L)=(R_E)^2-(R_L)^2=0$ より，$R_L=R_E\,[\Omega]$ であり，このときに P が最大になる．

なお，この例では電源を直流としたが，交流の場合にもあてはまり，その場合には抵抗器のほかにコイルやコンデンサーの抵抗も考慮され，それらの値はインピーダンスとよばれる．電源のインピーダンスと負荷のインピーダンスの値を同じにすることで負荷における消費電力を最大にすることを，**インピーダンス整合（マッチング）**とよぶ．

13.5 断面積 S は，台形の面積の公式より，$S=\dfrac{1}{2}\{(a+2a\cos\theta)+a\}\cdot a\sin\theta=a^2(1+\cos\theta)\sin\theta$ で求められる．S を最大にするときの θ は，S を θ の関数とみなしたとき，$\dfrac{dS}{d\theta}=0$ より，$a^2(2\cos^2\theta+\cos\theta-1)=a^2(2\cos\theta-1)(\cos\theta+1)=0$ であればよい．$0<\theta<\dfrac{\pi}{2}$ であることから，$2\cos\theta-1=0$ より，$\theta=\dfrac{\pi}{3}$ であればよい．

付録A　標準正規分布表

確率変数 Z が標準正規分布 $N(0,1)$ にしたがうときの $P(0 \leqq Z \leqq u)$ を小数点第 5 位で四捨五入した値を，表 A.1 に示す．たとえば，$u = 0.21$ の場合，「0.2 の行」と「0.01 の列」が交差する「0.0832（枠で囲まれている値）」が，$P(0 \leqq Z \leqq 0.21)$ の値である．

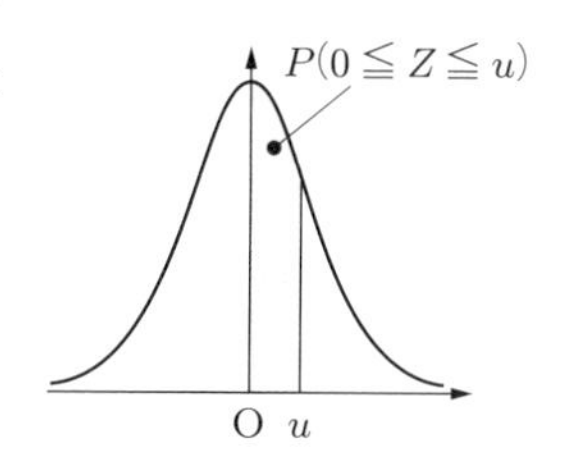

表 A.1　標準正規分布表

u	0.00	0.01	0.02	0.03	0.04	0.05	0.06	0.07	0.08	0.09
0.0	0.0000	0.0040	0.0080	0.0120	0.0160	0.0199	0.0239	0.0279	0.0319	0.0359
0.1	0.0398	0.0438	0.0478	0.0517	0.0557	0.0596	0.0636	0.0675	0.0714	0.0753
0.2	0.0793	0.0832	0.0871	0.0910	0.0948	0.0987	0.1026	0.1064	0.1103	0.1141
0.3	0.1179	0.1217	0.1255	0.1293	0.1331	0.1368	0.1406	0.1443	0.1480	0.1517
0.4	0.1554	0.1591	0.1628	0.1664	0.1700	0.1736	0.1772	0.1808	0.1844	0.1879
0.5	0.1915	0.1950	0.1985	0.2019	0.2054	0.2088	0.2123	0.2157	0.2190	0.2224
0.6	0.2257	0.2291	0.2324	0.2357	0.2389	0.2422	0.2454	0.2486	0.2517	0.2549
0.7	0.2580	0.2611	0.2642	0.2673	0.2704	0.2734	0.2764	0.2794	0.2823	0.2852
0.8	0.2881	0.2910	0.2939	0.2967	0.2995	0.3023	0.3051	0.3078	0.3106	0.3133
0.9	0.3159	0.3186	0.3212	0.3238	0.3264	0.3289	0.3315	0.3340	0.3365	0.3389
1.0	0.3413	0.3438	0.3461	0.3485	0.3508	0.3531	0.3554	0.3577	0.3599	0.3621
1.1	0.3643	0.3665	0.3686	0.3708	0.3729	0.3749	0.3770	0.3790	0.3810	0.3830
1.2	0.3849	0.3869	0.3888	0.3907	0.3925	0.3944	0.3962	0.3980	0.3997	0.4015
1.3	0.4032	0.4049	0.4066	0.4082	0.4099	0.4115	0.4131	0.4147	0.4162	0.4177
1.4	0.4192	0.4207	0.4222	0.4236	0.4251	0.4265	0.4279	0.4292	0.4306	0.4319
1.5	0.4332	0.4345	0.4357	0.4370	0.4382	0.4394	0.4406	0.4418	0.4429	0.4441
1.6	0.4452	0.4463	0.4474	0.4484	0.4495	0.4505	0.4515	0.4525	0.4535	0.4545
1.7	0.4554	0.4564	0.4573	0.4582	0.4591	0.4599	0.4608	0.4616	0.4625	0.4633
1.8	0.4641	0.4649	0.4656	0.4664	0.4671	0.4678	0.4686	0.4693	0.4699	0.4706
1.9	0.4713	0.4719	0.4726	0.4732	0.4738	0.4744	0.4750	0.4756	0.4761	0.4767
2.0	0.4772	0.4778	0.4783	0.4788	0.4793	0.4798	0.4803	0.4808	0.4812	0.4817
2.1	0.4821	0.4826	0.4830	0.4834	0.4838	0.4842	0.4846	0.4850	0.4854	0.4857
2.2	0.4861	0.4864	0.4868	0.4871	0.4875	0.4878	0.4881	0.4884	0.4887	0.4890
2.3	0.4893	0.4896	0.4898	0.4901	0.4904	0.4906	0.4909	0.4911	0.4913	0.4916
2.4	0.4918	0.4920	0.4922	0.4925	0.4927	0.4929	0.4931	0.4932	0.4934	0.4936
2.5	0.4938	0.4940	0.4941	0.4943	0.4945	0.4946	0.4948	0.4949	0.4951	0.4952
2.6	0.4953	0.4955	0.4956	0.4957	0.4959	0.4960	0.4961	0.4962	0.4963	0.4964
2.7	0.4965	0.4966	0.4967	0.4968	0.4969	0.4970	0.4971	0.4972	0.4973	0.4974
2.8	0.4974	0.4975	0.4976	0.4977	0.4977	0.4978	0.4979	0.4979	0.4980	0.4981
2.9	0.4981	0.4982	0.4982	0.4983	0.4984	0.4984	0.4985	0.4985	0.4986	0.4986
3.0	0.4987	0.4987	0.4987	0.4988	0.4988	0.4989	0.4989	0.4989	0.4990	0.4990

付録B　公式集

【根号を含む式 ▶p.4】 $a>0, b>0$

$\sqrt{ab}=\sqrt{a}\sqrt{b}$,　$\sqrt{a^2b}=a\sqrt{b}$,　$\sqrt{\dfrac{a}{b}}=\dfrac{\sqrt{a}}{\sqrt{b}}$,　$\dfrac{b}{\sqrt{a}}=\dfrac{b\sqrt{a}}{a}$,

a が実数のとき $\sqrt{a^2}=|a|$

$\dfrac{1}{\sqrt{a}+\sqrt{b}}=\dfrac{\sqrt{a}-\sqrt{b}}{a-b}$,　$\dfrac{1}{\sqrt{a}-\sqrt{b}}=\dfrac{\sqrt{a}+\sqrt{b}}{a-b}$

$\sqrt{(a+b)+2\sqrt{ab}}=\sqrt{a}+\sqrt{b}$,　$a>b$ のとき $\sqrt{(a+b)-2\sqrt{ab}}=\sqrt{a}-\sqrt{b}$

【累乗根 ▶p.29】 m は整数，n は自然数，$a>0, b>0$

$(\sqrt[n]{a})^n=a$,　$\sqrt[n]{a}\sqrt[n]{b}=\sqrt[n]{ab}$,　$\dfrac{\sqrt[n]{a}}{\sqrt[n]{b}}=\sqrt[n]{\dfrac{a}{b}}$,　$(\sqrt[n]{a})^m=\sqrt[n]{a^m}$

【複素数 ▶p.5】

$i^2=-1$,　$a>0$ のとき $\sqrt{-a}=\sqrt{a}i$

$(a+bi)+(c+di)=(a+c)+(b+d)i$,　$(a+bi)-(c+di)=(a-c)+(b-d)i$

$(a+bi)(c+di)=(ac-bd)+(ad+bc)i$,

$c+di\neq 0$ のとき $\dfrac{a+bi}{c+di}=\dfrac{ac+bd}{c^2+d^2}+\dfrac{bc-ad}{c^2+d^2}i$

【多項式の展開・因数分解 ▶p.9】

$a(b+c)=ab+ac$,　$(a+b)(c+d)=ac+ad+bc+bd$,　$(a+b)(a-b)=a^2-b^2$,

$(a+b)^2=a^2+2ab+b^2$,　$(a-b)^2=a^2-2ab+b^2$,

$(a+b+c)^2=a^2+b^2+c^2+2ab+2ac+2bc$,

$(a+b)^3=a^3+3a^2b+3ab^2+b^3$,

$(a-b)^3=a^3-3a^2b+3ab^2-b^3$,

$a^3+b^3=(a+b)(a^2-ab+b^2)$,　$a^3-b^3=(a-b)(a^2+ab+b^2)$

【集合 ▶p.16】 A, B は集合，U は全体集合，$n(A)$ は集合 A に属する要素数

$(A\cap B)\cup C=(A\cup C)\cap(B\cup C)$,　$(A\cup B)\cap C=(A\cap C)\cup(B\cap C)$

$n(A\cup B)=n(A)+n(B)-n(A\cap B)$,　$n(\overline{A})=n(U)-n(A)$

ド・モルガンの法則（集合）　$\overline{A\cap B}=\overline{A}\cup\overline{B}$,　$\overline{A\cup B}=\overline{A}\cap\overline{B}$

$n(\overline{A\cap B})=n(U)-n(A\cap B)$,　$n(\overline{A\cup B})=n(U)-n(A\cup B)$

【論理 ▶p.21】 p, q は命題，$\wedge$ は「かつ」，$\vee$ は「または」，$\neg$ は「でない」

ド・モルガンの法則（論理）　$\neg(p\wedge q)\iff\neg p\vee\neg q$,　$\neg(p\vee q)\iff\neg p\wedge\neg q$

【指数関数 ▶p.28】 m, n が自然数, p, q が有理数

$$a \neq 0 \text{ のとき } a^0 = 1, \quad a^{-n} = \frac{1}{a^n}, \quad a > 0 \text{ のとき } a^{\frac{m}{n}} = \sqrt[n]{a^m}, \quad a^{-\frac{m}{n}} = \frac{1}{\sqrt[n]{a^m}}$$

$$a^p a^q = a^{p+q}, \quad (a^p)^q = a^{pq}, \quad (ab)^p = a^p b^p, \quad \left(\frac{a}{b}\right)^p = \frac{a^p}{b^p}$$

【対数関数 ▶p.31】 $a > 0, a \neq 1, b > 0, b \neq 1, x > 0, y > 0$

$$\log_a 1 = 0, \quad \log_a a = 1, \quad \log_a x^k = k \log_a x, \quad \log_a (xy) = \log_a x + \log_a y$$

$$\log_a \frac{x}{y} = \log_a x - \log_a y, \quad \log_a \frac{1}{x} = -\log_a x, \quad \log_a x = \frac{\log_b x}{\log_b a}, \quad \log_a b = \frac{1}{\log_b a}$$

【三角関数 ▶p.39】

$$\sin\theta = \frac{b}{c} = \frac{b}{\sqrt{a^2+b^2}}, \quad \cos\theta = \frac{a}{c} = \frac{a}{\sqrt{a^2+b^2}}, \quad \tan\theta = \frac{b}{a}$$

$$\sin^2\theta + \cos^2\theta = 1, \quad \tan\theta = \frac{\sin\theta}{\cos\theta}, \quad 1 + \tan^2\theta = \frac{1}{\cos^2\theta}$$

$$\sin(-\theta) = -\sin\theta, \quad \cos(-\theta) = \cos\theta, \quad \tan(-\theta) = -\tan\theta$$

$$\sin(\theta+\pi) = -\sin\theta, \quad \cos(\theta+\pi) = -\cos\theta, \quad \tan(\theta+\pi) = \tan\theta$$

$$\sin(\theta+2\pi) = \sin\theta, \quad \cos(\theta+2\pi) = \cos\theta, \quad \tan(\theta+2\pi) = \tan\theta$$

$$\sin\left(\theta+\frac{\pi}{2}\right) = \cos\theta \quad \cos\left(\theta+\frac{\pi}{2}\right) = -\sin\theta, \quad \tan\left(\theta+\frac{\pi}{2}\right) = -\frac{1}{\tan\theta}$$

[加法定理 ▶p.42] $\sin(\alpha \pm \beta) = \sin\alpha\cos\beta \pm \cos\alpha\sin\beta$,

$$\cos(\alpha \pm \beta) = \cos\alpha\cos\beta \mp \sin\alpha\sin\beta, \quad \tan(\alpha \pm \beta) = \frac{\tan\alpha \pm \tan\beta}{1 \mp \tan\alpha\tan\beta} \quad \text{(複号同順)}$$

[2 倍角の公式 ▶p.43] $\sin 2\theta = 2\sin\theta\cos\theta, \quad \cos 2\theta = \cos^2\theta - \sin^2\theta$,

$$\tan 2\theta = \frac{2\tan\alpha}{1-\tan^2\alpha}$$

[半角の公式 ▶p.43] $\sin^2\dfrac{\theta}{2} = \dfrac{1-\cos\theta}{2}, \quad \cos^2\dfrac{\theta}{2} = \dfrac{1+\cos\theta}{2}$

[三角関数の積を和に書き換える公式（積和）]

$$\sin\alpha\cos\beta = \frac{1}{2}\{\sin(\alpha+\beta) + \sin(\alpha-\beta)\}, \quad \cos\alpha\sin\beta = \frac{1}{2}\{\sin(\alpha+\beta) - \sin(\alpha-\beta)\}$$

$$\cos\alpha\cos\beta = \frac{1}{2}\{\cos(\alpha+\beta) + \cos(\alpha-\beta)\}, \quad \sin\alpha\sin\beta = -\frac{1}{2}\{\cos(\alpha+\beta) - \cos(\alpha-\beta)\}$$

[三角関数の和に積に書き換える公式（和積）]

$$\sin\alpha + \sin\beta = 2\sin\frac{\alpha+\beta}{2}\cos\frac{\alpha-\beta}{2}, \quad \sin\alpha - \sin\beta = 2\cos\frac{\alpha+\beta}{2}\sin\frac{\alpha-\beta}{2}$$

$$\cos\alpha + \cos\beta = 2\cos\frac{\alpha+\beta}{2}\cos\frac{\alpha-\beta}{2}, \quad \cos\alpha - \cos\beta = -2\sin\frac{\alpha+\beta}{2}\sin\frac{\alpha-\beta}{2}$$

[正弦定理 ▶p.45] $\dfrac{a}{\sin A} = \dfrac{b}{\sin B} = \dfrac{c}{\sin C} = 2R$（$R$ は △ABC の外接円の半径）

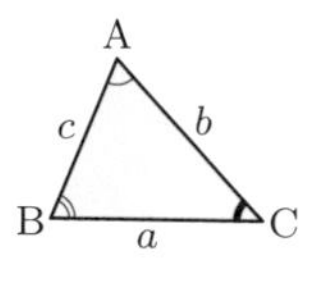

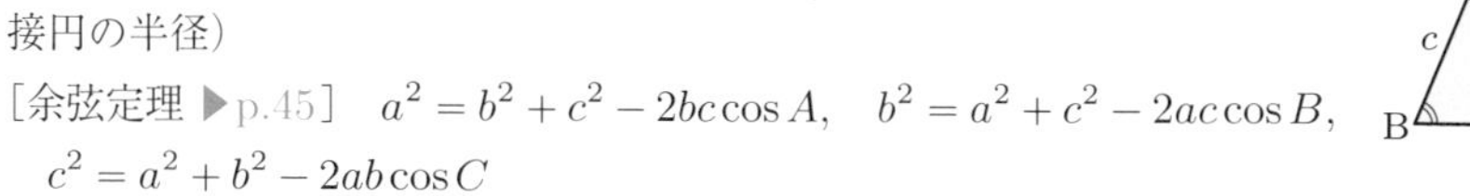

[余弦定理 ▶p.45] $a^2 = b^2 + c^2 - 2bc\cos A, \quad b^2 = a^2 + c^2 - 2ac\cos B$,

$$c^2 = a^2 + b^2 - 2ab\cos C$$

$$\cos A = \frac{b^2+c^2-c^2}{2bc}, \quad \cos B = \frac{c^2+a^2-b^2}{2ca}, \quad \cos C = \frac{a^2+b^2-c^2}{2ab}$$

【場合の数 ▶p.49】 n, r は非負整数

$n > 0$ のとき $n! = n \times (n-1) \times (n-2) \times \cdots \times 2 \times 1$, $n = 0$ のとき $n! = 1$

[順列 ▶p.50] ${}_n\mathrm{P}_r = \dfrac{n!}{(n-r)!}$, [重複順列 ▶p.51] ${}_n\Pi_r = n^r$,

[円順列 ▶p.51] $(n-1)!$

[組合せ ▶p.52] ${}_n\mathrm{C}_r = \dfrac{n!}{r!(n-r)!}$, [重複組合せ ▶p.53] ${}_n\mathrm{H}_r = {}_{n+r-1}\mathrm{C}_r$

[二項定理 ▶p.54] $(x+y)^n = {}_n\mathrm{C}_0\, x^n + {}_n\mathrm{C}_1 x^{n-1} y + \cdots + {}_n\mathrm{C}_r\, x^{n-r} y^r + \cdots + {}_n\mathrm{C}_n\, y^n$

【確率 ▶p.56】 A, B は事象，U は全事象（標本空間）

$$P(A) = \frac{n(A)}{n(U)}, \quad 0 \leqq P(A) \leqq 1, \quad P(U) = 1, \quad P(\varnothing) = 0, \quad P(\overline{A}) = 1 - P(A)$$

$P(A \cup B) = P(A) + P(B) - P(A \cap B)$,

A と B が排反のとき $P(A \cup B) = P(A) + P(B)$

[条件付き確率 ▶p.57] $P(B|A) = \dfrac{P(A \cap B)}{P(A)}$, $P(A \cap B) = P(A)P(B|A)$

【数列 ▶p.63】 c は定数，d は公差，r は公比

[等差数列] 一般項 $a_n = a_1 + (n-1)d$, 総和 $S_n = \dfrac{1}{2}n\{2a_1 + (n-1)d\}$

[等比数列] 一般項 $a_n = a_1 r^{n-1}$, 総和は $r \neq 1$ のとき $S_n = \dfrac{a_1(1-r^n)}{1-r} = \dfrac{a_1(r^n-1)}{r-1}$

$r = 1$ のとき $S_n = na_1$

[総和 ▶p.65] $\displaystyle\sum_{k=1}^{n}(a_k + b_k) = \sum_{k=1}^{n} a_k + \sum_{k=1}^{n} b_k$, $\displaystyle\sum_{k=1}^{n} ca_k = c\sum_{k=1}^{n} a_k$

$$\sum_{k=1}^{n} k = \frac{1}{2}n(n+1), \quad \sum_{k=1}^{n} k^2 = \frac{1}{6}n(n+1)(2n+1), \quad \sum_{k=1}^{n} k^3 = \left\{\frac{1}{2}n(n+1)\right\}^2$$

【数列の極限 ▶p.72】 k, l は定数，$\displaystyle\lim_{n\to\infty} a_n = \alpha$, $\displaystyle\lim_{n\to\infty} b_n = \beta$

$$\lim_{n\to\infty} ka_n = k\alpha, \quad \lim_{n\to\infty}(a_n + b_n) = \alpha + \beta, \quad \lim_{n\to\infty}(ka_n + lb_n) = k\alpha + l\beta$$

$\displaystyle\lim_{n\to\infty} a_n b_n = \alpha\beta$, $\beta \neq 0$ のとき $\displaystyle\lim_{n\to\infty} \frac{a_n}{b_n} = \frac{\alpha}{\beta}$

【関数の極限 ▶p.76】 k, l は定数，$\displaystyle\lim_{x\to a} f(x) = \alpha$, $\displaystyle\lim_{x\to a} g(x) = \beta$

$$\lim_{x\to a} kf(x) = k\alpha, \quad \lim_{x\to a}(f(x) + g(x)) = \alpha + \beta, \quad \lim_{x\to a}(kf(x) + lg(x)) = k\alpha + l\beta$$

$\displaystyle\lim_{x\to a} f(x)g(x) = \alpha\beta$, $\beta \neq 0$ のとき $\displaystyle\lim_{x\to a} \frac{f(x)}{g(x)} = \frac{\alpha}{\beta}$

【データの分析 ▶p.87】 $x_1, x_2, \ldots, x_n$ はデータの値

平均値 $\overline{x} = \dfrac{1}{n}\displaystyle\sum_{i=1}^{n} x_i$, 分散 $\sigma^2 = \dfrac{1}{n}\displaystyle\sum_{i=1}^{n}(x_i - \overline{x})^2$, 標準偏差 $\sigma = \sqrt{\sigma^2}$

データの組 $(x_1, y_1), (x_2, y_2), \ldots, (x_n, y_n)$ について，
相関係数 r

$$= \frac{(x_1-\overline{x})(y_1-\overline{y})+(x_2-\overline{x})(y_2-\overline{y})+\cdots+(x_n-\overline{x})(y_n-\overline{y})}{\sqrt{(x_1-\overline{x})^2+(x_2-\overline{x})^2+\cdots+(x_n-\overline{x})^2}\times\sqrt{(y_1-\overline{y})^2+(y_2-\overline{y})^2+\cdots+(y_n-\overline{y})^2}}$$

【離散型確率変数 ▶p.99】 X, Y は確率変数，$x_1, x_2, \ldots, x_n$ は X のとり得る値，
$p_1, p_2, \ldots, p_n$ は各値をとる確率，a, b は定数

期待値 $E(X) = \sum_{k=1}^{n} x_k p_k$，　分散 $V(X) = \sum_{k=1}^{n} (x_k - E(X))^2 p_k$，

標準偏差 $\sigma(X) = \sqrt{V(X)}$

$E(aX + b) = aE(X) + b$，　$E(X^2) = \sum_{k=1}^{n} (x_k)^2 p_k$，　$V(X) = E(X^2) - (E(X))^2$

$E(X + Y) = E(X) + E(Y)$，　$E(XY) = E(X)E(Y)$，　$V(X + Y) = V(X) + V(Y)$

【統計的推定 ▶p.108】

母平均 μ，母標準偏差 σ の母集団からの大きさ n の標本平均 $\overline{X}$ について，
期待値 $E(\overline{X}) = \mu$，標準偏差 $\sigma(\overline{X}) = \frac{\sigma}{\sqrt{n}}$

母平均 μ，母分散 σ^2 の母集団からの大きさ n の標本平均 $\overline{X}$ の分布は，
n が大きければ，正規分布 $N\left(\mu, \frac{\sigma^2}{n}\right)$ とみなせる．

母分散 σ^2 が既知の母集団から大きさ n の標本を抽出するとき，n が大きければ，
母平均 μ に対する信頼度 95% の信頼区間は $\left[\overline{X} - 1.96\frac{\sigma}{\sqrt{n}},\ \overline{X} + 1.96\frac{\sigma}{\sqrt{n}}\right]$ である．

【ベクトル（平面）▶p.123】 $\vec{a} = (a_1, a_2), \vec{b} = (b_1, b_2)$，$m, n$ は実数

$(mn)\vec{a} = m(n\vec{a})$，　$(m+n)\vec{a} = m\vec{a} + n\vec{a}$，　$m(\vec{a} + \vec{b}) = m\vec{a} + m\vec{b}$

$\vec{a} + \vec{b} = \begin{pmatrix} a_1 + b_1 \\ a_2 + b_2 \end{pmatrix}$，　$\vec{a} - \vec{b} = \begin{pmatrix} a_1 - b_1 \\ a_2 - b_2 \end{pmatrix}$，　$m\vec{a} = \begin{pmatrix} ma_1 \\ ma_2 \end{pmatrix}$

$|\vec{a}| = \sqrt{(a_1)^2 + (a_2)^2}$，

$\vec{a} \cdot \vec{b} = |\vec{a}||\vec{b}|\cos\theta = a_1 b_1 + a_2 b_2$（$\theta$ は $\vec{a}$ と $\vec{b}$ のなす角）

$$\cos\theta = \frac{a_1 b_1 + a_2 b_2}{\sqrt{(a_1)^2 + (a_2)^2}\sqrt{(b_1)^2 + (b_2)^2}}$$

$\vec{a} \cdot \vec{b} = \vec{b} \cdot \vec{a}$，　$\vec{a} \cdot \vec{a} = |\vec{a}|^2$，　$|\vec{a}| = \sqrt{\vec{a} \cdot \vec{a}}$，　$|\vec{a} \cdot \vec{b}| \leqq |\vec{a}||\vec{b}|$

$\vec{a} \cdot (\vec{b} + \vec{c}) = \vec{a} \cdot \vec{b} + \vec{a} \cdot \vec{c}$，　$(\vec{a} + \vec{b}) \cdot \vec{c} = \vec{a} \cdot \vec{c} + \vec{b} \cdot \vec{c}$，

$\vec{a} \cdot (m\vec{b}) = (m\vec{a}) \cdot \vec{b} = m(\vec{a} \cdot \vec{b})$

$\vec{a} \perp \vec{b} \iff (\vec{a} \cdot \vec{b} = a_1 b_1 + a_2 b_2 = 0)$，　$\vec{a} \parallel \vec{b} \iff$（$m \neq 0$ に対して $\vec{b} = m\vec{a}$）

【ベクトル（空間）▶p.128】 $\overrightarrow{a}=(a_1,a_2,a_3)$, $\overrightarrow{b}=(b_1,b_2,b_3)$

$$|\overrightarrow{a}|=\sqrt{(a_1)^2+(a_2)^2+(a_3)^2},\quad \overrightarrow{a}\cdot\overrightarrow{b}=a_1b_1+a_2b_2+a_3b_3$$

$$\cos\theta=\frac{a_1b_1+a_2b_2+a_3b_3}{\sqrt{(a_1)^2+(a_2)^2+(a_3)^2}\sqrt{(b_1)^2+(b_2)^2+(b_3)^2}}$$

【行列 ▶p.131】 $\boldsymbol{A},\boldsymbol{B},\boldsymbol{C},\boldsymbol{O},\boldsymbol{E}$ は 2×2 行列，k,l は定数

$$\boldsymbol{A}\pm\boldsymbol{B}=\begin{pmatrix}a_{11} & a_{12}\\ a_{21} & a_{22}\end{pmatrix}\pm\begin{pmatrix}b_{11} & b_{12}\\ b_{21} & b_{22}\end{pmatrix}=\begin{pmatrix}a_{11}\pm b_{11} & a_{12}\pm b_{12}\\ a_{21}\pm b_{21} & a_{22}\pm b_{22}\end{pmatrix}\text{（複号同順）},$$

$$\boldsymbol{A}+\boldsymbol{B}=\boldsymbol{B}+\boldsymbol{A}$$

$$k\boldsymbol{A}=k\begin{pmatrix}a_{11} & a_{12}\\ a_{21} & a_{22}\end{pmatrix}=\begin{pmatrix}ka_{11} & ka_{12}\\ ka_{21} & ka_{22}\end{pmatrix},\quad (\boldsymbol{A}+\boldsymbol{B})+\boldsymbol{C}=\boldsymbol{A}+(\boldsymbol{B}+\boldsymbol{C}),\quad \boldsymbol{A}+\boldsymbol{O}=\boldsymbol{A}$$

$$\boldsymbol{A}+(-\boldsymbol{A})=\boldsymbol{O},\quad (kl)\boldsymbol{A}=k(l\boldsymbol{A}),\quad (k+l)\boldsymbol{A}=k\boldsymbol{A}+l\boldsymbol{A},\quad k(\boldsymbol{A}+\boldsymbol{B})=k\boldsymbol{A}+k\boldsymbol{B}$$

$$\boldsymbol{AB}=\begin{pmatrix}a_{11} & a_{12}\\ a_{21} & a_{22}\end{pmatrix}\begin{pmatrix}b_{11} & b_{12}\\ b_{21} & b_{22}\end{pmatrix}=\begin{pmatrix}a_{11}b_{11}+a_{12}b_{21} & a_{11}b_{12}+a_{12}b_{22}\\ a_{21}b_{11}+a_{22}b_{21} & a_{21}b_{12}+a_{22}b_{22}\end{pmatrix},$$

$$(k\boldsymbol{A})\boldsymbol{B}=k(\boldsymbol{AB})$$

$$(\boldsymbol{AB})\boldsymbol{C}=\boldsymbol{A}(\boldsymbol{BC}),\quad (\boldsymbol{A}+\boldsymbol{B})\boldsymbol{C}=\boldsymbol{AC}+\boldsymbol{BC},\quad \boldsymbol{A}(\boldsymbol{B}+\boldsymbol{C})=\boldsymbol{AB}+\boldsymbol{AC}$$

$$\boldsymbol{AO}=\boldsymbol{OA}=\boldsymbol{O},\quad \boldsymbol{AE}=\boldsymbol{EA}=\boldsymbol{A}$$

$$\Delta=a_{11}a_{22}-a_{12}a_{21}\neq 0\text{ のとき }\boldsymbol{A}^{-1}=\frac{1}{\Delta}\begin{pmatrix}a_{22} & -a_{12}\\ -a_{21} & a_{11}\end{pmatrix},\quad \boldsymbol{AA}^{-1}=\boldsymbol{A}^{-1}\boldsymbol{A}=\boldsymbol{E}$$

【微分法 ▶p.140】 $f(x),g(x)$ は微分可能な関数，k,l は定数，n は有理数

$$(k)'=0,\quad (x^n)'=nx^{n-1},\quad \{kf(x)\}'=kf'(x),$$

$$\{kf(x)\pm lg(x)\}'=kf'(x)\pm lg'(x)\text{（複号同順）}$$

$$\{f(x)g(x)\}'=f'(x)g(x)+f(x)g'(x),\quad \left\{\frac{f(x)}{g(x)}\right\}'=\frac{f'(x)g(x)-f(x)g'(x)}{\{g(x)\}^2}$$

［合成関数 ▶p.146］ $\{f(g(x))\}'=f'(g(x))\cdot g'(x)$

［逆関数 ▶p.146］ $\dfrac{dy}{dx}\neq 0$ のとき $\dfrac{dx}{dy}=\dfrac{1}{\dfrac{dy}{dx}}$

［三角関数 ▶p.147］ $(\sin x)'=\cos x,\quad (\cos x)'=-\sin x,\quad (\tan x)'=\dfrac{1}{\cos^2 x}$

［対数関数 ▶p.147］ $(\log_a x)'=\dfrac{1}{x}\log_a e=\dfrac{1}{x\log a}$

［指数関数 ▶p.147］ $(e^x)'=e^x$

【不定積分 ▶p.151】 k,l は定数，C は積分定数

$$\int kf(x)\,dx=k\int f(x)\,dx,\quad \int\{kf(x)\pm lg(x)\}\,dx=k\int f(x)\,dx\pm l\int g(x)\,dx\text{（複号同順）}$$

［べき関数 ▶p.151］ $n\neq -1$ のとき $\displaystyle\int x^n dx=\frac{1}{n+1}x^{n+1}+C$

$n=-1$ のとき $\displaystyle\int x^n dx=\int\frac{dx}{x}=\log_e|x|+C$

[三角関数 ▶p.151]　$\displaystyle\int \sin x\ dx = -\cos x + C,\quad \int \cos x\ dx = \sin x + C$

$$\int \frac{dx}{\cos^2 x} = \tan x + C$$

[指数関数 ▶p.151]　$\displaystyle\int e^x dx = e^x + C,\quad \int a^x dx = \frac{a^x}{\log_e a} + C$

[置換積分法 ▶p.152]　$x = g(t)$ のとき $\displaystyle\int f(x)\,dx = \int f(g(t))g'(t)\,dt$

[部分積分法 ▶p.153]　$\displaystyle\int f(x)g'(x)\,dx = f(x)g(x) - \int f'(x)g(x)\,dx$

【定積分 ▶p.155】　k, l は定数

$$\int_a^b kf(x)\,dx = k\int_a^b f(x)\,dx,\quad \int_a^b \{f(x)+g(x)\}\,dx = \int_a^b f(x)\,dx + \int_a^b g(x)\,dx$$

$$\int_a^b \{kf(x)+lg(x)\}\,dx = k\int_a^b f(x)\,dx + l\int_a^b g(x)\,dx,\quad \int_b^a f(x)\,dx = -\int_a^b f(x)\,dx$$

$$\int_a^b f(x)\,dx = \int_a^c f(x)\,dx + \int_c^b f(x)\,dx,\quad \int_a^b \{f(x)-g(x)\}\,dx = \int_a^b f(x)\,dx - \int_a^b g(x)\,dx$$

[置換積分法 ▶p.157]　$x = g(t)$ において $a = g(p)$，$b = g(q)$ のとき，

$$\int_a^b f(x)\,dx = \int_p^q f(g(t))g'(t)\,dt$$

[部分積分法 ▶p.158]　$\displaystyle\int_a^b f(x)g'(x)\,dx = \Big[f(x)g(x)\Big]_a^b - \int_a^b f'(x)g(x)\,dx$

【方程式 ▶p.163】

$ax^2 + bx + c = 0\ (a \neq 0)$ の解は $x = \dfrac{-b \pm \sqrt{b^2 - 4ac}}{2a}$，　$|x| = a$ の解は $x = \pm a$

【絶対値 ▶p.169】

$a \geqq 0$ のとき $|a| = a$，　$a < 0$ のとき $|a| = -a$，　$|-a| = |a|$

$|a|^2 = a^2$，　$|ab| = |a||b|$，　$b \neq 0$ のとき $\left|\dfrac{a}{b}\right| = \dfrac{|a|}{|b|}$，

$|a+b| \leqq |a| + |b|$（等号は $ab \geqq 0$ のとき）

【不等式 ▶p.169】

$|x| < a$ の解は $-a < x < a$，　$|x| > a$ の解は $x < -a$ または $a < x$

これらの公式のうち，一部のものについては，補足資料「発展問題」の公式の導出として取り上げている．

参考文献

[1] 日本数学会 編：「岩波数学辞典 第 4 版」岩波書店 (2007)
本書の用語や記号は，基本的にはこの辞典にしたがった．
ISBN 9784000803090

[2] 松坂和夫：「新装版 数学読本 1〜6」岩波書店 (2019)
大学での学びにつながるよう，高校で学ぶ範囲を中心に，全 6 巻を通じて独習できるように多くの例題や問題が詳しく解説されているロングセラーの良書．各巻の内容は次のとおり．

- 第 1 巻（数，式の計算，方程式，不等式）ISBN 9784000298773
〈本書の第 1, 13 章〉
- 第 2 巻（関数，指数関数・対数関数，三角関数）ISBN 9784000298780
〈本書の第 3, 4 章〉
- 第 3 巻（ベクトル，複素数，2 次曲線，数列）ISBN 9784000298797
〈本書の第 6, 10 章〉
- 第 4 巻（数列・関数の極限，順列・組合せ，確率，微分法）ISBN 9784000298803
〈本書の第 5〜7, 11, 12 章〉
- 第 5 巻（微分法の応用，積分法，行列）ISBN 9784000298810
〈本書の第 10〜13 章〉
- 第 6 巻（数論，集合論）ISBN 9784000298827
〈本書の第 1, 2 章〉

[3] 中野友裕：「大学新入生のためのリメディアル数学（第 2 版）」森北出版 (2017)
理工系の専門分野と高校数学の単元との対応が明確に示されており，数学の活用事例がわかりやすい．問題が豊富．　ISBN 9784627052024

[4] 結城浩：「数学ガール」シリーズ，SB クリエイティブ (2007〜)
「数学ガール」と「数学ガールの秘密ノート」という二つのシリーズがある．本書の理解を助けるためには「数学ガールの秘密ノート」を，本書を通読したあとに大学で学ぶ数学の分野に関心がある場合には「数学ガール」を，それぞれ選ぶとよい．「数学ガールの秘密ノート」には，次のものがある．
『式とグラフ』，『整数で遊ぼう』，『丸い三角関数』，『数列の広場』，
『微分を追いかけて』，『ベクトルの真実』，『場合の数』，『やさしい統計』，
『積分を見つめて』，『行列が描くもの』，『ビットとバイナリー』，

『学ぶための対話』，『複素数の広がり』

[5] 馬場敬之：「数学を人に教えられる本」マセマ出版社 (2004)
本書では詳しく述べなかった「分数計算，論証（対偶，背理法，数学的帰納法），図形問題（三平方の定理，平面上の直線，円），複素数平面」について，多数の例とともに対話形式で丁寧に述べられている． ISBN 9784944178322

[6] 矢野健太郎，田代嘉宏：「社会科学者のための基礎数学 改訂版」裳華房 (1993)
ベクトル，行列，微分，積分，確率，統計，検定・推定について，人文系の学生を対象として述べられている． ISBN 9784785310813
〈本書の第 8, 9 章〉

[7] 北川敏男，稲葉三男：「基礎数学 統計学通論 第 2 版」共立出版 (1979)
統計学全般にわたって詳しく述べられている良書． ISBN 9784320010376
〈本書の第 8, 9 章〉

[8] 志賀浩二：「変化する世界をとらえる　微分の考え，微分の見方」紀伊國屋書店 (2007)
関数の四則演算や極限，微分法（導関数，接線，三角関数，指数関数，対数関数など），定積分，不定積分などを，多くの図表を使ってわかりやすく述べており，微分積分のおもしろさが伝わってくる． ISBN 9784314010412
〈本書の第 7, 11, 12 章〉

[9] 志賀浩二：「広い世界へ向けて　解析学の展開」紀伊國屋書店 (2008)
関数の性質を考察する「解析学」について，関数の定義域を実数から複素数へ広げた場合と，関数のグラフを波（三角関数）の和ととらえた場合についてわかりやすく解説している．とくに，後者はフーリエ解析として知られている分野である． ISBN 9784314010436
〈本書の第 7 章〉

索引

さ行

著者略歴

猪股　俊光（いのまた・としみつ）

1984 年　豊橋技術科学大学工学部生産システム工学課程卒業
1989 年　豊橋技術科学大学工学研究科システム情報工学専攻博士後期課程修了　工学博士
1989 年　豊橋技術科学大学工学部助手
1992 年　静岡理工科大学理工学部講師
1998 年　岩手県立大学ソフトウェア情報学部助教授
2007 年　岩手県立大学ソフトウェア情報学部教授
現在に至る

榑松　理樹（くれまつ・まさき）

1991 年　静岡大学工学部情報知識工学科卒業
1993 年　静岡大学工学研究科情報知識工学修士課程修了
1996 年　静岡大学電子科学研究科電子応用工学博士課程修了　博士（工学）
1998 年　岩手県立大学ソフトウェア情報学部講師
2002 年　岩手県立大学ソフトウェア情報学部助教授
2007 年　岩手県立大学ソフトウェア情報学部准教授
現在に至る

片町　健太郎（かたまち・けんたろう）

1992 年　慶應義塾大学理工学部数理科学科卒業
1994 年　筑波大学大学院数学研究科数学専攻博士前期課程修了　修士（理学）
1998 年　岩手県立大学ソフトウェア情報学部助手
2013 年　岩手県立大学ソフトウェア情報学部助教
現在に至る

編集担当　上村紗帆（森北出版）
編集責任　藤原祐介（森北出版）
組　　版　ウルス
印　　刷　丸井工文社
製　　本　同

ファーストステップ　基礎数学

2021 年 1 月 15 日　第 1 版第 1 刷発行
2021 年 3 月 30 日　第 1 版第 2 刷発行

著　　者　猪股俊光・榑松理樹・片町健太郎
発 行 者　森北博巳
発 行 所　**森北出版株式会社**

東京都千代田区富士見 1–4–11（〒102–0071）
電話 03–3265–8341 ／ FAX 03–3264–8709
https://www.morikita.co.jp/
日本書籍出版協会・自然科学書協会　会員

Printed in Japan ／ ISBN978–4–627–09691–2